홀로그래피 입문

원리와 실제

구보타 토시히로 저 / 이승현 역

Holography

Holography

JINSAEM 진샘미디어

ホログラフィ入門

−原理 と 実際−

久保田敏弘

著

서문

홀로그래피란 도대체 무엇일까? 홀로그래피라는 단어를 처음 접하는 사람도 많을 것이다. 열광되는 축구 경기를 마치 경기장 공간벤치에서 관전하는 것처럼 축구 그라운드 자체를 거실에서 재현하여 즐길 수는 없는 것일까? 극장에 가서 직접 보는 것처럼 무대 그 자체를 거실에서 재현하는 것이 불가능한 것일까? 홀로그래피는 미래에 이러한 꿈을 실현시켜줄 지도 모르는 가능성을 가지고 있는 기술인 것이다.

컴퓨터의 괄목할만한 발전으로 가상현실(virtual reality)의 실용화가 진전되고 있지만 아직은 특수한 안경을 착용해야만 가상의 3차원 공간을 체험할 수 있다. 아무런 장치의 도움 없이 우리들이 아주 자연스럽게 대상물을 볼 수 있는 공간을 재현하는 이상적인 3차원 영상 기술이 바로 홀로그래피이다.

파형으로써 빛의 성질을 교묘히 이용한 홀로그래피는 3차원 영상 디스플레이 분야에서만 주목 받는 것이 아니라 산업계의 각 분야에서도 필수적인 기술이다. 또한 기초과학의 연구에 있어서도 중요한 역할을 하고 있다. 주변에 서 볼 수 있는 것으로는 지폐나 신용카드에 붙어있는 작고 반짝이는 것이 있다. 이것이 바로 홀로그램이며 위조 방지라는 중요한 역할을 수행하고 있다. 홀로그램은 홀로그래피 기술에 의해 3차원 정보를 얇은 필름에 기록한 것이다.

이 책은 1995년 발간된 [홀로그래피 입문 - 원리와 실제 -]를 전면 개정한 신판이다. 공학계의 학생, 연구자, 기술자뿐만 아니라 예술, 조형 분야에 있어서 홀로그래피라는 새로운 장르에 도전하려는 모든 사람들을 위한 입문서라고 할 수 있다. 홀로그래피 기술의 원리와 특징에 대한 손쉬운 설명을 통해 이것이 어떻게 세상에서 이용되고 있는지 최근에는 어떻게 발전하고 있는지에 대해 소개한다. 이와 함께 홀로그램을 만들기 위해서는 어떻게 하면 되는지 그 제작의 실제 과정에 대해서 설명한다. 또한, 고등학교 물리 시간에 빛이 얼마나 흥미로운지를 학생들에게 이해시키려고 노력하고 계시는 선생님들을 위한 참고서로써도 역할을 다할 수 있을 것이라 기대하고 있다.

[I. 원리편]에서는 처음 홀로그래피를 배우는 사람으로부터 어느 정도의 지식을 가지고 있으며 그것을 이용해보고자 하는 사람들까지를 염두에 두고 홀로그래피의 기초와 응용에 대해 기술하였다. 특히, 실용상 중요한 부분인 체적형 홀로그램에 대해서 상세하게 설명 하였다. 미래의 방향을 고려해 전자 디바이스나 초단 시간의 펄스 레이저를 사용한 홀로그래피에 대해서도 소개하였다. 이해를 돕기 위해 반드시 필요한 몇 개의 수식을 제외하고는 가능하면 수식을 사용하지 않았다. 홀로그램을 실제로 이용하고자 할 경우에는 아무래도 정량적으로 다룰 필요가 발생하게 된다. 이를 위해 기본적인 수식만을 사용하였다. 단 동시에 그 수식이 어떠한 것을 의미하는 것인지에 대한 설명을 통해 수식에 익숙하지 않은 사람들도 이해할 수 있도록 노력하였다.

[II. 실제편]에서는 실제로 홀로그램을 만들어 보고자 하는 사람들을 위해 가장 기본적이며 쉬운 홀로그램에서부터 백색광으로 재생할 수 있는 홀로그램까지 그 제작 방법에 대하여 자세하게 소개하였다. 일반적으로 홀로그램 제작에 대한 매뉴얼은 매우 적으며 구하기도 어렵다. 본서에서는 홀로그램의 제작 과정을 통해 광학 부품 및 레이저의 종류와 취급 방법, 일반 광학계의 조절 방법, 고도의 광학 실험을 위한 기초 지식에 대해서까지도 배울 수 있도록 노력하였다. 자기 손으로 홀로그램을 만든다는 것이 결코 꿈은 아니다. 이에 도전해 볼 것을 추천한다.

본서를 집필하는데 있어서 많은 분들의 지원과 협력을 받게 되었다. 또한, 홀로그래피의 발전에 대한 실례를 소개하기 위해 각 분야에서 활약하고 있는 많은 분들로부터 귀중한 자료를 제공받았다. 홀로그래피에 관한 정보 교환의 장으로써 홀로그래픽 디스플레이 연구회가 있으며 이 연구회에 소속하고 있는 분들로부터도 다양한 정보를 제공받았다.

교토 공에 섬유 대학의 쿠리츠지 야스히로 준 교수와는 홀로그래피의 연구 개발을 공동으로 진행하면서 유익한 정보와 다양한 협력을 받았다. 같은 대학의 이와자키 히토시 준 교수에게서도 화학 전문가의 입장으로부터 기록 재료를 중심으로 다양하고 풍부한 조언을 받을 수 있었다.

아사쿠라 쇼텐 편집부의 분들에게는 초판의 기획에서 신판의 간행에 이르기까지 많은 도움을 받았다. 관계자 분들에게 깊은 감사를 드린다.

2010년 4월 교토에서

쿠보타 토시히로

옮긴이 서문

물체가 거기에 보인다고 하는 것을 우리가 인식하는 것은 물체에서 반사되어 전파해온 빛이 눈으로 들어오기 때문입니다. 그리고 홀로그램은 물체로부터 전파해 오는 빛 그 자체를 간섭무늬의 형태로 기록한 것을 말합니다. 이와 같이 빛의 간섭과 회절을 이용하여 물체의 모든 정보를 기록, 재생하는 것이 홀로그래피 기술입니다.

홀로그래피는 공간상에 실사에 대한 3D 영상을 완벽하게 재현합니다. 스테레오 3D에서 발생하는 시각적 피로가 없는 입체감을 제공하는 기술로써 주목 받고 있을 뿐만 아니라 산업계에서도 다양한 응용 분야를 가지고 있습니다. 홀로그래피가 목표로 하는 최종의 목적 중 하나는 진정한 3DTV의 실현입니다. 아직 해결해야만 하는 과제가 있지만 궁극의 3D 기술로써 홀로그래피가 그 존재 가치를 발휘하여 세상에 공헌할 수 있기를 기대하고 싶습니다.

본서는 레이저와 홀로그램 필름을 사용하는 광학 홀로그래피 기술로부터 멀티플렉스 홀로그래피, 최근의 디지털 홀로그래피 기술까지를 상세히 다루고 있습니다. 또한 실제로 홀로그램을 만들어 보고 싶다고 생각하는 사람들을 위해 설비와 광학 부품, 간단한 홀로그램 제작 방법을 소개하였습니다.

우리나라는 주변 선진국들에 비해 홀로그래피 분야에 대한 연구가 많이 뒤져 있습니다. 참고 서적이 별로 없는 것이 홀로그래피에 대한 기술 및 인력 부족의 원인중 하나가 아닌가 생각합니다. 아무쪼록 본서가 홀로그래피에 관심 있으신 분들께 도움이 될 수 있기를 바랍니다.

2012년 7월

역자

머리말

홀로그래피가 어떻게 해서 세상에 등장하게 되었는지에 대한 본론에 들어가기에 앞서 그 시작과 이후의 발전에 대해 간단히 논해보고자 한다. 또, 이 책의 구성 및 각 장의 요점에 대해서 설명하고자 한다.

홀로그래피는 1948년 D.Gabor에 의해 처음으로 제안되었다[1). 당시 그는 영국의 톰슨-휴스턴 사에서 전자 현미경의 영상을 개선하는 연구를 하고 있었다. 그 당시 전자 렌즈의 성능이 좋지 않아 영상이 제대로 잡히지 않았다. 그리고 이 전자 렌즈의 성능이 개량된다고 해도 대폭적으로 영상의 질이 향상 된다고는 이론적으로 기대할 수 없었다. 따라서 그는 영상을 비약적으로 향상시킬 수 있는 방법이 없는 것일까 하고 고민하기 시작하던 중, 1942년 W.L.Bragg가 제안했던 X 선 회절 현미경의 아이디어를 접하게 되었다[2)]. 브래그(Bragg)의 방법은 X 선에 의한 2 단계의 회절에 의해 결정 격자의 영상을 관측하고자 하는 것이었다. 가버(Gabor)는 X 선 대신에 전자파를 사용하고 제 1 단계로써 물체의 회절파와 물체의 주변을 투과한 배경파를 중첩하여 간섭 패턴을 기록하였다. 제 2 단계에서는 여기에 빛을 비추어 광학 영상으로써 물체의 상을 재생하는 방법을 시도했다. 가버는 이것에 파면 재생법이라는 이름을 붙이고 이 간섭 패턴을 [모든 것이 기록된 것]이라는 의미의 [홀로그램(hologram)]이라고 불렀다. 이 어원은 [완전한]을 의미하는 그리스어 "holos"와 [메시지]를 의미하는 "gram"을 합친 것이다. 후에 홀로그램과 사진기술(photography)이 결합되어 물체의 모든 정보를 기록하고 재생하는 기술로써 홀로그래피(holography)라는 단어가 탄생하게 되었으며 급속히 퍼지게 되었다. 그러나 가버의 방법은 두 개의 상이 겹쳐지는 등 원리적인 단점이 있었고 당시에는 간섭성이 좋은 광원이 없어서 좋은 영상을 얻을 수가 없었다. 따라서 획기적이긴 했지만 일부 사람들을 제외하고는 그다지 주목 받지 못했다.

홀로그래피에 극적인 진전이 찾아온 것은 1962년부터 1964년에 걸쳐서 였다. 미국 미시건 대학의 E.N.Leith와 J.Upatnieks는 1962년부터 발표된 일련의 논문에서 물체의 회절파에 물체의 옆 방향으로부터 기울어져 입사하는 참조광을 더해 간섭시키는 [이광속법]을 제안하였다. 이 기술은 가버의 방법에서 나타나는 결점을 단번에 해결하였다[3]. 이 방법에 의해 기록된 홀로그램이 바로 오늘날의 기본적인 레이저 광 재생 홀로그램인 프레넬(Fresnel) 홀로그램이다. 특히, 1964년의 논문에 게재되어 있는 기차 장난감의 홀로그램 사진은 광학에 관련된 수많은 연구자들의 주목을 받았으며 그 후의 홀로그래피 발전에 많은 도움을 주었다. 이것이 바로 개발된 지 얼마 되지 않은 헬륨-네온 레이저와 고해상도 사진 건판을 사용하여 기록된 홀로그램으로부터의 재생 영상이었다.

거의 같은 무렵 러시아의 Yu.N.Denisyuk는 가버의 방법과는 또 다른 방법으로 완전한 상을 형성하는 방법에 대해 연구하고 있었다. 그것은 기록 재료를 투과하는 참조광으로 물체를 조명하고 물체로부터의 반사광과 참조광을 간섭시키는 방법이었다[4]. 이 경우, 서로 반대 방향으로 나아가는 참조광과 물체광이 간섭하게 되어 정재파라 불리는 간섭무늬가 물체 부근의 공간에 형성된다. 이 간섭무늬를 3차원적으로 기록한 것을 "wave photograph"라고 불렀다. 이것에 빛을 비추면 물체에서 반사되는 것과 같은 빛이 재생되어 3차원 영상이 관찰된다. 이 "wave photograph"는 그 원리가 리프맨(Lippmann)의 천연색 사진과 동일한 것이기 때문에 리프맨 홀로그램이라고도 불리게 되었다. 이 홀로그램은 태양광이나 전등광과 같은 백색광으로 재생할 수 있는 장점을 가지고 있기 때문에 디스플레이용 홀로그램이나 홀로그래픽 광학 소자로써 빼놓을 수 없는 중요한 홀로그램이 되어 있다.

이러한 선구적인 연구 이후 홀로그래피에 대한 관심이 매우 높아져서 기초 이론 및 응용 방면의 연구가 다수 이루어지게 되었다. 일본에서도 조금 늦은 1965년경부터 홀로그래피의 소개가 이루어져[5~7] 많은 사람들의 연구 대상이 되었다. 그러나 이 기술을 사용하면 뭐든지 가능해질 것이라는 기대가 있었던 반면 제약도 많았기 때문에, 당초 사람들이 꿈꿨던 것처럼 수많은 분야에서 응용한다는 것이 어렵다는 것 역시 점차 알게 되었다. 따라서 홀로그래피의 연구는 융성기와 정체기를 몇 번씩 반복해 왔다. 그러나 연구자들의 꾸준한 활동에 의해 제약이 하나씩 사라지면서 오늘날 실용적인 기술로써 정착하게 되었다. 홀로그래피의 발명에 대해 1971년 노벨 물리학상이 가버에게 수여 되었다.

이 책은 홀로그래피에 대한 원리편과 실제편으로 구성되어있다. 기초에서 응용까지를 쉽게 해설함과 동시에 실제로 홀로그램을 자신의 손으로 만들어보고 싶다고 하는 사람들을 위해 그 제작법에 대해서도 자세히 방법을 기술하였다. 동시에 그것을 통해 고도의 광학 실험을 위한 기초 기술에 대해서도 배울 수 있도록 저술하였다. 각장의 내용에 대해 간단히 소개하면 다음과 같다.

이 책은 모두 16 장으로 이루어져 있으며 제 1 장에서 제 10 장까지가 원리편, 제 11 장에서 제 16 장까지가 실제편이다.

제 1 장에서는 홀로그래피에 의해 어떻게 3차원 영상이 보이는지를 설명한다. 파동으로써의 빛의 성질을 설명하면서 다른 3차원 영상 기술과의 차이점을 밝혀 홀로그래피의 특징을 해설한다.

제 2 장에서는 홀로그램의 종류와 재생되는 상의 성질, 또한 상의 밝기를 나타내는 회절효율에 대해 기술한다. 실제로 상이 어디에 형성되는가를 구체적인 예를 들어 설명한다.

제 3 장은 홀로그램의 종류 중에서 실용상 중요한 체적형 홀로그램에 대해 정리하였다. 이 홀로그램의 내부에서 어떠한 기록이 이루어지는지, 그 결과 어떠한 장점을 가지게 되었는지를 해설한다.

제 4 장에서는 홀로그램 중에서도 태양광이나 스포트라이트 같은 백색광원으로 선명한 상을 보는 것이 가능한 백색광 재생 홀로그램에 대해 그 구조와 세상에 나와 있는 실제의 홀로그램에 대해 기술한다.

제 5 장은 실용적인 홀로그램에 대한 것이다. 레이저를 사용하지 않고 CG 등의 영상을 합성하여 기록하는 홀로그래픽 스테레오그램이나 계산기에 의해 홀로그램을 제작하는 방법을 소개한다. 이러한 것들에 의해 가공 물체의 3차원 영상을 얻을 수 있다. 그 외에 홀로그래피 영화와 펄스 레이저를 사용한 파괴의 순간에 대한 예 등에 대해서 소개한다.

제 6 장에서는 컬러 홀로그래피에 대해 설명한다. 일반적으로는 레이저로부터 일정한 파장의 빛을 사용하여 홀로그램을 기록한다. 이 경우의 영상은 모노크롬의 영상을 말한다. 적, 청, 녹 3원색의 레이저 광을 사용해 홀로그램을 기록하고 재생하면 컬러 TV와 같은 원리에 의해 컬러 재생 영상을 얻을 수 있다. 그 원리와 과제, 얼마나 충실한 색 재현이 가능한지에 대해 설명한다.

제 7 장에서는 기록 재료를 소개한다. 홀로그래피용 기록 소재의 개발은 홀로그래피의 연구 중에서도 커다란 위치를 점하고 있다. 그것은 이 기술의 모든 것이 간섭무늬를 기록한 한 장의 홀로그램에 나타나기 때문이다. 홀로그램을 어떤 식으로 이용 가능한지는 기록 재료에 의존하는 경우가 많기 때문이다. 기록 재료에 요구되는 기능에 대해서 기술한 후 각종 기록 재료와 그 특징에 대해 소개하고, 홀로그램의 특성 평가에 대해서 기술한다.

제 8 장에서는 홀로그램을 기록하기 위한 종래의 기록 재료를 대신하여 급속도로 진전하고 있는 전자 디바이스를 이용한 홀로그래피에 대해 소개한다. 3차원 동영상의 디스플레이를 목적으로 하는 전자 홀로그래피와 CCD 등의 이미지 센서를 사용하여 홀로그램을 기록하고, 계산하여 영상을 재생하는 디지털 홀로그래피에 대해 소개한다.

제 9 장에서는 대중적이 된 초단 펄스 레이저를 사용한 홀로그래피 기술을 이용한 빛의 전파에 대한 가시화에 대해 설명하고 흥미 있는 예에 대해 소개한다.

제 10 장에서는 홀로그래피의 응용에 대해 설명한다. 주 응용 분야로써는 간섭 계측, 광학 소자, 광 정보 처리, 홀로그래픽 메모리, 시큐리티, 홀로그래픽 디스플레이 등이 있다. 이러한 분야는 다른 기술에서는 불가능하며 홀로그래피에 의해서만 유일하게 실현 가능한 독창적인 응용이다. 최근의 기술 동향에 대해 소개한다. 홀로그래피는 파의 성질인 간섭과 회절을 이용한 것이지만 빛의 영역에만 한정된 것이 아니다. 빛 이외의 홀로그래피에 대해서도 소개한다.

제 11 장부터는 홀로그램을 만들어보고 싶다고 생각하는 사람들을 위해 정리한 실제편이다. 먼저 제 11 장에서는 그 준비로써 제작에 필요한 장치, 광학 부품, 레이저에 대해 설명한다. 제 12 장에서는 은염 감광 재료의 각종 처리법을 소개한다. 제 13 장에서 제 15

장까지는 각종 홀로그램의 구체적인 제작법에 대해 설명한다. 제 13 장에서는 가장 간단한 배치로 가능한 홀로그램의 제작법을 소개한다. 제 14 장에서는 조금 수준이 높은 기본적인 두 종류의 홀로그램을 제작하기 위한 광학계의 조립 방법, 현상 · 표백 처리법에 대해 설명한다. 제작을 할 때에는 바닥으로부터의 진동이나 광학계 주변의 공기의 흔들림 등이 존재하면 좋은 홀로그램을 만들 수가 없다. 이러한 요소를 사전에 체크하기 위한 간섭계의 조립 방법 및 관측되는 간섭무늬의 해석에 대한 것 등을 설명한다. 제 15 장에서는 제 4 장에서 기술한 백색광으로 재생 가능한 홀로그램을 제작하기 위한 광학계에 대해 기술하고, 물체를 조명하기 위한 몇몇 테크닉을 소개한다. 그리고 적, 녹, 청의 3원색 레이저 광을 사용하는 컬러 홀로그램의 제작에 관해서 소개하며 3 가지 레이저 빔의 축을 일치시키기 위한 광학계에 대해 설명한다.

마지막으로 제 16 장에서는 홀로그램에 빛을 비추어 보는 조명 광원에 대해 설명한다. 홀로그램의 상을 볼 때, 혹은 보였을 때의 느낌은 어떠한 광원을 쓰는가에 따라 크게 달라진다. 좋은 조건으로 보기 위한 바람직한 광원에 대해 설명한다. 또한, 언제 어디서든 최적의 조건으로 보이기 위해 연구된 LED(발광 다이오드)나 반도체 레이저를 사용한 콤팩트한 재생 장치에 대해서도 소개한다.

차례

PART I

원리편

원리편에서는 먼저 홀로그래피의 원리를 설명하고 홀로그램의 종류와 그 특징에 대해 설명한다. 홀로그램 중에서도 유용한 성질을 갖는 체적 홀로그램에 대해 자세히 설명한다. 백색광 재생 홀로그램이나 홀로그래픽 스테레오그램 등과 같이 실용상 중요한 홀로그램 뿐만 아니라 보다 고도의 표현을 가능케 하는 각종 디스플레이 홀로그램에 대해서도 설명한다. 또한 이미지 센서 등을 사용한 전자적인 홀로그램을 기록하는 홀로그래피나 초단 펄스 레이저를 사용한 홀로그래피에 대해서도 설명한다.

홀로그래피에 있어서 기록 재료가 차지하는 역할은 매우 크다. 기록 재료로 요구되는 조건과 특성 평가, 각종 기록 재료에 대해 설명한다. 그리고 홀로그래피가 어떤 형태로 응용되는가에 대해 그 현상을 소개한다.

PART I 원리편

CHAPTER 1 홀로그래피의 원리

먼저, 홀로그래피라는 것이 무엇인가에 대해 설명한다. 그 최대의 장점은 3차원의 영상을 얻을 수 있다는 점이다. 어떻게 그것이 가능한지, 또한 다른 영상 기술과 어떻게 다른지를 이해하기 위해 빛의 본질과 파의 성질에 대해 살펴보도록 하자.

1.1 홀로그래피란 무엇인가

물체가 거기에 있다는 것을 우리들이 인식하는 것은 그 물체가 형광등, 전등 혹은 태양 등의 빛으로 조명을 받고, 물체의 각 점으로부터 반사된 빛이 전파하여 눈에 닿기 때문이다. 실제로 만지지 않는다고 해도 그것이 거기에 존재하고 있는가를 의심하는 일은 거의 없다. 이 물체의 사진을 찍으려고 한다면 일단 그쪽으로 카메라를 돌리면 된다. 카메라에는 렌즈가 붙어 있어 물체의 상을 사진 필름 위에 비추는 역할을 한다. 이 상은 일반적으로 축소되어 있으며, 가로 배율과 세로 배율이 서로 다르기 때문에 물체와 완전히 똑같지는 않지만 3차원의 영상이기는 하다. 따라서 렌즈를 전후로 움직이면 필름 면에서의 상위 위치가 전후로 바뀐다. 이것이 핀트를 맞춘다는 것이며 상의 안쪽에 대한 깊이 방향의 한 단면에 핀트를 맞추어 사진 필름에 상을 찍는다고 하는 것이 된다. 이 필름을 현상 처리하여 인화지에 프린트해서 얻어지는 사진을 적당한 조명광 아래에서 본다. 찍힌 영상은 그 사진을 찍은 위치로부터 본 물체의 밝기에 관한 정보가 재현되어 있는 평면 영상이다. 따라서 당연하지만 이 사진을 어느 방향에서 본다 해도 찍힌 상의 전후에 대한 상대적 위치 관계는 바뀌지 않는다. 렌즈를 사용하여 깊이의 한 단면에 초점이 맞추어진 평면을 촬영하였기 때문에 3차원 영상의 정보를 잃어버리게 되는 것이다. 디지털 카메라의 경우에는 필름이 아니라 이미지 센서에 기록하기 때문에 영상을 바로 볼 수 있지만 그 영상이 평면이라는 것에는 변화가 없다.

이와 달리, 홀로그래피에서는 간섭성이 좋은 레이저 광을 사용하여 홀로그램을 기록한다. 레이저에서 나온 빛을 2개로 나누어 그림 1.1(a)와 같이 한쪽의 빛은 현미경에서 쓰는 것과 같은 대물렌즈로 확산하여 물체에 비춘다. 물체의 각 점에서는 반사광이 발생하며 이 반사광은 모든 방향으로 퍼져나가는 산란된 빛이다. 물체로부터 적당한 거리에 놓인 필름과 같은 기록 재료를 향해서도 진행하게 된다. 또한 다른 한쪽의 빛은 거울을 이용해 방향을 바꾼 후 대물렌즈로 확산시켜 기록 재료에 비춘다. 이와 같이 기록 재료에 두 갈래의 빛을 중첩하여 노광(露光)시킨다. 물체로부터 반사되어 기록 재료를 향해 온 빛을 물체광, 다른 한쪽의 빛을 참조광 이라고 한다. 노광시킨 후 현상처리를 통해 형성되는 것이 홀로그램이다.

여기서 알 수 있듯이, 물체의 상을 만들기 위한 렌즈를 사용하지 않기 때문에 홀로그래피가 소개된 처음에는 [렌즈를 쓰지 않는 사진기술]이라고도 불리었다. 홀로그램은 아무리 보아도 이상한 가는 선들이 복잡하게 형성된 등고선 모양의 기호였다. 사진으로 치자면 단지 완전히 초점이 맞지 않은 영상이었을 뿐이었고, 물체의 상 같은 것은 아무 것도 찍혀있지 않았다. 그러나 육안으로는 보이지 않는 매우 세밀하고 복잡한 형태의 무늬가 기록되어 있었다. 이 무늬는 간섭무늬라고 하는 것이다. 레이저 빔을 둘로 나눈 후 물체광과 참조광으로써 다시 중첩한 결과, 서로가 상쇄되거나 증폭되는 간섭이라 불리는 현상을 통해 발생하게 된다.

이 간섭 무늬에는 물체의 밝기에 관한 정보(진폭)와 함께 어느 방향에서 빛이 오는가 하는 정보(위상)가 포함되어 있다. 3차원 영상을 재현하기 위해서는 이 위상이라는 정보가 필요하다. 그 정보는 이미 방향을 알고 있는 기준의 척도가 되는 빛을 도입하는 것에 의해 기준 빛과의 차이로써 물체의 방향을 기록하는 것이 가능하다. 기준이 되는 빛인 참조광의 역할은 거기에 있다. 이를 도입하는 것에 의해 간섭광이라는 형태로 물체광의 모든 정보, 즉 진폭만이 아니라 위상도 기록하는 것이 가능하다.

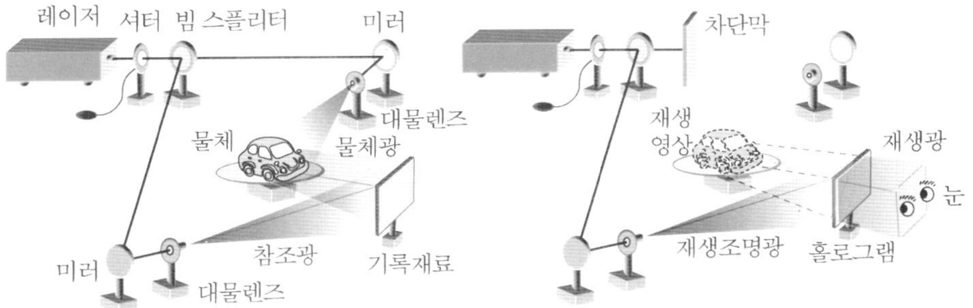

(a) 홀로그램 기록 (b) 홀로그램 재생

그림 1.1 홀로그래피의 원리

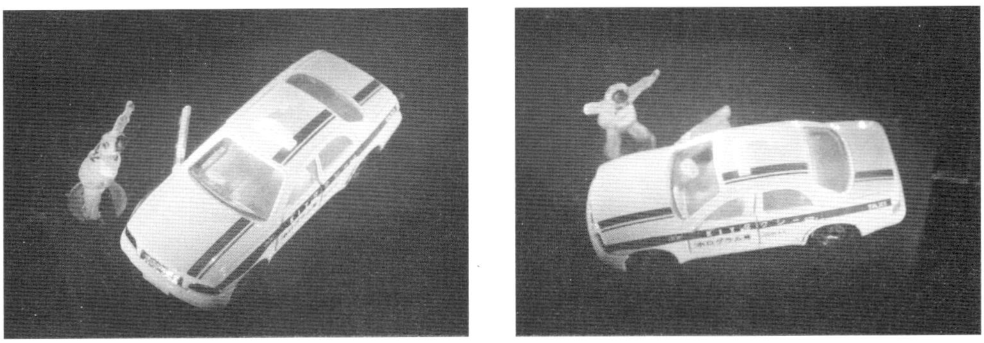

(a) 좌측에서 보았을 때의 재생 영상 (b) 우측에서 보았을 때의 재생 영상

그림 1.2 홀로그램을 서로 다른 위치에서 보았을 때의 재생 영상에 대한 예

홀로그램은 이와 같은 방법으로 기록된 것을 말한다. 좀 더 다르게 표현하자면 홀로그램은 종래의 사진과 같이 물체의 상 그 자체를 필름에 기록하는 것이 아니라 참조광을 도입하는 것에 의해 물체로부터 전파해 오는 빛 그 자체를 간섭무늬의 형태로 기록한 것이라 할 수 있다.

이 빛을 재생시키기 위해서는 그림 1.1(b)와 같이 물체광 측의 빛을 차단하고 참조광과 동일한 빛을 홀로그램에 비추면 된다. 이 빛을 재생 조명광이라고 한다. 홀로그램은 세밀한 간섭무늬를 기록한 일종의 회절 격자이다. 여기에 빛을 비추면 그대로 직진하는 빛 외에 회절이라고 하는 현상에 의해 다른 방향으로 향하는 빛이 발생한다. 여기서 중요한 것은 이 회절하는 빛이 물체의 각 점에서 나온 빛의 방향을 정확히 재현한 빛이며 물체에서 나온 빛과 완전히 같은 성질을 지니고 있다는 것이다. 이 빛을 재생광이라고 한다. 물체가 거기에 보인다고 하는 것은 전술한 것과 같이 물체에서 반사되어 전파해온 빛이 눈에 들어오기 때문이다. 그것과 완전히 동일한 성질을 가진 빛이 홀로그램에서 발생하기 때문에 그 빛이 오는 쪽 방향을 보면 이미 거기에 실제의 물체가 없다 하더라도 원래의 위치에 물체의 완전한 3차원의 재생 영상이 보이게 되는 것이다. 눈의 위치를 이동시키면 그 방향에서 보이는 3차원 영상이 보이게 된다. 그림 1.2는 이러한 현상을 나타낸 것이다. 홀로그램을 서로 다른 위치에서 보았을 때의 재생 영상에 대한 사진을 보여주고 있다.

이와 같이, 홀로그래피는 빛의 간섭과 회절을 이용하여 물체의 모든 정보를 기록, 재생하는 기술이며 종래의 사진 기술과는 원리적으로 완전히 다른 것이다.

1.2 홀로그래피의 특징

홀로그래피의 특징은 아래의 내용과 같다.

① 완전한 3차원 영상의 재생이 가능하다
② 높은 용장성을 지닌다
③ 다중 기록이 가능하다
④ 파면의 변환이 가능하다
⑤ 간섭성이 좋은 광원이 필요하다
⑥ 고해상도의 기록 재료가 필요하다

①은 우리들이 실제의 물체를 볼 때와 똑 같이 극히 자연스러운 3차원 영상을 볼 수 있다는 것을 의미한다. 이 [극히 자연스러운]이라는 부분에 대해서 생각해보자.

우리들이 물체를 볼 때 그 거리에 대응하여 수정체의 두께가 변하며 물체에 초점을 맞추게 된다. 이와 동시에 안구를 내측으로 회전시켜 주시하는 점이 양 눈의 망막의 중심에 각각 들어오도록 자동적으로 조정된다. 이 안구의 운동은 폭주(輻輳) 운동이라고 불린다. 그림 1.3에 나와 있는 것처럼 문자 A가 물체 안의 주시되는 점이라고 한다면, 그에 대응하는 양 눈의 교차각 α를 폭주각이라고 한다. 초점 조절과 폭주의 기능은 연동된 긴밀한 관계를 가지고 있다. 가까운 것을 볼 때에는 수정체가 두꺼워지고 동시에 폭주각은 커진다. 이를 위한 근육의 움직임에 의해 물체와의 거리감이 발생한다. 또한 양 눈이 약 60 mm 떨어져 있기 때문에 대상물의 전후에 있는 물체에 대해서는 좌우의 망막에 형성되는 상의 상대적인 위치 관계에 차이가 발생한다.

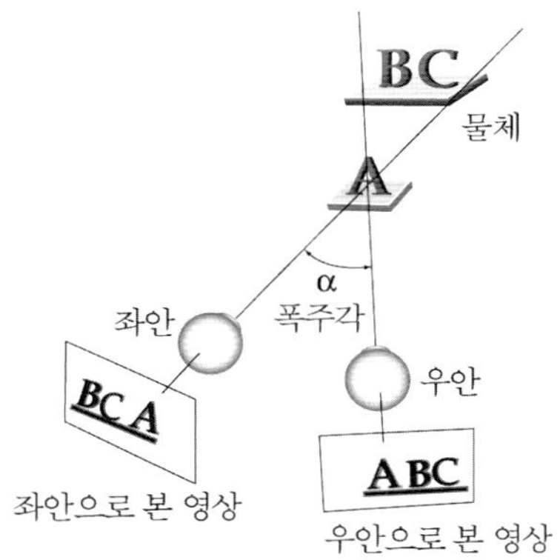

그림 1.3 폭주와 양안시차의 설명

양안시차라 불리는 이 차이의 정보가 뇌 속에서 처리되어 검출된다. 이와 같이 초점 조절, 폭주, 양안 시차 등의 요인에 의해 우리들은 의식하려 애쓰지 않음에도 불구하고 물체를 3차원적으로 보게 되는 것이다[1].

종래부터 있었던 3차원 영상 기술은 이러한 요인들의 일부만을 만족시킬 뿐이며 전부를 만족시키는 것은 없었다. 예를 들어 스테레오그램은 좌우 두 방향에서 촬영한 두 장의 평면 영상을 각각의 눈으로 보는 방식이며 양안 시차를 이용해 입체감을 얻는 기법으로써 오늘날에도 널리 사용되고 있다. 그러나 이 방식의 경우 영상에 장시간 노출되면 피로감을 호소하는 사람들이 많다. 그 원인은 실체로 영상이 있는 위치와 입체상이 보이는 위치가 다르기 때문이다. 눈의 초점은 영상이 있는 위치에 맞추어져 있지만 양안 시차에 의해 보이는 입체상의 위치는 영상이 있는 위치의 전후에 형성된다. 이 때문에 폭주가 상이 보이는 위치로 유도되게 되는 것이다. 따라서 일상생활에서는 일어나지 않는 폭주와 초점 조절 기능의 불일치가 발생하여 장시간 시청하게 되면 피로감이 발생해버리고 마는 것이다[2)].

홀로그래피에 있어서는 물체에서 반사된 후 전파되어오는 빛과 완전히 동일한 성질을 가진 빛이 홀로그램에서 발생한다. 따라서 실제의 물체를 보는 것과 마찬가지인 상태가 되어 눈의 보는 기능과 완전히 동일한 3차원 상을 얻게 된다. [극히 자연스러운]이란 것은 이러한 의미이다. 이 때문에 홀로그래피는 여타 기술에 비해 이상적인 3차원영상 기술이라고 말할 수 있는 것이다.

여기서, 입체 영상과 3차원 영상의 차이에 대해 가볍게 기술해보고자 한다. 스테레오그램과 같이 두 장의 영상으로 입체시를 하는 경우에는 한 방향에서 보는 상 이외에는 보이지 않는다. 눈의 위치를 움직여도 보이는 방향은 바뀌지 않는다. 이와 같은 영상을 입체 영상이라고 하고 있다. 이에 반해, 홀로그램처럼 눈의 위치를 바꾸면 그에 따라 보이지 않았던 부분이 보이는 경우를 3차원 영상이라고 구별하고 있다[3)].

②는 홀로그램의 극히 일부에서도 3차원 영상 전체가 관찰된다는 것을 의미한다. 홀로그램의 일부가 손상되었거나 잘려져 있다하더라도 정보가 소실되는 일은 없다. 그것은 물체의 각 점에서 반사된 빛이 확산되어 그 점의 정보가 홀로그램 전체 면에 퍼져 있기 때문이다. 역으로 홀로그램의 각 점에는 물체의 모든 점으로부터의 정보가 도달해 있다는 특징이 있다. ③은 한 장의 홀로그램에 다수의 다른 정보를 중첩하여 기록해도 그것들을 독립적으로 분리하여 재생하는 것이 가능하다는 것을 의미한다. 이 장점은 컬러 홀로그램을 기록할 때 유효하게 사용된다. 또한 홀로그래픽 메모리의 고밀도 기록을 가능케 하는 중요한 장점이다. 또한, 홀로그램을 참조광과 같은 빛이 아니라 물체광으로 재생하면 참조광과 같은 빛이 발생하는 성질도 가지고 있다. 즉, 두 가지의 서로 다른 물체광으로 홀로그램을 기록하여 그 중 한 쪽의 물체광으로 홀로그램을 조명하면 다른 쪽의 물체광과 같은 빛이 발생하게 된다. 이것이 ④이다.

그러나 이와 같은 장점을 완전히 살리기 위해서는 ⑤나 ⑥과 같이 기록 시에 레이저와 같은 간섭성이 좋은 광원을 사용할 필요가 있다. 또한 1 mm 당 1000~7000 라인이라는 매우 세밀한 간섭무늬를 정확히 기록할 수 있는 해상도가 높은 기록 재료를 사용해야 한다.

1.3 3차원 영상이 보이는 이유

어떻게 물체에서 반사된 빛과 완전히 동일한 빛이 홀로그램에서 나오는가, 어떻게 3차원 영상이 보이는 것인가에 대해 자세히 조사해보도록 하자. 이를 위해서는 먼저 빛이란 무엇인가를 간단하게 알아본 후 파의 기본적 성질에 대해 설명할 필요가 있다.

1.3.1 빛의 본질과 파의 기본적 성질

비가 그친 후 하늘에 뜨는 무지개는 아름다우며 신비롭다. 이는 태양광이 공중에 떠있는 물방울에 의해 굴절・반사되어 눈에 들어오기 때문이다. 파장이 다르면 굴절되는 방향이 달라지기 때문에 태양광이 분광되어 일곱 색의 무지개가 되어 보이는 것이다. 한편, 네온이나 나트륨 방전관과 같은 특정의 기체나 금속 증기가 들어있는 램프에서는 그 기체나 금속의 원자 혹은 분자에서 특유의 빛이 방사된다. 또한 역으로 특정의 원자 혹은 분자는 그것이 방출하는 빛과 동일한 색의 빛을 흡수하는 것도 가능하다.

이것은 [원자 또는 분자는 각각의 원자 또는 분자의 고유한 규칙에 따라 이산적인 에너지 상태만이 허용되어 있고, 원자 또는 분자가 각각 그들의 상태 사이를 이동(천이)할 때에 빛이 방사되거나 흡수된다] 는 원리 때문이다. 즉, 원자 또는 분자의 에너지가 높은 상태에서 낮은 상태로 이동할 때에는 빛을 발산한다. 역으로 빛을 흡수하면 원자 또는 분자는 에너지가 낮은 상태에서 높은 상태로 이동하는 것이다.

이와 같이, 원자 혹은 분자에 의해 방사 되거나 흡수 되는 빛의 본질이 어디에 있는가에 대해서는 여러 가지 답이 존재하고 있다. 물리적으로는 전자파, 즉 전장과 자장(또는 전계와 자계)의 진동이 공간을 전파하는 파의 일종이라는 것이 된다. 그림 1.4에서와 같이 전자파는 다양한 파장을 가지고 있으며 빛은 전파와 X선의 중간 정도의 위치에 있다.

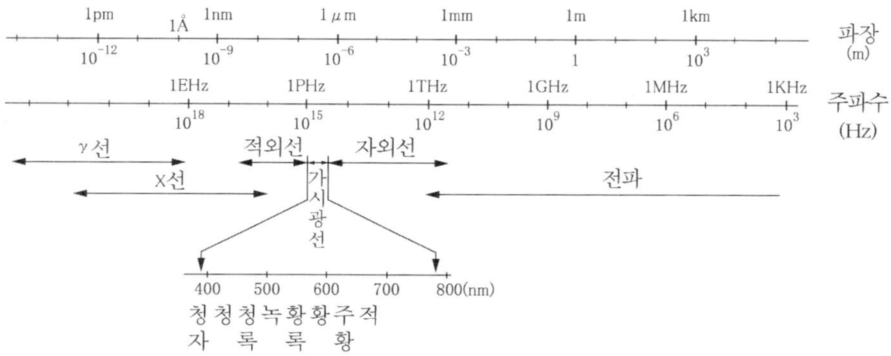

그림 1.4 전자파의 종류와 그 파장 및 주파수

파장으로 보면 수 nm 부터 수백 μm의 범위이다. 이 범위 안에서 인간의 눈에 보이는 것은 파장이 400~800 ㎚ 정도이며 이를 가시광이라고 부른다. 가시광을 줄여서 그냥 빛이라고 하는 경우가 많다.

또한 이미 잘 알려져 있는 바와 같이, 현재 빛은 파동적 성질과 함께 입자적 성질을 동시에 가지고 있는 것이라고 해석되고 있다. 그와 같은 관점으로 보면 빛은 소립자의 일종인 포톤(광자)에서 비롯되는 것이라고도 볼 수 있다. 이와 같은 이중성이 빛에만 국한된 것은 아니며 전자 등의 물질 입자 역시 가지고 있는 성질이다. 이것이 자연계의 기본적인 성질이라는 것은 분명하다. 양자론은 오늘날 양자역학의 기초가 된 것으로 우리들에게 있어 대중적인 트랜지스터를 시작으로 레이저의 발명 등 수많은 성과를 이루어 내고 있다.

빛이 입자로써의 성질과 파동으로써의 성질을 함께 가지고 있지만 빛의 전파나 간섭, 회절과 같은 현상[4]을 다룰 때에 빛은 파라고 간주해도 거의 모순되지 않는다. 본서의 주제인 홀로그래피는 빛의 간섭, 회절을 기반으로하는 기술이다. 어떻게 3차원 영상이 재현 가능한지를 이해하기 위해서 파의 기본적인 성질에 대해 고찰해보자.

지금 고요한 수면에 작은 돌을 던져 넣었다고 해보자. 수면이 상하로 흔들리며 파면이 발생한다. 그림 1.5에서와 같이 돌이 던져진 지점을 중심으로 다수의 동심원으로 구성된 고리가 형성된다. 이 동심원 고리는 수면의 높이가 같은 곳을 연결한 궤적이며, 일정한 속도로 바깥쪽으로 퍼져나간다. 동심원 고리를 눈으로 쫓는 것을 멈추고, 일정한 위치에서의 수면의 높이에 주목하면 일정한 주기를 가지고 상하로 흔들리는 것을 알 수 있다. 수면이 1초간 상하로 흔들리는 회수를 파의 진동수 혹은 주파수라고 하며 Hz(헤르츠)라는 단위로 표기한다. 인접하는 고리와 고리 사이의 길이를 파의 파장이라고 한다. 진동수는 파의 속도를 파장으로 나눈 것이다. 또한 파의 가장 높은 부분 혹은 가장 낮은 부분과 고요했던 수면의 높이의 차를 진폭이라고 한다. 던져진 돌의 속도가 빠르면 빠를수록, 즉 큰 에너지를 가질수록 진폭은 커지게 된다.

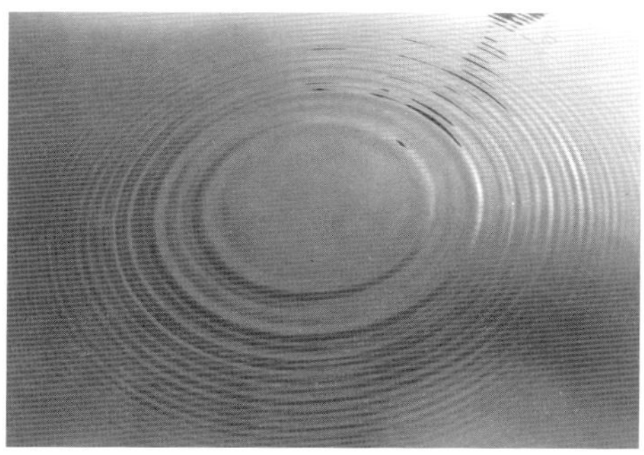

그림 1.5 수면에 형성된 파면

이러한 예와 같이 돌을 던져 넣어 발생한 파는 그 진폭이 점차 작아지며 소멸하게 된다. 거기에 막대기를 넣어서 돌을 던졌을 때 발생한 파와 똑 같은 진동수로 수면을 건드리면, 진폭이 계속 일정한 파를 만드는 것이 가능하다.

수면상의 파의 속도는 그 진행을 쉽게 관찰할 수 있을 만큼 늦다. 하지만, 빛의 속도는 진공 상태에서 1초간 약 30만 km, 정확히는 299,792,458 m이다. 이는 1973년 국제적으로 인정된 광속도이다. 굴절률이 1.5인 유리 속에서는 속도가 느려져 약 20만 km가 된다. 빛의 진동수는 가시광의 경우 400~800 THz (1 T$=10^{12}$)이다. 이와 같이 빛의 진동수는 극히 높으며 우리들의 눈으로 그 움직임을 쫓는 것은 도저히 불가능하다. 수면에 전해지는 파와 같은 방법으로는 빛 그 자체를 보는 것이 불가능하며, 진폭의 2승을 시간 평균한 값인 강도 외에는 느끼는 것이 불가능하다. 일정한 진폭으로 나아가는 빛을 볼 때, 그 값이 크면 클수록 밝게 느끼고 작으면 작을수록 어둡게 느낄 수 있을 뿐인 것이다.

1.3.2 빛의 간섭과 홀로그램의 기록

다음은 두 개의 작은 돌을 연못에 동시에 던져 넣었을 경우를 생각해보자. 이 경우 두 개의 파가 발생하지만 이들은 서로 겹쳐지며 간섭이라는 현상이 일어나게 된다. 진폭이 큰 부분, 즉 물결의 산과 산이 일치하는 부분에서 두 개의 파는 가산되어 더욱 높아진다. 한편 한쪽 파의 산과 다른 쪽의 계곡이 일치하는 경우에는 차감으로 인해 낮아지게 된다. 전자는 강화의 간섭, 후자는 약화의 간섭이라고 불리는 상태이다. 이와 같은 간섭 효과로 인해 물의 파에서는 그 높이를 변화시키고, 음파에서는 음의 강도를 증감시킨다. 빛의 경우, 작은 돌에 해당하는 것은 파장이 갖춰진 빛을 발산하는 점광원이다. 같은 파장의 빛을 내는 두 개의 점광원에서 나온 빛이 간섭하는 것에 의해 밝기 즉 빛의 강도가 변화하고, 간섭무늬라고 불리는 명암의 패턴이 공간에 형성된다. 이 무늬 모양은 두 개 광원의 상대적인 위치 관계에 의해 변한다.

어떤 간섭무늬가 생성되는 지는 그림 1.6에 나와 있는 동심원의 모양을 사용하여 모의적으로 나타내는 것이 가능하다. 동심원의 중심 R에서 빛의 파가 나온다고 하면, 같은 간격으로 그려진 실선은 임의의 순간에 있어 파의 진폭이 가장 클 때의 궤적을 나타내고 있는 것이라고 생각한다. 이와 같은 궤적은 파면이라고 불리며 파의 진행 방향에 수직으로 되어 있다. 점광원의 경우 파면은 구면(球面)이며 그 빛의 파는 구면파라고 불린다. 관찰하고 있는 부분으로부터 광원이 훨씬 멀리 있는 경우 그 파면은 평면으로 간주하는 것이 가능하다. 이러한 파는 평면파라고 불린다. 실선과 실선 사이의 간격이 이 파의 파장에 해당한다.

중심의 위치가 서로 다른 경우 이와 같은 두 개의 모양을 중첩시키면 어떠한 현상이 일어날 것인가. 그림 1.6에서와 같이 반투명한 종이를 겹쳐 2개의 구면파를 중첩시켜보자. 그러면 실선이 겹쳐지는 부분의 궤적이 검은 선이 되어 일련의 패턴이 보이게 된다. 이것은 무아레 무늬라고 불리는 것이며 두 개의 점광원에 의해 형성된 간섭무늬에 해당한다. 실제로는 검은 선이 밝은 부분에 대응하고 있다. 기록 재료의 면에 생기는 무늬를 주목하면, 그 간격은 아래 부분에서 넓고 위로 갈수록 좁아지고 있다. 그림 1.1(a)에 대응하여 점 R에서 나온 빛을 참조광으로 하고 점 O에서 나온 빛을 물체상의 임의의 한 점에서 나온 물체광으로 간주하면 이 무늬가 바로 홀로그램으로써 기록되는 간섭무늬가 된다. 홀로그램을 기록하기 위해 레이저 광이 사용되는 이유는 레이저 광이 단일 파장의 빛이라 간섭성이 높고, 레이저 광을 둘로 나누어 다시 겹쳤을 때에 시간적으로도 공간적으로도 안정된 간섭무늬를 얻을 수 있기 때문이다.

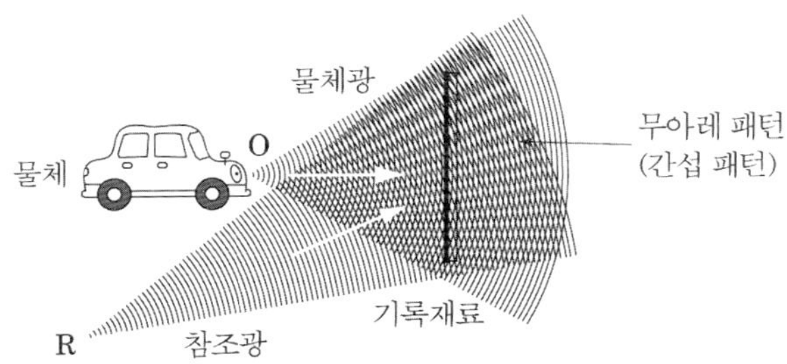

그림 1.6 무아레 패턴에 의한 간섭의 도식적인 설명

간섭무늬의 간격과 간섭된 두 개 빛의 입사 방향과 파장 사이에는 어떠한 관계가 있는지를 조사해보자. 점 R에서 나온 참조광과 점 O에서 나온 물체광은 모두 구면파이지만 홀로그램 면 위의 극히 좁은 부분에만 주목하면, 그 부분에는 평면파가 온다고 간주해도 문제가 없을 것이다. 따라서 그림 1.7에서 처럼 평면파로 간주한 참조광과 물체광이 홀로그램 면 위의 P점으로 입사한다고 가정하자. 그리고 입사 각도를 z축에 대하여 각각 θ_r, θ_o라 하고 파장을 λ_o로 했을 때 이 부분에 만들어지는 간섭무늬에 대해 생각해 본다. 여기서, 각도는 그림 1.7과 같이 z축의 정 방향에서 반시계 방향으로 회전하도록 한다. 지

금, P점에서 두 빛의 진폭이 모두 최대(이것을 위상이 같다고 한다)라고 한다면, 이 위치에서는 강화된 간섭의 결과로 무늬는 밝아지게 된다. 다음으로 밝아지는 x축 상의 위치를 Q라고 하면, 이 위치에서는 물체광과 참조광이 한 파장 밀려 있을 것이다. P와 Q 사이의 거리가 x축 방향의 무늬 간격이 된다. 이를 d_x라고 하면

$$AQ - BQ = d_x(\sin\theta_r - \sin\theta_o) = \lambda_o \tag{1.1}$$

의 관계가 얻어진다. 일례로써 $\theta_r = 45°$, $\theta_o = 0$, $\lambda_o = 632.8$ nm(헬륨－네온 레이저)라고 하면 $d_\chi = 0.90\ \mu$m가 된다. 이 간격을 1 mm 당 몇 개의 무늬가 들어가 있는가를 나타내는 공간 주파수로 표시하면 1,120개가 된다.

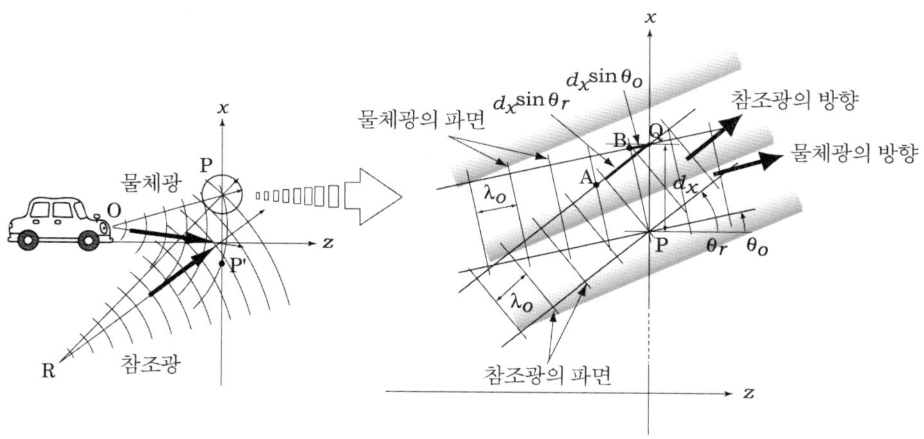

그림 1.7 두 개 평면파의 간섭에 의한 간섭 패턴

이 예를 통해 알 수 있듯이 간섭무늬의 간격은 파장 정도의 크기이다. 홀로그램에 기록된 간섭무늬가 얼마나 세밀한지 이해할 수 있을 것이다. 제2장에서 나올 홀로그램의 종류 중에 반사형 홀로그램이라는 것은 더욱 세밀한 간섭무늬를 가지고 있다.

그림 1.8 두 개의 구면파의 간섭에 의해 형성된 간섭 패턴

P 보다 아래의 점, 즉 P′ 점에서는 $\sin\theta_r - \sin\theta_o$의 값이 커지기 때문에 파장을 일정하게 하면 d_x는 작아지고 무늬는 더욱 세밀해진다. 따라서 홀로그램 면의 위치에 따라 무늬의 간격과 방향이 서로 다른 명암의 무늬가 형성 된다. 이것을 사진 필름에 기록하여 확대한 것이 그림 1.8 이다. 이 간섭 패턴은 동심원 군의 형상을 취하고 있으며 프레넬의 존 플레이트와 같은 종류의 것이다[5].

그림 1.6 에서 삽화의 반투명한 종이를 조금 밀어서 점 O의 위치를 바꾸어 보면 간섭무늬가 변화하는 것을 알 수 있다. 이는 물체 상에서 나오는 빛의 점의 위치가 바뀌면 간섭무늬도 바뀐다는 것을 의미한다. 물체가 3차원의 형상을 하고 있으면, 물체광은 표면의 각 점에서 나오는 빛을 중첩시킨 것이며 그 파면은 단순한 구면파가 아니라 복잡한 파면이 된다. 따라서 실제로 홀로그램에 기록되어 있는 간섭무늬의 패턴은 각 점광원을 물체광으로 했을 때 생기는 존 플레이트가 중첩된 것이 되며 매우 복잡한 형상을 취하게 된다.

1.3.3 홀로그램의 재생

다음, 이 홀로그램에 빛을 비추면 어떠한 일이 일어나는지에 대해 생각해보자.

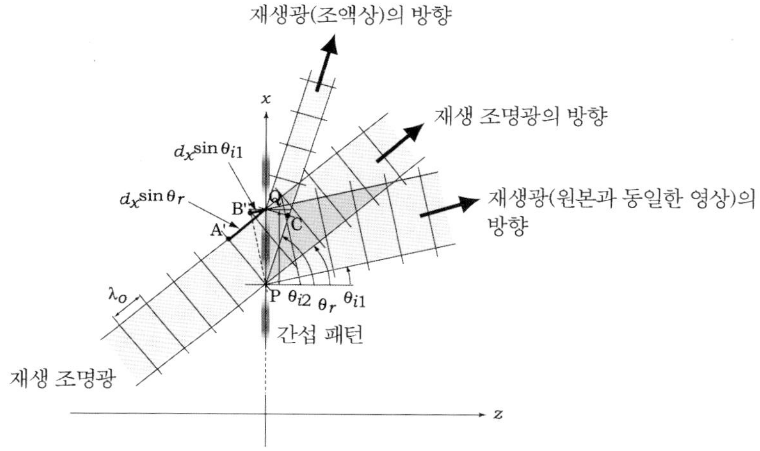

그림 1.9 회절 격자에 의한 빛의 회절

P 점 부근에 주목하면 그 패턴은 간격 d_x의 밝고 어두운 형태의 농담(濃淡) 무늬이며 일종의 회절 격자라고 할 수 있다. 회절 격자라는 것은 유리판 등의 표면에 다수의 세밀한 평행선이 새겨져 있는 것이다. 분광시키거나 빛을 편향시키기 위한 소자로써 자주 사용된다. 회절 격자에 빛을 비추면 회절의 법칙에 따라 빛이 회절된다. 이 상태를 표시한 것이 그림 1.9 이다. 일부의 빛은 회절 격자를 그대로 투과하여 직진하지만 이와는 다른 방향으로 나오는 빛도 있다. 이것은 회절 현상으로써 그 방향은 인접하는 투명한 부분에서 나오는 빛이 한 파장만큼 늦거나 앞서는 방향이다. 이들 방향으로 나오는 빛은 상호간에 강화 간섭을 행하는 상태가 되며 그 중 하나가 물체광의 방향과 같은 것이다. 이를 식으로 나타내면 다음과 같이 된다. 즉, 재생 조명광으로써 참조광과 같은 방향에서 같은 파장으로 홀로그램을 조명한다 하고 그때의 재생광 각도를 θ_{i1} 및 θ_{i2}라고 하면, 이들의 각도와 간격 d_x의 관계는 식(1.1)과 마찬가지로

$$A'Q - B'Q = d_x(\sin\theta_r - \sin\theta_{i1}) = \lambda_o \tag{1.2}$$

및

$$A'Q - PC = d_x(\sin\theta_r - \sin\theta_{i2}) = -\lambda_o \tag{1.3}$$

으로 주어진다. d_x 는 식(1.1)로 주어지므로 이것과 식(1.2)를 비교하면 알 수 있듯이 $\theta_{i1} = \theta_o$가 된다. 즉, 재생광 중 하나는 물체광과 완전히 동일한 방향으로 나가는 것을 알 수 있다.

이는 P 점만이 아니라 홀로그램 면상의 모든 점에 대해서도 마찬가지라고 할 수 있다. 그림 1.10 에서와 같이 그림 1.7의 배치로 제작된 존 플레이트(홀로그램)에 빛을 비추어 그 회절을 생각할 경우에 대한 무늬의 간격은 아래로 갈수록 좁아지게 된다.

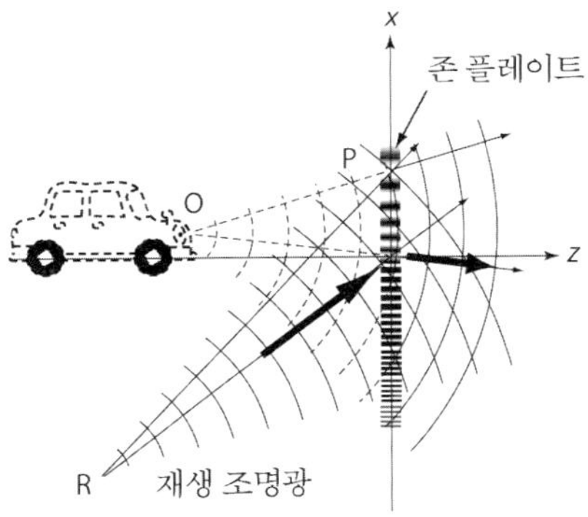

그림 1.10 존 플레이트에 의한 빛의 회절

각각의 위치에서는 물체광과 같은 방향으로 빛이 나가기 때문에 이것들을 연결한 빛의 파면은 구면이 되어 결과적으로 O 점에서 나온 구면파와 같은 파면을 가진 빛이 홀로그램에서 발생하게 된다. 따라서 홀로그램에서 나온 빛 속에 눈을 둔 관측자에게는 실제로 O 점에 광원이 있는 것처럼 빛이 보이게 된다. 관측자가 머리를 움직여도 이 점의 영상은 홀로그램의 후방에 고정되어 보이게 된다. 점광원을 다수 기록한 경우는 각각의 점에 대한 상이 원래의 위치로 보이게 된다. 3차원의 형상을 가진 물체를 기록한 경우에는 물체 표면의 각 점이 완전히 동일하게 재현된다. 따라서 표면의 각점으로부터의 빛을 합성하여 형성된 파면은 구면이 아니라 복잡한 형태를 하고 있다. 하지만 역시 같은 형태의 파면이 재생되어 물체가 있었던 것과 같은 위치에 물체와 완전히 동일한 형태를 한 영상을 보는 것이 가능해진다. 이것이 원본과 동일한 영상(virtual image)이라고 불리는 것이다. 홀로그래피의 장점 중 하나인 [완전한 3차원 상이 재생 가능하다]라는 것을 다른 말로 표현하자면 홀로그래피는 물체에서 나오는 빛의 파면을 기록, 재생하는 기술이다라고 할 수 있다.

한편, 또 하나의 재생광에 대한 방향은 식(1.3)의 θ_{i2}로 주어진다. 홀로그램을 직진하는 재생 조명광에 대하여 원본과 동일한 영상을 발생시키는 재생광과는 반대 방향에 발생한다. 이는 눈과 마찬가지로 기록 재료가 빛에 대한 진폭의 2승을 시간 평균한 강도를 기록하기 때문에 발생한 것이다. 이 영상은 공액상(real image)이라고 불리며 어느 위치에 형성되는 지는 참조 광원과 물체의 위치에 의존한다. 또한, 참조광의 각도가 큰 경우 등에는 공액상이 발생하지 않는 경우도 있다.

CHAPTER 2 기본적인 홀로그램의 종류와 재생 영상의 형성 과정

여기에서는 기본적인 홀로그램의 종류와 그 특징 및 재생 영상의 밝기를 나타내는 회절 효율에 대해 기술한다. 또한, 재생 영상이 어디에서 어떻게 형성되는지에 대해 해석해 본다.

2.1 홀로그램의 종류

홀로그램은 기록 광학계, 사용하는 기록 재료 및 재생의 방법에 따라 분류 되며 각각에 고유의 이름이 붙어 있다.

2.1.1 기록 광학계에 의한 분류

(a) 물체와 기록 재료의 위치에 관계하는 것

- 프레넬 홀로그램
- 프라운호퍼 홀로그램 (푸리에 변환 홀로그램)
- 이미지 홀로그램

그림 2.1에서와 같이 물체가 기록 재료에 대해서 충분히 멀리 있을 때를 프라운호퍼 홀로그램, 기록 재료의 위치에 있을 때를 이미지 홀로그램이라고 한다. 양자의 중간 정도의 경우를 프레넬 홀로그램이라고 한다. 프레넬, 프라운호퍼라는 것은 회절의 종류에서 이

름을 따온 것이다[1]. 프레넬 회절이라는 것은 물체로부터 가까운 거리에서 보이는 회절 현상으로 물체와 기록 재료가 비교적 가까운 경우가 프레넬 홀로그램에 해당한다. 이에 반해, 프라운호퍼 회절은 원거리에서 관찰되는 회절 현상이다. 물체가 안개 형태의 미립자와 같은 경우는 가까운 거리라고 해도 프라운호퍼 홀로그램이 된다. 일반적인 물체에서는 원거리나 기록 재료 위에 배치하는 것이 불가능하기 때문에 렌즈 등을 사용하여 등가적으로 같은 배치를 이용하고 있다. 프라운호퍼 홀로그램에서 그림 2.1(c)와 같이 물체(슬라이드 물체와 같은 평면 물체)를 렌즈 초점 거리 f 의 앞쪽 초점면에 놓고 이를 평행 레이저 광으로 조사하면, 기록 재료를 렌즈 뒤쪽의 초점면에 놓은 경우 기록 재료 면에는 물체의 푸리에 변환 패턴이 발생한다.

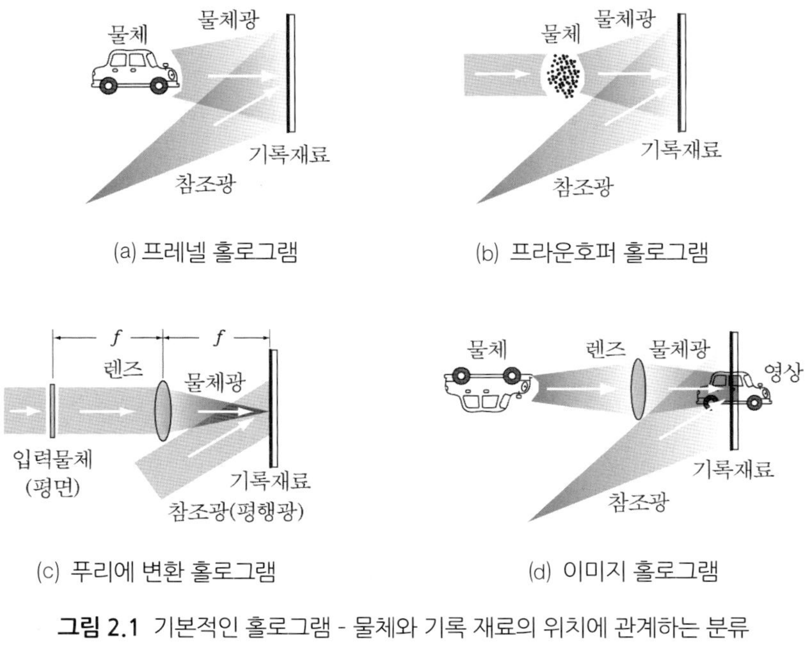

그림 2.1 기본적인 홀로그램 - 물체와 기록 재료의 위치에 관계하는 분류

이런 홀로그램을 특별히 푸리에 변환 홀로그램이라고 한다. 참조광도 평행광이 사용된다. 푸리에 홀로그램을 원래의 위치에 돌려놓고 참조광과 같은 파면에서 재생하면 원래의 위치에 상이 재생된다. 그러나 홀로그램을 그 평면 위치에서 평행으로 이동시켜도 상은 움직이지 않는다. 이 성질은 홀로그래픽 메모리에 이용된다. 또한, 넓은 의미로 보

아 프라운호퍼 홀로그램을 푸리에 변환 홀로그램이라고 부르기도 한다. 참조 광원과 물체 광원을 홀로그램에서 대등한 거리에 배치하여 기록한 홀로그램은 푸리에 변환 홀로그램과 같은 특징을 가지고 있다. 렌즈를 사용하지 않는다는 이유로 렌즈리스 푸리에 변환 홀로그램이라 불린다.

이미지 홀로그램은 홀로그램 면 위에 상을 만드는 것이다. 그림 2.1(d)에 렌즈를 사용하여 결상하는 경우를 나타내었다. 제 4장에서 설명 하겠지만 그 외에도 기록 방법은 더 존재한다.

(b) 참조광과 물체광의 방향에 관계하는 것

- 투과형 홀로그램
- 반사형 홀로그램 (리프맨 홀로그램)

참조광과 물체광이 기록 재료 면에 대해 같은 방향으로부터 입사되는 경우를 투과형 홀로그램이라고 한다. 그림 2.1의 홀로그램이 바로 투과형 홀로그램이다. 투과형 홀로그램의 재생을 위해서는 일반적으로 홀로그램의 뒷부분에서 조명광을 조사하여, 투과하는 재생광에 의해 생성되는 상을 관찰한다. 이와 달리 참조광과 물체광이 서로 반대 방향으로 입사하는 경우를 반사형 홀로그램이라고 한다. 그 원리는 러시아의 데니슈크(Denisyuk)에 의해 발명되었다. 반사형 홀로그램은 리프맨 홀로그램이라고도 불린다.

그림 2.2는 두 홀로그램의 차이를 프레넬 홀로그램의 경우와 비교하여 보여주고 있다. 반사형 홀로그램에서 재생광은 홀로그램 면으로부터의 반사에 의해 발생한다. 반사로 재생 상을 보는 형태의 홀로그램으로써는 4.3절에서 기술하겠지만 레인보우 홀로그램에 반사층을 붙인 홀로그램도 있다. 이 홀로그램은 본래 투과형 홀로그램이었지만 반사층에 의한 반사에 의해 재생 영상이 나타나게 된다.

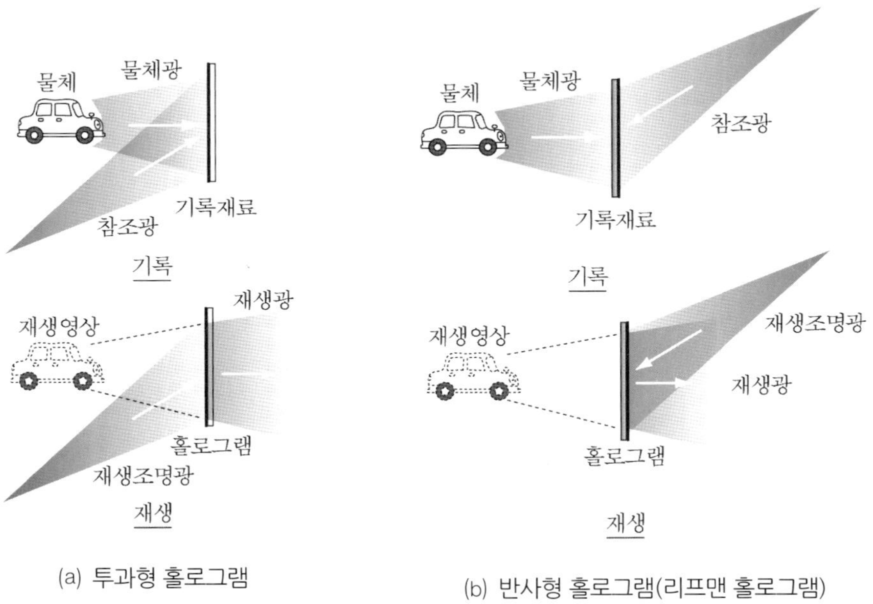

그림 2.2 기본적인 홀로그램 - 참조광과 물체광의 방향에 관계되는 분류

2.1.2 기록 재료에 의한 분류

(a) 간섭 패턴의 기록 방식에 관계되는 것

- 진폭 홀로그램
- 위상 홀로그램

그림 2.3 에서와 같이 진폭 홀로그램은 빛의 투과율 변화에 의해 회절을 발생시켜 재생 영상을 얻는 형태이다. 간섭무늬의 명암에 대한 강도 분포를 흑백의 농담 변화로써 기록한다. 한편, 위상 홀로그램은 위상 변화에 의해 회절을 발생시키는 것이다. 굴절률의 변화 혹은 표면의 요철의 변화로써 간섭무늬를 기록한다. 진폭 홀로그램은 은염유제를 현상 정착 처리해서 얻을 수 있지만 재생 조명광이 홀로그램을 통과할 때 빛이 흡수되기 때문에 일반적으로 상이 어둡다. 위상 홀로그램은 빛이 흡수되는 일이 없어 밝은 상을 얻을 수 있다. 은염유제를 사용하여 얻은 진폭 홀로그램을 표백하여 제작할 수 있다. 중 크롬

산 젤라틴이나 포토폴리머를 사용한 경우에는 굴절률 변화로써, 포토레지스트(photoresist)나 서모 플라스틱(thermoplastic)을 사용한 경우에는 표면의 요철로써 간섭무늬가 기록된다.

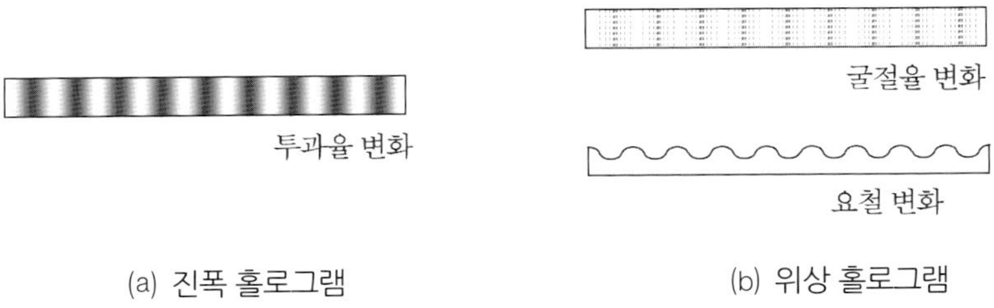

그림 2.3 기본적인 홀로그램 - 간섭 무늬의 기록 방식에 관계하는 분류

(b) 기록 재료의 두께에 관계하는 것

- 얇은 홀로그램(평면 홀로그램)
- 두꺼운 홀로그램(체적 홀로그램)

기록된 간섭 무늬의 간격에 비해서 기록 재료의 두께가 얇거나 같은 정도인 경우를 얇은 홀로그램 또는 평면 홀로그램이라고 한다. 또한 두께가 간격에 비해 수배 이상인 경우를 두꺼운 홀로그램 또는 체적 홀로그램이라고 한다. 얇은 홀로그램에서는 기록시와 동일한 영상 및 공액상이 함께 재생된다. 또한, 얇은 위상 홀로그램에서는 고차의 회절상에 해당하는 많은 상이 재생된다. 한편, 두꺼운 홀로그램의 경우는 기록시와 동일한 상 혹은 공액상 중 한쪽만이 재생 가능하다.

그림 2.4(a) 와 같이 얇은 홀로그램은 공간에 형성되어 있는 간섭무늬의 한 단면을 기록한 것이다. 이것에 의한 회절은 통상적인 평면 회절 격자의 경우와 같으며 파장에 의한 회절의 방향은 다르다. 이와 달리 그림 2.4(b), 그림 2.4(c) 와 같은 두꺼운 홀로그램은 간섭무늬를 3차원적으로 기록한 것이다. 따라서 간섭 패턴 반사광끼리의 상호간 다중 간섭에 의해 재생광의 각도 선택성, 파장 선택성이 우수하다. 회절은 결정의 X선 회절과 마찬가지로 브래그(Bragg)의 조건(3.2 절 참조)을 따른다.

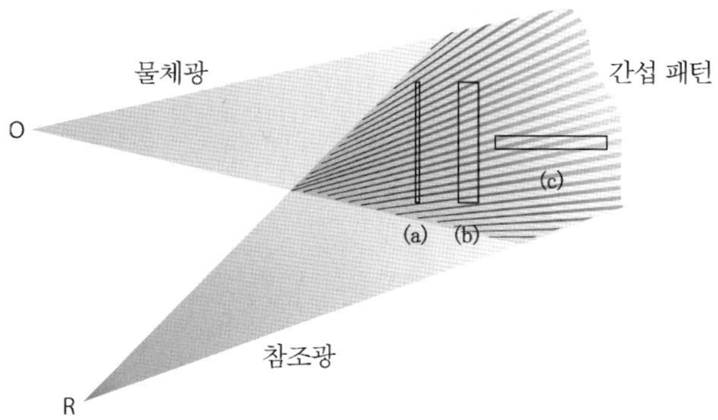

그림 2.4 기본적인 홀로그램 - 기록 소재의 두께에 관계하는 분류
(a) 얇은 홀로그램
(b) 두꺼운 홀로그램 - 투과형 홀로그램
(c) 두꺼운 홀로그램 - 반사형 홀로그램(리프맨 홀로그램)

그림 2.4(b)의 투과형 홀로그램의 경우에는 홀로그램의 두께가 늘어날수록 회절 되는 빛의 각도 범위가 좁아져 각도 선택성이 좋아진다. 한편, 그림 2.4(c)의 반사형 홀로그램의 경우에는 홀로그램 면에 거의 평행한 다수의 층상 구조로써 간섭무늬가 기록된다. 따라서 간섭 필터와 같은 작용에 의해 회절 되는 빛의 파장 폭이 좁아지기 때문에 백색 광원에서 재생하는 것이 가능해진다. 두꺼운 위상 홀로그램은 이러한 특성뿐만 아니라 재생 영상이 밝아 다양한 응용 분야에서 사용되고 있는 중요한 홀로그램이다.

2.1.3 재생에 사용하는 조명 광원에 의한 분류

- 레이저 광 재생 홀로그램
- 준 단색광 재생 홀로그램
- 백색광 재생 홀로그램

홀로그램은 일반적으로 레이저광으로 재생된다. 홀로그램은 일종의 회절 격자이며 회절광의 방향은 파장에 따라 다르다. 따라서 홀로그램을 백색광으로 재생하는 경우, 각 파장에 의해 재생 영상이 어긋나며 겹쳐져 결국 흐릿한 상만 보이게 된다. 레이저 광은 완전한 단색이기 때문에 흐릿함이 없는 재생 영상과 깊이를 충분히 느낄 수 있는 3차원 영상을 거의 완벽한 형태로 재생 가능하다. 따라서 간섭 계측 분야에서 홀로그램의 재생에는 레이저 광이 사용된다. 또한 깊이감 있는 특수한 3차원 영상의 디스플레이에도 이용된다. 단, 레이저 광 재생에서는 영상에 스페클(speckle) 패턴[2)]이라 불리는 세밀한 반점 모양이 나타난다. 이는 재생 영상이 거칠게 보이는 현상으로서 레이저 광이 간섭성이 뛰어난 빛이기 때문에 발생하는 문제이다.

레이저만큼 완전한 단색광은 아닐지라도 임의의 광원으로부터의 광선 스펙트럼을 이용하여 선명한 영상을 재생하는 것이 가능하다. 초고압 수은등이 그 좋은 예이며 아크 방전을 이용한 광원은 작고, 스펙트럼의 반값 폭이 2~3 nm로 극히 좁다. 이와 같은 준 단색광으로 대형 홀로그램을 재생한 예가 있다[3)]. 그러나 레이저는 여전히 특수한 광원이며 수은등 역시 일반적이라고 하기는 어렵다. 빛의 파장 폭이 좁다고 하는 것은 재생에 기여하는 빛의 총량이 적다는 것을 의미하고 있기 때문에 눈에는 밝게 보이지 않는다. 따라서 태양이나 전등 등과 같이 쉽게 구할 수 있는 백색 광원을 사용하여 재생 가능한 홀로그램이 개발 되었다. 이러한 홀로그램이 바로 백색광 재생 홀로그램이며 제 4장에서 기술하도록 한다.

2.2 홀로그램의 회절 효율

홀로그램을 재생할 때 어느 정도의 빛이 재생 영상에 기여하는지를 나타내는 척도가 회절 효율이다. 회절 효율이 높다는 것은 재생 영상이 밝다는 것이다. 따라서 홀로그래픽 디스플레이 분야나 홀로그래픽 광학 소자 분야에서의 응용에 있어서 높은 회절 효율은 바람직한 것이라 할 수 있다.

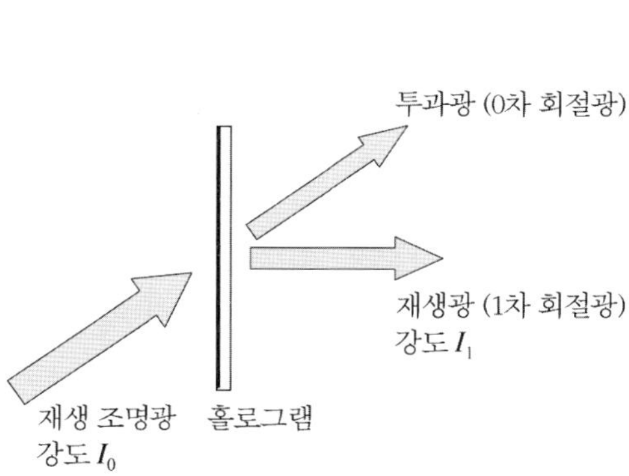

그림 2.5 홀로그램 회절 효율

<표 2.1> 홀로그램 최대 회절 효율

홀로그램 형식		얇은 홀로그램 (평면 홀로그램)		두꺼운 홀로그램 (체적 홀로그램)			
				투과형		반사형	
		진폭형	위상형	진폭형	위상형	진폭형	위상형
회절 효율(%)	이론 값	6.25	33.9 (100)*	3.7	100	7.2	100
	실험 값	6.0	32.6 (>80)*	3.0	>80	3.8	>80

* 간섭 패턴을 요철 변화로써 기록하고 그 간섭 패턴의 틈새 모양을 톱니 형태로 가공한 경우

그림 2.5 에서와 같이 회절 효율 η는 일반적으로 홀로그램에 입사하는 재생 조명광의 강도 I_0에 대한 1차 회절광 강도 I_1 의 비율($\eta = I_1/I_0$)로 정의된다. 1차 회절광은 일반적으로 기록시와 동일한 상을 생성하는 재생광이다. 홀로그램의 기록에 따라서 이론적으로 얻어지는 회절 효율의 값은 기본적으로 홀로그램의 종류에 의존한다[4]. 표 2.1은 최대 회절 효율의 이론치와 실험치에 대해 표기한 것이다. 이 표에서도 알 수 있듯이 회절 효율은 진폭형 보다 위상형 쪽이 높기 때문에 거의 모든 홀로그래픽 광학 소자는 위상형을 사용하고 있다. 위상형 중에서도 두꺼운 홀로그램에서는 회절 효율이 100%에 가깝다는 것을 보여주고 있다. 실제적으로도 중 크롬산 젤라틴이나 포토폴리머에 기록된 경우에는 80% 이상의 값을 얻을 수 있다.

얇은 위상형의 경우는 최대 회절 효율이 33.9%이지만 간섭 패턴을 표면 요철의 변화로써 기록한 다음 그 간섭 패턴의 틈새 모양을 톱니 형태로 가공하면 회절 효율이 100%가 될 수 있다. 이 방법으로 회절 효율을 높이는 것과 동시에 열 프레스 법 등에 의해 대량 복제도 용이해 진다. 따라서 전자 빔 노광 혹은 이온 빔 에칭에 의해 간섭 패턴의 틈새를 톱니 형태로 제작하는 시도가 이루어지고 있다. 높이를 계단 형으로 변화시키는 멀티 위상 레벨 격자에 의해서도 높은 회절 효율을 얻는 것이 가능하다[5]. 또한 공간 주파수가 높고 틈새가 깊은 홀로그램에서도 회절 효율은 100%에 가까워진다[6].

표 2.1의 값은 2개의 평행광에 의한 간섭무늬를 기록한 단순한 홀로그램 격자에 대한 값이다. 홀로그램 렌즈처럼 구면파를 사용한 경우, 또는 실제의 레이저 광과 같이 단면의 강도가 균일하지 않고 가우스 분포를 갖는 경우에는 보다 낮은 값이 되며 다중 노광한 경우에도 사정은 달라진다. 간유리와 같은 확산 물체를 홀로그램에 기록한 경우의 효율도 100%는 되지 못한다. 그것은 물체 표면이 랜덤한 위상을 가진 수많은 점광원의 집합으로 간주되고 스페클 패턴이 발생하여 물체광의 밝기가 일정해지지 않기 때문이다. 통계 처리에 의한 이론적인 회절 효율은 64%가 된다.

2.3 재생 영상의 형성 과정

2.3.1 기록 물체와 동일한 실제상과 공액상(허상과 실상)

그림 2.2와 같이 참조광과 동일한 파장으로 동일한 방향에서 재생 조명광을 비추면 물체가 원래 있던 위치, 즉 홀로그램의 안쪽 방향으로 영상이 보인다. 이 영상을 기록시와 동일한 영상(orthoscopic image)이라고 하며 허상(virtual image)이다. 그것은 실제적으로 공간에 빛이 모여 상을 형성하는 것이 아니기 때문이다. 홀로그램에서 나오는 재생광을 역으로 좇아가보면, 마치 거기에서 빛이 나온 것 같은 면이 형성되어 그것이 상으로써 보이게 되는 것이다.

또한 식 (1.3)에 대응하는 또 하나의 재생 영상이 발생한다. 이 상은 공액상(pseudoscopic image)이라고 하며 실상(real image)이다. 이것을 발생시키는 재생 영상은 홀로그램을 직진하는 재생 조명광에 대해 허상(실제와 같은 영상)을 발생시키는 재생광과는 반대 방향으로 발생한다. 어디에 공액상이 형성되는가는 기록 및 재생의 위치에 의존한다. 단, 참조광과 물체광 사이의 각도가 큰 경우에는 발생하지 않는다.

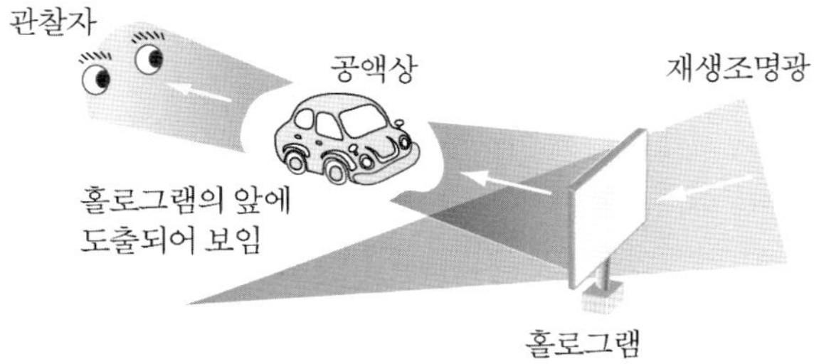

그림 2.6 공액상의 관찰

그림 2.6에서와 같이 참조광과는 반대 방향으로 나아가는 빛으로 홀로그램을 재생시키는 것을 생각해보자. 이 빛을 [참조광과는 공액하는 빛]이라고 하며 이와 같은 재생을 공액 재생이라고 한다. 빛의 역진의 원리에서 알 수 있듯이 공액 재생하면 재생광은 물체가 원래 있던 위치에 모여 물체의 상을 형성하게 된다. 이것도 공액상이라고 불린다. 이 상은 공간에 실제로 형성되는 실상이며 이 위치에 스크린을 배치하면 거기에 상이 투영된다. 스크린의 위치를 전후로 이동시키면 초점이 맞는 면이 달라져 3차원적인 상이 형성되었다는 것을 알 수 있다. 공간에 형성되는 이 상을 스크린을 사용하지 않고 보기 위해서는 재생광이 오는 곳에 눈을 두고, 홀로그램 쪽을 보면 된다. 이때 홀로그램의 앞에 상이 보이게 되지만 보통의 상과는 조금 다른 묘한 상이 보이게 될 것이다.

그림 2.6 에서 알 수 있듯이 원래 가까이에서 보여야 할 점이 멀리서 보이고 멀리서 보여야 할 점이 가까이에서 보인다. 즉, 전후좌우가 역으로 보이게 된다. 테니스볼과 같은 둥근 것을 물체로 사용한 경우에는 가운데가 움푹 들어간 밥그릇 같은 형태가 보이게 될 것이다. 이것은 현실 세계에서 있을 수 없는 일이다. 이와 같은 영상을 슈도스코픽

(pseudoscopic) 영상이라고 부른다. 눈을 상하 좌우로 이동시키며 상을 보면 더욱 묘한 것을 알 수 있을 것이다. 우측으로 눈을 조금씩 이동시키면 조금씩 좌측에서 본 것 같은 상이 되어 간다. 위로 이동한 경우에는 아래에서 보는 것 같은 상이 되어 간다. 제 II편에서 소개하는 방법에 따라 실제로 홀로그램을 제작하며 확인해보자. 이 슈도스코픽 영상을 잘 이용하면 재미있는 표현이 가능해진다.

2.3.2 결상(結像) 수식

어떠한 영상이 어디에 재생되는가를 파악하는 것은 홀로그램을 실제로 이용하는 경우에 반드시 필요한 작업이다. 홀로그램을 재생할 때, 기록의 광학 배치와 사용 파장이 완전히 동일하다면 재생 영상은 원래의 물체의 위치에 발생한다. 하지만 광학 배치가 다르고 또한 재생 조명광의 파장이 변하게 된다면 재생 영상이 발생하는 위치도 변화하여 일반적인 수차를 동반한다. 그림 2.7은 상이 형성되는 위치를 해석하기 위한 광학 배치를 나타내고 있다.

재생 영상이 어디에 나타나는지는 다음의 두 식으로부터 구하는 것이 가능하다[7].

$$1/R_i = 1/R_c \pm \mu(1/R_o - 1/R_r) \tag{2.1}$$

$$\sin\theta_i = \sin\theta_c \pm \mu(\sin\theta_o - \sin\theta_r) \tag{2.2}$$

단, 여기에서는 간단하게 하기 위해 참조광, 물체광, 재생 조명광을 모두 점광원으로 간주하였다. 그림 2.7에서와 같이 홀로그램 면으로 x, y축을 취하고, 면에 수직으로 z축을 취했을 때, 각 점광원은 모두 $x-z$ 면 내부에 존재하는 것으로 하여 이 면내에서의 결상에 대해 고려하였다. 여기서 수직한 면 내부의 결상은 일반적인 것과 다르다.

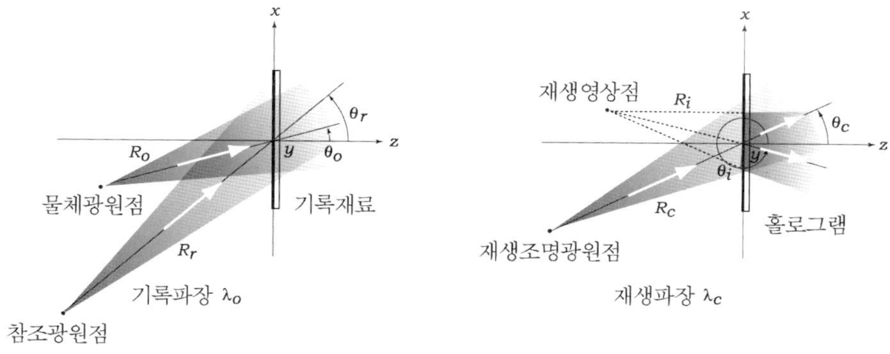

(a) 홀로그램 기록 (b) 홀로그램 재생

그림 2.7 재생 영상의 형성 위치 해석을 위한 광학 배치

R은 각 점광원에서 홀로그램 중심까지의 거리, θ는 각각의 각도이며, 첨자 r, o, c, i는 각각 참조광, 물체광, 재생 조명광, 재생광을 나타내는 것으로 한다. 또한, μ는 기록시의 파장 λ_o와 재생시의 파장 λ_c의 비율로써,

$$\mu = \lambda_c / \lambda_o \qquad (2.3)$$

로 부여된다. 부호 +는 기록시와 동일한 영상, −는 공액상에 대응한다.

R의 부호와 θ를 정하는 법은 다음과 같이 약속한다. R이 발산하는 광이라면 정(+), 집속하는 광이라면 부(−)이다. θ는 그림과 같이 각각의 빛이 홀로그램을 통해 진행할 때 z축 정의 방향으로부터 반시계 방향으로 정하는 것으로 한다.

식 (2.1)은 홀로그램으로부터 재생 영상의 점까지에 대한 거리를 결정하는 식이다. 이 식은 잘 알려진 렌즈의 공식과 유사하다는 것을 알 수 있다. 이것과 비교해보면 홀로그램은 초점거리 $1/[\mu(1/R_o - 1/R_r)] = R_o R_r / \mu(R_r - R_o)$ 인 렌즈와 같은 작용을 하고 있다는 것을 알 수 있다. 한편, 식 (2.2)는 재생 영상에 대한 점의 방향을 정하는 식이다. 1장의 식 (1.1) ~ 식 (1.3)을 유추하여 구하는 것이 가능하다.

식 (2.1)과 식 (2.2)를 통해 홀로그램에서 나오는 영상의 점이 어디에 재생되는가를 알 수 있다. 영상이 크기를 가지고 있는 경우는 물체를 구성하는 다수의 점이 각각 어디에 재생되는가를 알면 상의 배율이 구해진다. 가로 배율 m, 세로 배율 M은 근사적으로

$$m = \text{상의 폭} / \text{물체의 폭} = R_i\lambda_c / R_o\lambda_o = \mu R_i / R_o \tag{2.4}$$

$$M = \text{상의 깊이} / \text{물체의 깊이} = m^2/\mu \tag{2.5}$$

로 주어진다.

2.3.3 결상의 예

다음에 몇 가지 구체적인 예를 들어 설명한다.

(a) 투과형 홀로그램

예 1 재생 조명 광원의 거리가 참조광의 거리와 다르게 변하는 경우 (그림 2.8)

- **기록**

참조광 : $R_r = \infty,\ \theta_r = 25^\circ$

물체광 : $R_o = 30$ cm, $\theta_o = 0$

파장 : $\lambda_o = 632.8$ nm(헬륨－네온 레이저)

- **재생**

재생 조명광 : $R_c = 100$ cm, $\theta_c = 25^\circ$

파장 : $\lambda_c = 632.8$ nm

이 때, 식 (2.1)과 식 (2.2)에서

$1/R_i = 1/100 \pm (1/30 - 1/\infty)$

$\sin\theta_i = \sin 25^\circ \pm (\sin 0 - \sin 25^\circ)$

를 얻을 수 있고,

기록시와 동일한 영상은 $R_i = 23.1$ cm, $\theta_i = 0$

공액상은 $R_i = -42.9$ cm, $\theta_i = 57.7^\circ$

의 위치에 형성되게 된다. 기록시와 동일한 영상은 홀로그램의 중심에서 좌측으로 23.1 cm의 거리에 생긴다. R_i가 정(+) 이므로 재생광은 발산 광, 영상은 허상이라는 것을 의미하게 된다. 가로 배율은 0.77, 세로 배율은 0.59가 되어 실제의 물체보다 축소된 상이 된다. 한편, 공액상은 R_i 가 부(−) 이므로 집속 광이며 실상이 된다. 그 방향은 57.7°이고 홀로그램의 중심에서 우측 42.9 cm의 거리에 형성된다.

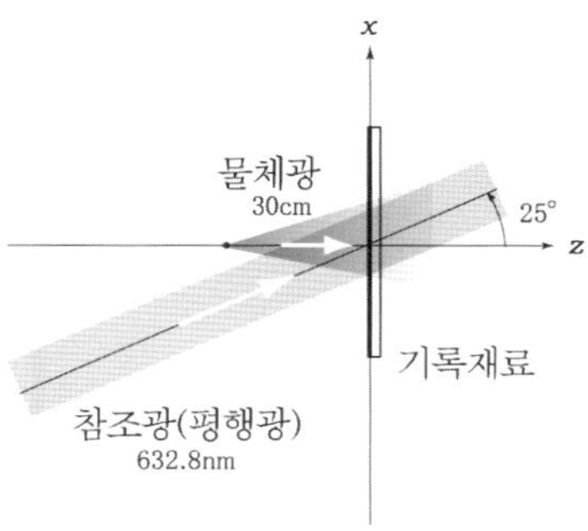

(a) 홀로그램 기록

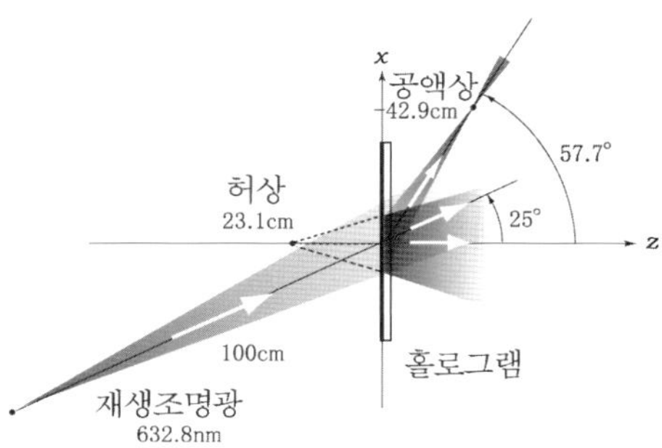

(b) 홀로그램 재생

그림 2.8 결상 예1 : 투과형 홀로그램 - 재생 조명 광원의 위치가 참조광과 다른 경우

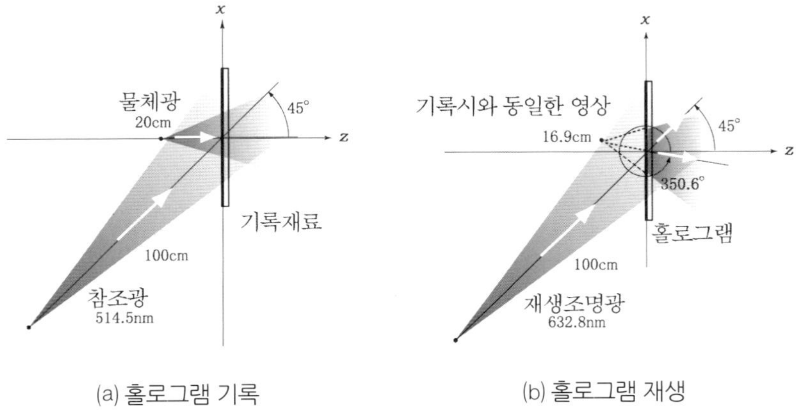

그림 2.9 결상 예 2 : 투과형 홀로그램 - 재생 파장이 기록 파장과 다른 경우

예 2 재생 파장이 기록 파장과 다른 경우(그림 2.9)

- **기록**

참조광 : $R_r = 100$ cm, $\theta_r = 45°$

물체광 : $R_o = 20$ cm, $\theta_o = 0$

파장 : $\lambda_o = 514.5$ nm(아르곤 이온 레이저)

- **재생**

재생 조명광 : $R_c = 100$ cm, $\theta_c = 45°$

파장 : $\lambda_c = 632.8$ nm

이 경우, 기록시와 동일한 영상은 $-9.4°$($350.6°$)의 방향, 16.9 cm 부분에 형성된다. 횡 배율은 1.04이다. 공액상은 $\sin\theta_i$ 가 1.58이 되어 1을 넘어 버리기 때문에 발생하지 않는다. 이와 같은 경우의 재생광은 경계면에서 지수 함수적으로 진폭이 감소하는 에바네슨트 파(evanescent wave) 라고 불린다.

참조광, 재생 조명광 모두 평행광 ($R_r = R_c = \infty$)인 경우에는 기록과 재생의 파장이 서로 달라도 상의 횡 배율은 1에서 변하지 않는다. 이 성질을 이용한 것으로써 아크로매틱(achromatic) 홀로그램이 있으며 6.4절에서 소개한다.

(b) 반사형 홀로그램

예 3 재생 조명 광원의 거리가 변하는 경우 (그림 2.10)

- **기록**

참조광 : $R_r = \infty,\ \theta_r = 225°$

물체광 : $R_o = 20\ \text{cm},\ \theta_o = 0$

파장 : $\lambda_o = 632.8\ \text{nm}$

- **재생**

재생 조명광 : $R_c = 100\ \text{cm},\ \theta_c = 225°$

파장 : $\lambda_c = 632.8\ \text{nm}$

기록시와 동일한 영상은 홀로그램의 중심에서 좌측으로 16.7 cm의 거리에 허상(virtual image)으로 나타난다.

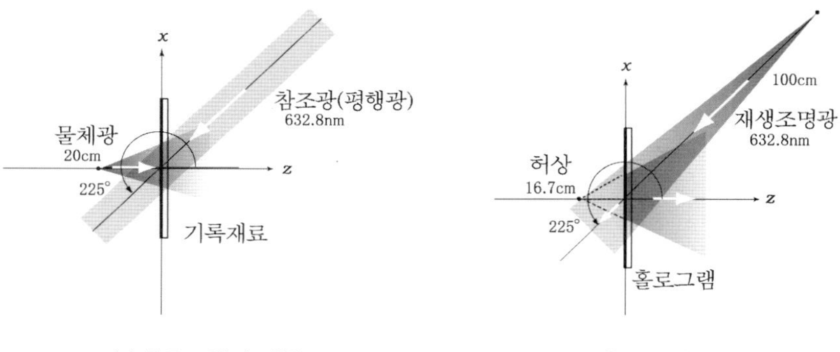

(a) 홀로그램의 기록 (b) 홀로그램의 재생

그림 2.10 결상 예 3 : 반사형 홀로그램 - 재생 조명 광원의 거리가 참조광과 다른 경우

(a) 홀로그램의 기록 (b) 홀로그램의 재생

그림 2.11 결상 예 4 : 반사형 홀로그램 - 공액 재생하는 경우

예 4 공액 재생하는 경우(그림 2.11)

[예 3]과 동일한 조건으로 제작된 반사형 홀로그램을 공액 재생

- **재생**

재생조명광 : $R_c = \infty$, $\theta_c = 45^\circ$

파장 : $\lambda_c = 632.8$ nm

이 경우, 공액상은 홀로그램 바로 앞 20 cm 위치의 실상(real image)이 된다.

CHAPTER 3 체적형 홀로그램의 특성

간섭무늬가 3차원적으로 기록되는 체적형 홀로그램은 실용상 매우 중요하다. 여기서 홀로그램이 두꺼운 체적형 홀로그램인지 얇은 홀로그램인지는 간섭무늬의 간격과 관계되는 기록 재료의 두께에 의해 결정된다. 시판되는 은염유제는 통상 6 μm 정도의 두께를 지닌다. 이 경우, 참조광의 각도가 30° 이상일 때는 체적형 홀로그램에 속하게 된다. 홀로그램이 두꺼운지 얇은지에 따라 최대 회절 효율이 달라지며 2.2 절에서 설명하였던 것처럼 두꺼운 위상 홀로그램에서는 최대 100%에 달하게 된다.

여기에서는, 체적형 홀로그램에서 간섭무늬가 어떤 식으로 기록 되는가를 설명한다. 그리고 브래그의 조건이란 어떤 의미를 가지는가에 대해 설명하고, 체적형 홀로그램의 특징인 각도 선택성, 파장 선택성에 대해 해석한다. 또한, 현상 처리 등에 따른 홀로그램의 두께 변화 등의 체적형 홀로그램에 관한 문제에 대해서도 언급하고자 한다.

3.1 체적형 홀로그램 내의 간섭 패턴

3.1.1 간섭 패턴의 기록

체적형 홀로그램의 특성을 해석하기 위해서는 홀로그램 내에서의 간섭무늬에 대한 논의가 필요하다. 먼저 홀로그램 내부에 어떠한 간섭무늬가 기록되는가를 조사해보자. 그림 3.1에서와 같이 기록 재료 면에 x 축을 취하고, 그것에 대해 직각 방향으로 z 축을 취한다. 간단하게 하기 위해 참조광, 물체광은 평행광으로 하고, 기록 재료 바깥(공기 중)에서 입사되는 각각에 대한 각도를 θ_r, θ_o, 기록 파장을 λ_o로 한다. 이들 빛이 기록 재료 내에 들어가면 굴절 때문에 각도가 변하고 파장도 변한다. 이렇게 변화한 것들을 각각 θ_r', θ_o', λ_o'로 칭한다. 즉, 대시는 기록 재료 및 홀로그램 내에서의 값을 의미하는 것으로 한다. 간섭무늬의 x축 방향의 간격 d_x는 1.3.2 항에서 기술한 것과 같은 방법에 의해

$$d_x(\sin\theta_r' - \sin\theta_o') = \lambda_o' \tag{3.1}$$

에서 구하는 것이 가능하다.

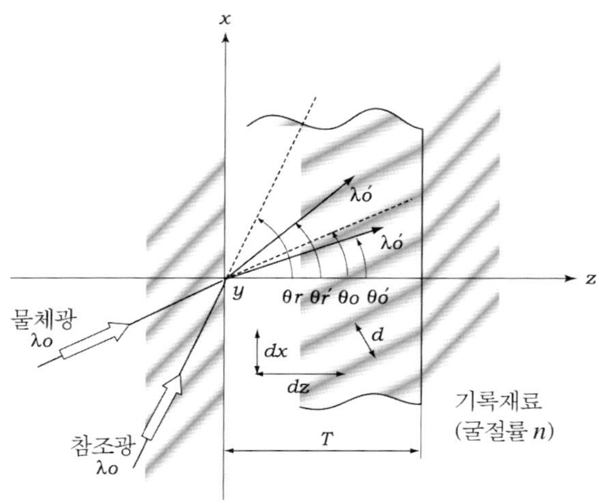

그림 3.1 체적형 홀로그램 내의 간섭무늬

식 (3.1)은 기록 재료의 외부에서 성립하는 식 (1.1)과 얼핏 보면 달라 보이지만 실제적으로는 동일한 것이다. 즉, 기록 재료의 굴절률을 n으로 하면, 굴절에 관여하는 스넬의 법칙[1)]에서

$$\sin\theta_r' = \sin\theta_r/n, \quad \sin\theta_o' = \sin\theta_o/n \tag{3.2}$$

의 관계가 있다. 또한

$$\lambda_o' = \lambda_o / n \tag{3.3}$$

이 되기 때문이다. 한편, z 축 방향의 간격 dz에 대한 식도 동일한 방식에서

$$d_z(\cos\theta_r' - \cos\theta_o') = \lambda_o' \tag{3.4}$$

로 주어진다.

간섭무늬의 방향은 두 평면파가 전파하는 방향의 2등분선에 대한 방향이다. 간섭무늬의 방향에 직각인 방향의 간격 d와 dx, dz의 사이에는

$$d = d_x \cos\{(\theta_r' + \theta_o')/2\} = d_z \sin\{(\theta_r' + \theta_o')/2\} \tag{3.5}$$

의 관계가 성립한다.

3.1.2 간섭 패턴의 간격

홀로그램에 기록되어 있는 간섭무늬의 간격이 구체적으로 어느 정도가 되는지를 계산해보자. 홀로그램을 기록하는 경우 물체광을 홀로그램 면에 수직으로 입사시키는 것이 보통이다. 그것은 홀로그램을 통하여 상을 볼 때 상이 정면에 보이거나 또는 상을 볼 수 있는 범위-시역-이 이 상태에서 가장 넓어지기 때문이다.

그림 3.2(a)에서와 같이 물체광을 기록 재료 면에 수직으로 입사하도록 ($\theta_o = 0$) 한 다음 참조광의 각도가 변했을 때의 간격 d 를 구하면

$$d = \lambda_o / \left(\sqrt{2\left(n^2 \mp n\sqrt{n^2 - \sin^2\theta_r}\right)} \right) \tag{3.6}$$

과 같이 된다. 단, 부호 − 는 투과형 홀로그램($-90^\circ < \theta_r < 90^\circ$), +는 반사형 홀로그램($90^\circ < \theta_r < 270^\circ$)에 대응한다. 공간 주파수 f 는 간격 d 의 역수이며, 1 mm 당 간섭무늬의 개수를 표시한 것이다.

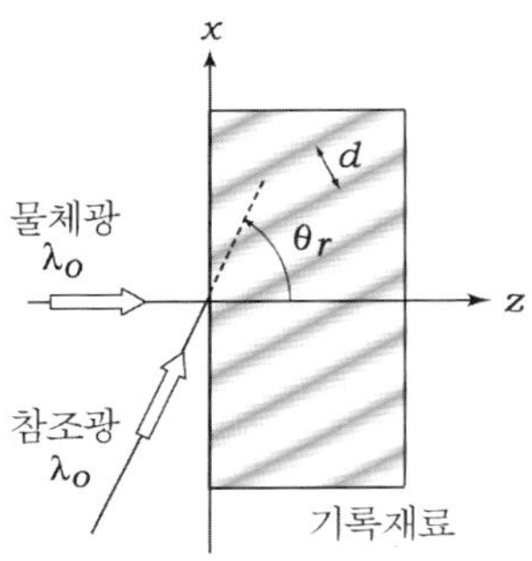

(a) 홀로그램의 기록

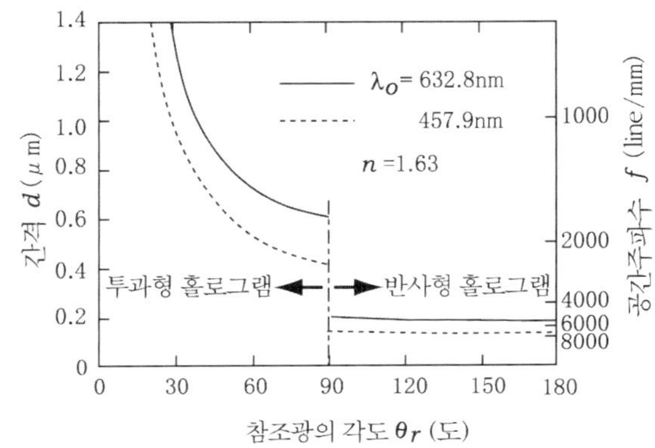

(b) 참조광의 각도 θ_r에 대한 간섭무늬의 간격 d, 공간주파수 f 의 의존성(물체광이 기록재료 면에 수직으로 입사하는 경우)

그림 3.2 간섭 무늬의 간격

$n = 1.63$으로 했을 때의 d, f의 θ_r 의존성을 그림 3.2(b)에 나타내었다. 투과형 홀로그램에서의 최대 공간 주파수는 $\lambda_o = 632.8$ nm에서 1,670 line/mm, $\lambda_o = 457.9$ nm (아르곤 이온 레이저)에서 2,300 line/mm가 된다. 면에 수직인 방향에 대해 물체광을 참조광과 대칭으로 입사 시키면, $\lambda_o = 457.9$ nm에서 4,000 line/mm 이상이 된다. 이와 달리, 반사형 홀로그램에서는 더욱 세밀해진다. 특히 $\theta_r = 180^\circ$일 때 간섭무늬는 홀로그램 면에 대해 평행이 되며 이 때 $d = \lambda_o / 2n$이 되어 가장 세밀해진다. $\lambda_o = 632.8$ nm의 경우 5,150 line/mm, $\lambda_o = 457.9$ nm일 때는 7,120 line/mm 정도가 된다.

3.2 체적형 홀로그램의 회절 – 브래그(Bragg) 조건

얇은 평면 홀로그램의 경우 재생광의 방향은 회절 공식인 식 (1.2), 식 (1.3)에 따른다고 기술하였다. 이것은 x 축 방향에 관해 인접하는 간섭무늬의 투명한 부분에서 나오는 빛이 1 파장만큼 앞서거나 뒤쳐진 방향이 되는 현상에서 얻어진 것이다. 이때 재생 조명광의 각도 및 파장이 참조광의 그것과 동일하다고 가정 했었지만 일반적으로는 다르다. 따라서 조명광의 각도와 파장을 홀로그램 내에서 θ_c', λ_c'라고하면, 재생광의 방향 θ_i'는 식 (1.1) ~ 식 (1.3)에서 알 수 있듯이

$$(\sin\theta_c' - \sin\theta_i')/\lambda_c' = \pm(\sin\theta_r' - \sin\theta_o')/\lambda_o' \tag{3.7}$$

의 관계에서 구하는 것이 가능하다. 여기서 좌변은 재생에 관여하는 양, 우변은 기록에 관하는 양이다. 식 (3.1)에서 알 수 있듯이 식 (3.7)의 우변은 x축 방향에 대한 간섭무늬 간격의 역수, 즉 공간 주파수를 나타내는 것이며 기록의 배치에 따라 정해진다. 따라서 이 식이 의미하는 것은 다음과 같다. 즉, 레이저 광처럼 재생 파장이 일정하다면, 재생광의 방향은 재생 조명광의 방향이 바뀌면 바뀌게 된다. 또한, 재생 조명광의 방향이 일정하다면 재생광의 방향은 파장에 의해 변화한다. 이것이 일반적인 얇은 평면 홀로그램의 회절이다.

이와 달리 체적형 홀로그램의 회절 상태는 다르다. 왜냐하면 체적형 홀로그램에서는 간섭무늬가 3차원적으로 기록된다. 즉 얇은 홀로그램의 경우와 같이 표면만의 간섭무늬의 상태에 따라 회절이 정해지는 것이 아니기 때문이다. 따라서 두께 방향의 간섭무늬 상태도 동시에 고려해야만 한다. 두께 방향인 z 축 방향의 간섭무늬에 의한 회절은 어떤 수식으로 표현 되는 것일까. 그것은 x 축 방향에 대한 회절인 식 (3.7)을 도출하는 것과 같은 방식으로 끌어내는 것이 가능하다. 즉, z 축 방향에 관하여 인접한 간섭무늬의 투명한 부분에서 나오는 빛이 1파장만큼 앞서거나 뒤쳐진 방향으로 재생광이 나간다고 하는 것

이 된다. 이를 식으로 나타내면

$$(\cos\theta_c' - \cos\theta_i')/\lambda_c' = \pm(\cos\theta_r' - \cos\theta_o')/\lambda_o' \tag{3.8}$$

이 된다. 결과적으로는 식 (3.7)의 sin을 cos으로 바꾼 것 뿐이지만, 체적형 홀로그램인 경우의 재생광은 식 (3.7)과 식 (3.8)을 동시에 만족하는 θ_i'의 방향으로 진행하며 이 때 회절 효율이 최대가 된다. 이들 수식을 하나로 정리하면

$$2d\sin\theta' = \pm\lambda_c' \tag{3.9}$$

와 같이 간단해진다. 여기서, θ'는 그림 3.3에서와 같이 재생 조명광과 재생광이 만드는 각도의 절반 $(\theta_c' - \theta_i')/2$과 같다. 이 관계는 브래그(Bragg) 조건이라 불리는 것으로써 두꺼운 홀로그램의 회절 특징을 결정하는 중요한 관계가 된다. 이것은 잘 알려져 있듯이 결정 내의 원자 면에서의 X선 회절에 관하는 식과 같은 것이다. 이 조건에서 멀어지게 되면 회절 효율은 급격히 감소된다.

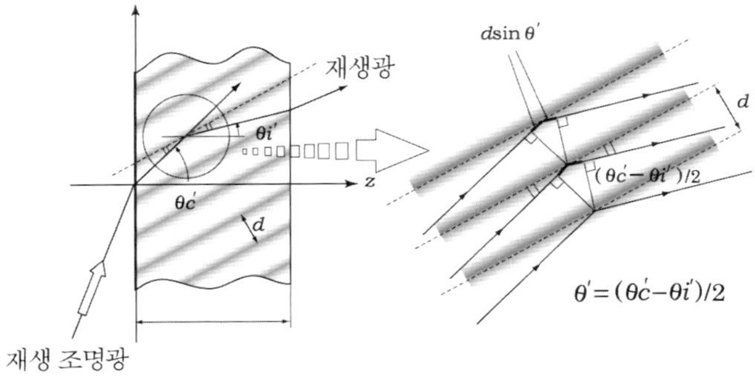

그림 3.3 브래그 조건의 설명

식 (3.9)가 의미하는 것은 다음과 같다. 즉 간섭무늬의 면을 거울 면으로 간주할 때, 재생 조명광과 재생광의 방향이 입사와 반사의 관계에 있을 때만 재생광이 발생한다. 그 방향은 재생 조명광의 파장과 간섭무늬의 간격에 의해 일의적으로 정해진다. 또한 재생 조명광의 방향과 간섭무늬의 간격이 주어지면 특정한 파장의 빛만이 재생된다.

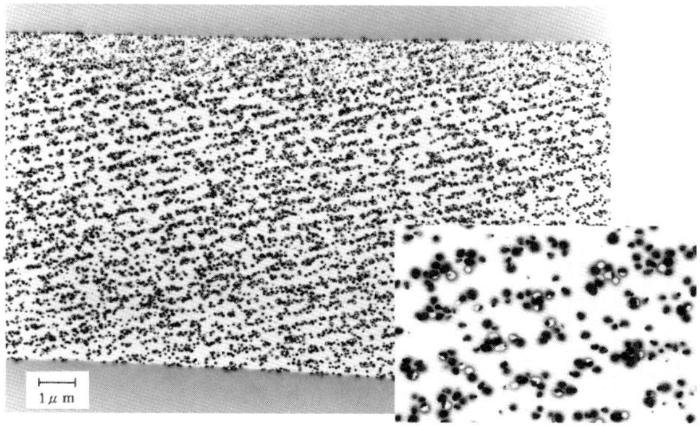

(a) (b)

그림 3.4 홀로그램 단면의 전자 현미경 사진

(a) 8E75HD 건판에 헬륨네온 레이저로 기록한 반사형 홀로그램. 현상액은 CW－C2, 표백은 PBQ－2 를 사용.
(b) (a)의 일부를 확대한 사진

체적형 홀로그램 내에 기록된 간섭무늬의 일례로써 그림 3.4(a)에 홀로그램 단면의 전자 현미경 사진을 소개하였다[3]. 이 홀로그램은 8E75HD 건판에 헬륨－네온 레이저를 이용하여 기록된 반사형 홀로그램이다. 검은색의 작은 입자는 투명한 할로겐화 은 입자이며 그 직경은 약 50 nm이다.

이 사진을 비스듬하게 옆에서 보면 젤라틴 속에 은염입자의 밀접한 부분이 층 형태로 배열되어 있는 것을 확실히 알 수 있다. 그림3(b)는 그 확대 사진이다. 은염유제에 기록된 간섭무늬의 현실은 이와 같은 것이다. 임의의 방향에서 이 홀로그램으로 백색광을 비추면 각 층에 있는 은염입자에서 빛이 산란하게 된다. 인접한 층 사이의 이러한 산란광들이 간섭하여 그 결과 식 (3.9)를 만족하는 파장의 빛이 강하게 반사되어 나오게 된다. 그림

3.4의 사진에 나와 있는 정도의 불완전한 간섭무늬라도 재생광 강도 최대치의 1/2에 해당하는 파장폭이 40 nm 정도이다. 브래그 조건을 만족하는 파장의 빛에 대해 입사광의 거의 50%가 재생에 기여하고 있다는 것이 매우 흥미롭다.

브래그의 조건은 기록시와 동일한 영상(허상) 및 공액상에 대해서 성립하지만 양방향 2개의 영상에 대해서 동시에 성립하지는 않는다. 즉 체적형 홀로그램에서는 어느 쪽이든 하나의 영상만이 재생 가능하다.

이와 같이 체적형 홀로그램에서 재생광은 특정 방향 혹은 파장에 대해서만 발생한다. 그 조건에서 조금이라도 어긋나면 발생하지 않는다는 사실을 알 수 있다. 이 경우의 체적형이라는 것은 극단적으로 말하자면 홀로그램의 폭과 두께가 같은 정도의 입방체와 같은 형태를 하고 있다. 표면에 형성되는 간섭무늬의 수와 거의 같은 수의 간섭무늬가 두께 방향으로도 형성되어 있는 경우를 말한다. 특정한 종류의 결정을 사용하면 이것에 가까워지는 것은 가능하지만 보통 홀로그램에서는 폭이 cm 단위인 것에 비해 두께는 수 μm에 지나지 않는다.

따라서 현실에서 재생광의 방향은 식 (3.7)에 의해 결정된다. 홀로그램의 두께가 늘어남에 따라 식 (3.8)에 따르는 회절의 기여도가 커지게 되며 재생의 조건도 엄격해진다. 이것은 홀로그램의 각도 선택성, 파장 선택성에 관계된 것이다. 재생의 조건으로 기록의 조건에서 어느 정도 변화하면 재생 영상을 얻을 수 없게 되는가에 대한 연구가 진행되고 있다.

홀로그램의 회절 효율에 대해서는 2.2절에서 설명하였다. 체적형 홀로그램의 경우는 브래그 조건을 만족할 때 최대가 된다. 위상 홀로그램에서는 그 값이 투과형, 반사형 모두 100%에 가까워지게 된다.

3.3 각도 선택성과 파장 선택성

3.3.1 각도 선택성

홀로그램의 두께는 각도 선택성, 파장 선택성에 영향을 미친다. 각도 선택성은 기록할 때와 같은 파장으로 홀로그램을 재생시킬 때 재생 조명광 각도에 대한 재생광 강도(회절 효율)의 의존성을 말한다. 그림 3.5는 각도 선택성을 설명하기 위한 광학 배치와 각도 선택성을 나타낸 것이다.

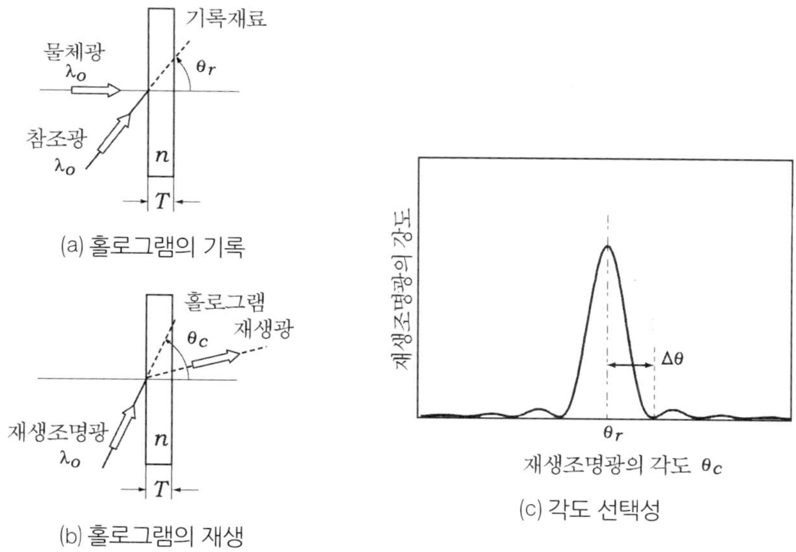

그림 3.5 홀로그램의 각도 선택성을 설명하기 위한 광학 배치와 각도 선택성

그림 3.5(a)와 같이 물체광을 기록 재료 면에 수직으로 입사시키고 θ_r의 각도로 입사하는 참조광과 간섭하여 홀로그램을 기록한 경우를 생각해보자. 이 홀로그램을 재생했을 때 재생 조명광의 각도 θ_c를 그림 3.5(b)와 같이 참조광의 각도에서 조금씩 어긋나게 한다. 이때 재생광의 강도는 그림 3.5(c)와 같이 일단 0이 되고 조금 강해졌다가 다시 0이 되는 것을 반복하다가 점차 낮아지게 된다. 강도가 최대일 때부터 최초에 0이 될 때까지의

각도 폭을 공기 중에서 $\triangle\theta$라고하면, 근사적으로

$$\triangle\theta = \pm\frac{\lambda_o\sqrt{n^2-\sin^2\theta_r}}{T\sin\theta_r\cos\theta_r} \tag{3.10}$$

로 주어진다. 여기서, 부호의 +는 투과형 홀로그램, −는 반사형 홀로그램의 경우이다. 또한 n은 홀로그램의 평균 굴절률, λ_o은 기록파장(=재생 파장), T는 홀로그램의 두께이다. 식 (3.10)의 단위는 라디언(rad)이며 여기에 $180/\pi$배를 곱하면 °로 나타낼 수 있다. 이 각도 폭에 대한 참조광 각도의 의존성을 $\theta_o=0$(물체광이 기록 재료 면에 수직으로 입사)인 경우에 대해서 그림 3.6에 실선으로 표기하였다.

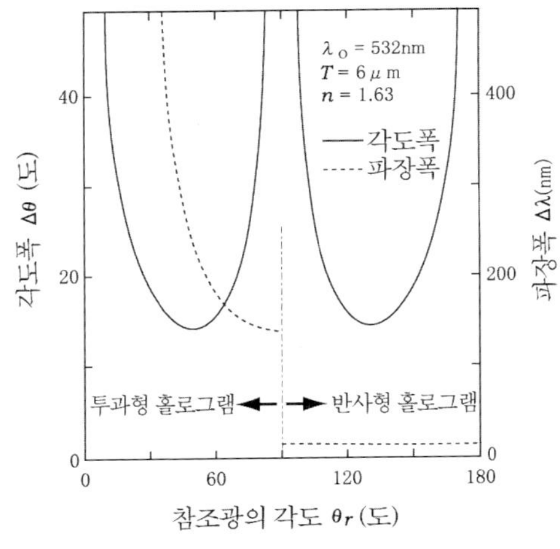

그림 3.6 재생광의 각도 폭 및 재생 파장 폭의 참조광 각도 의존성

그림 3.6에서 알 수 있듯이 각도 선택성이 가장 좋아지는 참조광의 각도는 50° 및 130° 부근이다. 단, 참조광을 홀로그램의 표면에서가 아니라 단면(端面)에서 입사시키는 5.1.4절에서의 에지릿 홀로그램의 경우에는 각도 선택성이 참조광의 각도가 90°부근에서 가장 좋아진다.

식 (3.10)으로부터 다중 기록이 가능한 홀로그램의 수를 알 수 있다. 구체적인 예를 들어보자. $n=1.63$, 두께 $T=6\ \mu m$의 은염유제에 $\lambda_o=532$ nm인 빛을 사용하여 $\theta_r=45°$로 홀로그램을 기록하면 $\Delta\theta=14.9°$가 된다. 그런데 두꺼운 기록 재료인 5 mm 두께의 결정에 기록하는 경우에 $\Delta\theta=0.018°$가 된다. 즉, 재생 조명광의 각도가 기록 시의 각도에서 0.018° 어긋난 것만으로 영상이 사라져 버리는 것이다. 이것은 역으로, 각도 선택성을 이용하면 다양한 다른 정보의 다중 기록 가능하다는 것을 의미한다. 참조광의 각도를 45°를 중심으로 ±10°의 범위에 홀로그램을 다중 기록하면 1,000개 이상의 물체를 다중 기록하는 것이 가능하며 각각의 영상을 개별적으로 재생하는 것이 가능해진다. 이와 같은 체적형 홀로그램은 결정에 기록하는 것에 의해 실현 가능하다. 철을 첨가(dope)한 니오브산리튬(LiNbO3 : Fe)에 1만장의 영상을 기록한 예도 있다[4].

3.3.2 파장 선택성

파장 선택성은 재생 조명광의 각도가 참조광과 같을 때 재생 조명광의 파장에 대한 재생광 강도의 의존성을 말한다. 그림 3.7은 홀로그램의 파장 선택성을 설명하기 위한 광학 배치를 나타낸 것이다. 재생 파장 λ_c를 기록파장과 어긋나게 했을 때 재생광의 강도 변화, 즉 파장 선택성은 그림 3.5(c)의 각도 선택성과 같은 형태를 나타낸다.

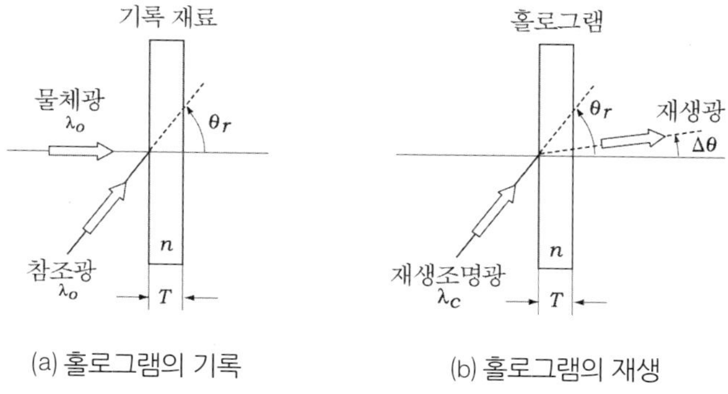

(a) 홀로그램의 기록　　(b) 홀로그램의 재생

그림 3.7 홀로그램의 파장 선택성을 설명하기 위한 광학 배치

강도가 최대인 곳에서 처음으로 0이 되는 곳까지의 파장 폭을 $\Delta\lambda$, 이에 따른 재생광의 각도 변화를 $\Delta\theta$라고하면, 이것은 근사적으로

$$\Delta\lambda = d_z\lambda_o/T = \lambda_o^2/\left\{T\left(n \mp \sqrt{n^2 - \sin^2\theta_r}\right)\right\} \tag{3.11}$$

$$\Delta\theta = -\sin\theta_r \Delta\lambda/\lambda_o \tag{3.12}$$

로 주어진다. 여기서, 부호 $-$는 투과형 홀로그램, $+$는 반사형 홀로그램의 경우이다.

각도 선택성의 경우와 마찬가지로 물체광을 기록 재료 면에 수직으로 입사시켰을 때 파장 폭에 대한 참조광의 각도 의존성을 그림 3.6에 점선으로 표기하였다. 반사형 홀로그램에서는 파장 선택성이 극히 양호하며 재생되는 파장 폭이 아주 작다. 예를 들어 $\lambda_o = 532$ nm, $T = 6\ \mu$m, $\theta_r = 150°$, $n = 1.63$이라 하면 $\Delta\lambda = 14.8$ nm이 된다. 이에 따른 각도 변화 $\Delta\theta$의 절대치는 0.8°로 작기 때문에 분산에 의한 재생 영상의 흐릿함이 적어 백색광으로 재생이 가능하다. 참조광의 각도를 크게 한 경우 파장 선택성은 거의 변하지 않지만 파장 변화에 따르는 재생광의 각도 변화가 작아져 $\theta_r = 180°$일 때 0이 된다.

$\Delta\lambda$의 값은 재생광의 강도가 최대인 부분에서 처음으로 0이 될 때까지의 파장 폭이다. 그런데 실제로 반사형 홀로그램을 기록하여 파장 선택성을 측정해보면 강도가 일단 0이 되어야 할 부분에서 0이 되지 않는 경우가 많다. 이것은 홀로그램 내의 간섭무늬가 두께 방향으로 균일하게 형성 되어있지 않다는 것을 의미한다. 이 문제에 대해서는 다음 절에서 기술하도록 한다. 이와 같은 경우의 파장 폭으로써는 강도가 최대인 값의 1/2이 되는 곳까지의 전체 진폭(半値全幅)으로 나타내는 것이 타당하다. 이 폭은 식 (3.11)에서 주어진 값과 거의 같다고 생각해도 된다.

또한, 엄밀히 말하자면 선택성의 형태는 회절 효율에 관계하는 간섭무늬 변조항의 크기에 의존하여 변하며 홀로그램의 종류에도 의존한다.

3.4 체적형 홀로그램에서 고려해야할 사항

지금까지 기술한 체적형 홀로그램에 대한 회절 효율, 각도 및 파장 선택성은 홀로그램 내에 간섭무늬가 이상적으로 형성되었을 경우에 해당하는 것이다. 그러나 실제 기록 재료에서는 색소 등에 의한 빛의 흡수가 일어난다. 또한, 형성된 홀로그램의 두께가 변화한다던지 간섭무늬의 형태가 기록할 때와 다른 경우도 있다. 이러한 문제들이 체적형 홀로그램의 특성에 어떠한 영향을 미치는지에 대해 알아보자.

3.4.1 기록 재료 내부에서의 빛의 흡수

기록 재료에서는 색소 등에 의한 빛의 흡수가 일어나기 때문에 감도를 가지고 있는 것이며 빛이 기록 재료 내부를 나아감에 따라 그 강도는 감소되어 간다. 은염유제의 경우의 투과율은 약 50% 정도이며 수직으로 입사한 빛은 유제에서 나올 때 이미 그 강도가 거의 반으로 떨어져버리고 만다. 따라서 기록시 간섭무늬의 강도 분포는 기록 재료 내에서 일정하지 않게 된다[5]. 그 결과 홀로그램의 투과율 분포나 굴절률 분포는 투과형 홀로그램의 경우에는 안쪽으로 들어갈수록 그 변조 항이 작아지며 반사형 홀로그램의 경우에는 그 요소들의 평균치가 변화한다. 그 영향으로 양쪽 홀로그램 모두 최대 회절 효율이 저하함과 동시에 각도 및 파장 선택성을 저해되는 결과를 초래한다. 즉, 그림 3.5(c)에서 볼 수 있는 것처럼 재생광의 강도가 이론적으로는 일단 0이 되어야 할 부분이 0이 되지 않고 계속해서 저하되는 것이다.

3.4.2 두께 변화

체적형 홀로그램에 관한 또 하나의 문제는 두께의 변화에 있다. 홀로그램의 두께가 기록되었을 때의 두께에서 변화하게 되면 기록된 간섭무늬의 기울기가 변하게 된다. 두께의 변화율을 M 이라 하면 홀로그램 면의 평행 방향에 해당하는 간섭무늬의 간격 d_x 는 변화하지 않지만 두께 방향에 해당하는 간섭무늬의 간격 d_z는 M배가 된다. 이와 같은 두께 변화에 의해 기록과 같은 조건에서 재생한다 해도 브래그의 조건을 만족시킬 수 없게 되어 회절 효율이 떨어진다. 그 이유는 두께가 변화하면 식 (3.7)은 변화하지 않지만 식 (3.8)은

$$(\cos\theta_c' - \cos\theta_i')/\lambda_c' = \pm(\cos\theta_r' - \cos\theta_o')M/\lambda_o' \tag{3.13}$$

와 같이 되어버리기 때문이다. 그 결과 기록과 같은 조건에서 재생했을 때는 브래그의 조건을 만족시키지 못하게 된다. 결정과 같은 두꺼운 기록 재료를 제외하면 통상의 홀로그램은 두께에 비해 그 면의 길이가 매우 길다. 이와 같은 경우의 재생광은 두께가 변화한다 해도 식 (3.7)을 만족하는 θ_i'방향으로 나가게 된다. 두께 변화가 발생한 경우의 브래그의 조건을 만족하는 재생 파장과 재생광의 각도는 (3.7)과 식 (3.13)을 동시에 만족할 때의 해로써 주어진다.

두께 변화가 은염유제에서는 현상 처리에 의해 발생하고 포트폴리머에서는 노광에 의해 모노머가 폴리머가 될 때의 체적 수축에 의해 발생한다. 일반적으로는 두께 변화가 없는 것이 바람직하다. 그러나 이와 같은 두께 변화를 역으로 이용하여 반사형 홀로그램에서는 재생 파장을 바꾸는 것이 가능하다. 따라서 이를 이용한 컬러 홀로그램의 제작이 이루어지고 있다.

실제의 홀로그램은 두께 변화와 함께 평균 굴절률도 일반적으로 변화한다. 엄밀히 말하자면 브래그의 조건은 그 쌍방의 효과에 대한 결과로써 결정되는 것이다.

3.4.3 간섭 패턴의 변형

기록 재료가 제조될 때 결함이 있었다거나 노광 후의 처리에 의해 변형이나 손상을 입은 경우에는 간섭무늬가 일그러질 가능성이 있다. 예를 들어 은염유제의 경우, 제조시의

건조 과정에서 유제 표면에 평행 방향으로 잔류왜곡이 발생하는 경우가 있다. 현상 처리에 의해 이 왜곡이 제거된 경우 결과적으로 직선이어야 하는 간섭무늬가 휘어버리는 일이 있다. 이 영향은 특히 투과형 홀로그램에서 자주 나타나며 각도 선택성의 비대칭성에 대한 원인이 된다[6]. 반사형 홀로그램의 경우에도 파장 선택성에 동일한 비대칭성이 나타날 경우가 있다. 이는 간섭무늬의 간격 혹은 변조항이 두께 방향으로 변화하는 것이 주된 원인이다. 파장 선택성을 해석하는 것에 의해 역으로 홀로그램 내부에 대한 간섭무늬의 형태를 유추하는 것이 가능하다.

CHAPTER 4 백색광 재생 홀로그램

레이저를 사용하지 않고 백색 광원으로 홀로그램을 재생시킬 수 있다면 매우 편리할 것이다. 특히 홀로그래픽 디스플레이의 실용화를 위해서는 백색광에서 재생 영상을 볼 수 있도록 하는 것이 반드시 필요하다. 이를 위해 개발된 것이 레인보우 홀로그램, 반사형 홀로그램(리프맨 홀로그램)이다. 백색 광원에서 재생시켜서 눈으로 봐도 지장이 없을 정도로 재생 영상이 선명하게 보이는 홀로그램이다. 이 홀로그램들은 레이저 광으로 재생하는 경우와는 달리 본질적으로는 초점이 맞지 않은 듯 한 흐릿함을 지니고 있다. 이 흐릿함은 재생 파장이 단일하지 않고 일정한 폭을 가지고 있기 때문이다. 또한 백색 광원이 점이 아니라 크기를 가지고 있다는 점에 기인하는 것이다. 이 현상은 기록 광학계의 배치, 기록 재료의 두께, 광원의 크기 등에 의존한다.

여기에서는 먼저 백색광으로 홀로그램을 재생했을 때 상의 선명도를 결정하는 초점이 맞지 않은 듯 한 흐릿함의 원인에 대해 해석하고 백색광 재생 홀로그램의 특징에 대해 기술하도록 한다.

4.1 재생 영상의 선명도를 결정하는 요인

4.1.1 재생 파장의 확산에 의한 흐릿함

먼저 기본적인 홀로그램인 얇은 프레넬 홀로그램을 백색광으로 조명한 경우 어떠한 영상이 관찰되는가에 대해 알아보자.

이전 단원의 설명에서 알 수 있었듯이 재생 영상의 점은 식 (2.1) ~ 식 (2.3)으로 주어지며 그것은 재생 파장에 의해 변화한다. 이들 식에 있어서 재생 파장 λ_c는 가시광의 범위인 400~800 nm의 연속하는 빛이라고 할 수 있다. 따라서 백색광으로 재생하면 분산에 기인하는 파장에 의해 재생광의 각도 및 재생 영상 점의 거리가 달라진다. 이들 영상이 모두 겹쳐지기 때문에 마치 한 방향으로 흘러가는 사진처럼 초점이 안 맞은 듯 흐릿해진 상이 되어버리고 만다.

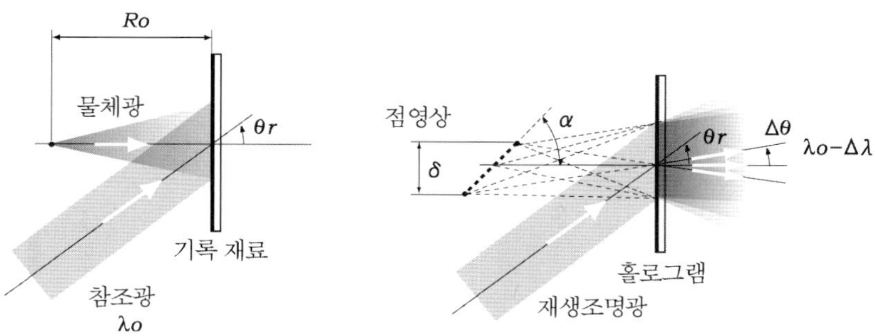

(a) 홀로그램의 기록　　(b) 홀로그램의 재생

그림 4.1 재생 영상의 흐림을 해석하기 위한 광학 배치 – 재생 파장이 넓어짐에 의한 흐려짐

이 한 점에서 나오는 구면파를 물체광으로 간주한 경우에 대해 표시한 것이 그림 4.1이다. 그림 4.1(a)와 같이 기록한 홀로그램을 그림 4.1(b)와 같이 기록 파장을 중심으로 $\pm\Delta\lambda$의 폭을 가진 빛으로 재생하는 경우를 생각해 보자. 재생 파장의 변화에 따른 재생 영상 점의 위치 변화 때문에 점 영상은 그림 4.1(b)와 같이 지면 내에서 선 형상의 스펙트럼이 되어 확산되게 된다. 또한, 기록 파장 부근에서의 스펙트럼 기울기에 대한 각도 α와 재생 조명광의 각도 θ_r 사이에는

$$\tan\alpha = \sin\theta_r \tag{4.1}$$

의 관계가 존재한다. 각도 α는 아크로매틱(achromatic) 앵글[1]이라고 불리며 이후에 자

주 나오게 된다.

관찰되는 점 영상에 대한 외형의 크기 δ는,

$$\delta = 2z_o|\triangle\theta| \tag{4.2}$$

로 주어진다. 각도 변화 $\triangle\theta$는 식 (3.12)로 주어진다. 따라서 흐릿함의 크기는 재생 영상이 홀로그램에서 떨어져 있을수록 그리고 재생 파장 폭이 클수록 커지게 된다. 또한 참조광의 각도가 90°일 때 최대가 된다. 식 (3.12)에 음의 기호가 붙어 있는 것은 $\triangle\lambda$가 양, 즉 재생 파장이 기록 파장보다 커지면 $\triangle\theta$가 음이 된다는 것을 의미한다.

백색 광원으로 재생하더라도 흐릿함이 적은 재생 영상을 얻기 위한 방법이 다음과 같이 몇 가지 존재한다.

① 재생 영상을 홀로그램 면 위의 근처에 만든다 ($z_o \to 0$).
② 백색광 중에서 실효적인 특정 파장의 빛만을 추출하여 관찰한다.
($\triangle\lambda = 0$).
③ 분산을 보상한다(재생 파장의 변화에 의한 재생광의 각도 변화를 없앤다).

①의 경우가 이미지 홀로그램, ②의 경우가 반사형 홀로그램(리프맨 홀로그램)에 해당한다. 레인보우 홀로그램도 실질적으로 여기에 속한다. ③에 해당하는 홀로그램은 아크로매틱(achromatic) 홀로그램이라 불리며 흐릿함이 적은 백색의 재생 영상이 얻어진다. 이 방법은 다른 백색광 재생 홀로그램과 조합하여 보다 선명한 재생 영상을 얻기 위한 수단으로써도 사용된다. 이 홀로그램에 대해서는 6.4에서 기술하도록 한다.

어느 정도 범위의 깊이까지 선명하게 영상이 보이는지는 눈의 분해능에 달려 있다. 흐릿함이 느껴지지 않으며 선명하게 보이는 범위는 재생광의 확산에 의한 상의 크기가 눈의 분해능에 의해 결정되는 크기보다 작은 범위인 것이다.

4.1.2 재생 조명 광원의 확산에 의한 흐릿함

백색광 재생 홀로그램 재생 영상의 흐릿함은 위에서 기술한 조명 광원의 파장 폭에 기인하는 요인 이외에 조명 광원이 크기를 갖고 있다는 이유에서도 기인한다. 이것은 조명광의 각도 변화에 의해 재생광의 각도 또한 변화하기 때문이며 단색광으로 조명한 경우에도 발생하는 성질의 것이다. 그림 4.2에 나와 있는 광원 확산 각의 1/2을 $\Delta\theta_c$ 라고하자. 이것에 따른 재생광의 각도 변화 $\Delta\theta$는

$$\Delta\theta = \cos\theta_r \cdot \Delta\theta_c \tag{4.3}$$

가 된다. 이에 따른 흐릿함의 크기는 마찬가지로 식(4.2)로 주어진다. 흐릿함은 가능한 한 작은 광원을 사용하거나 광원과 홀로그램 사이의 거리를 길게 하는 것으로 최소화 하는 것이 가능하다. 백색광으로 재생하는 경우 실제적인 흐릿함의 크기는 조명 광원의 파장 폭과 조명의 크기 즉, 이 2가지 요인에 의한 흐릿함의 합이 된다.

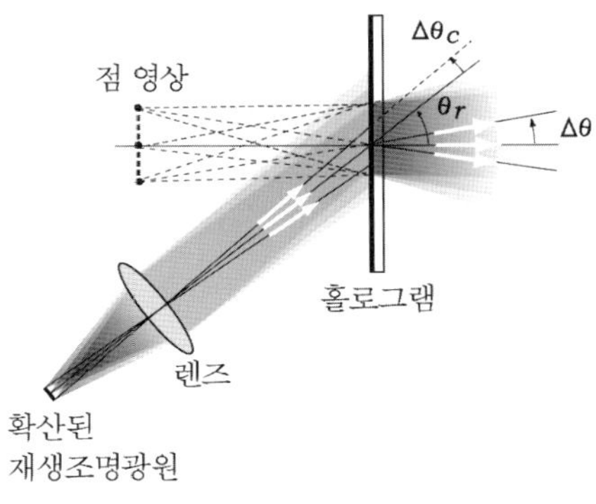

그림 4.2 재생 영상의 흐릿함을 분석하기 위한 광학 배치 — 재생 조명 광원의 확산에 의한 흐릿함

다음은 백색광 재생 홀로그램의 종류와 그 특징에 대해 기술하도록 한다.

4.2 이미지 홀로그램

파장에 의해 재생광의 방향이 변화되어도 홀로그램 면에 영상이 있다면 흐릿함은 생기지 않는다. 정확히는 홀로그램 면 위가 아니면 안 되지만 홀로그램의 근방에 재생 영상이 있는 경우까지 포함하여 이미지 홀로그램으로 취급하고 있다. 이미지 홀로그램을 기록하기 위해서는 그림 4.3에 나와 있는 것과 같은 3가지의 방법이 사용된다.

(a) 렌즈를 사용하여 물체를 기록 재료 면 위에 결상시키고, 그것에 대한 홀로그램을 기록한다.

(b) 홀로그램(이 경우, 이것을 마스터 홀로그램이라고 한다)에서 실상을 재생시킨 후, 그 실상의 위치에 기록 재료를 배치하여 그것에 대한 홀로그램을 기록한다.

이 2 가지 방법에서는 참조광의 입사 방향에 따라서 투과형 홀로그램과 반사형 홀로그램으로 제작할 수 있다. (a)의 방법에서는 큰 직경의 초점 거리가 짧은 렌즈가 필요하기 때문에 백색광 재생 홀로그램은 (b)의 방법에 의해 제작되는 것이 보통이다.

(c) 물체를 기록 재료 면에 가능한 한 근접시켜 홀로그램을 기록한다.

이 방법에서는 물체를 조명하는 빛이 기록 재료를 투과한 참조광이기 때문에 반사형 홀로그램에서만 실현 가능하다. 이 홀로그램은 발명자의 이름을 따서 데니슈크(Denisyuk) 홀로그램이라고도 불린다.

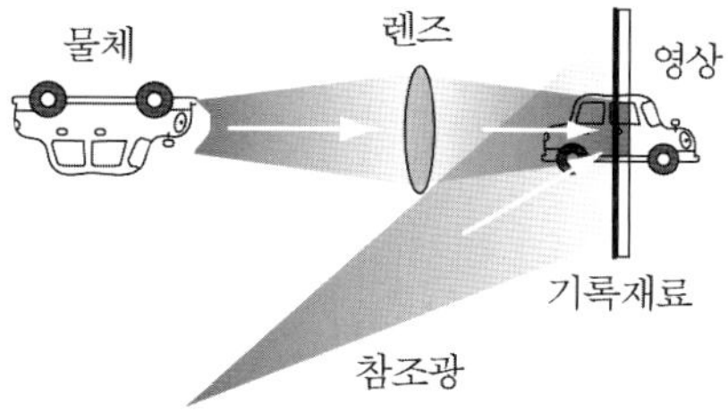

(a) 렌즈를 사용하는 경우

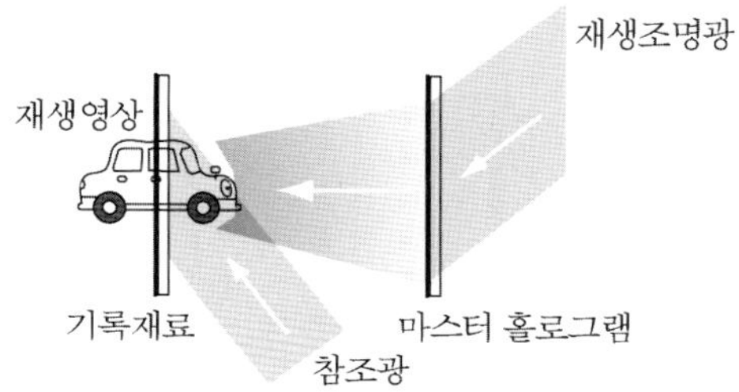

(b) 마스터 홀로그램을 사용하는 경우

(c) 물체를 기록재료에 가까이 하는 경우

그림 4.3 이미지 홀로그램의 기록법

이미지 홀로그램에 대한 재생 영상의 흐릿함은 다른 백색광 재생 홀로그램과는 달리 물체가 홀로그램 면에서 떨어짐에 따라 급격하게 커지게 된다. 따라서 이미지 홀로그램을 단독으로 사용하는 일은 거의 없고 추후에 설명하는 레인보우 홀로그램, 반사형 홀로그램(리프맨 홀로그램), 혹은 홀로그래픽 스테레오그램과 조합하여 사용하는 것이 보통이다.

4.3 레인보우 홀로그램

이 홀로그램은 기록할 때 슬릿을 사용하여 비교적 중요도가 낮은 세로 방향의 시차 정보를 희생하는 방법으로 백색광 재생이 가능한 홀로그램이다. 1969년에 S.A.Benton에 의해 제안된 방법이다[2). 그림 4.4(a), 그림 4.4(b)에서와 같이 일반적인 2단계로 제작된다. 제 2단계에서 마스터 홀로그램에 수평으로 가늘고 긴 슬릿을 위치시키고 그 부분에서만 실상을 재생한다. 따라서 실상 부근에 위치한 기록 재료에서 재생되는 각 점 영상의 정보는 이 점과 슬릿의 상, 하단을 연결하는 두 개의 직선이 기록 재료와 교차하는 부분의 좁은 범위에만 기록된다. 이와 같은 방법으로 형성된 레인보우 홀로그램을 그림 4.4(c)와 같이 백색광으로 재생하면 마스터 홀로그램의 영상이 원래의 위치를 중심으로 분광되어 재생된다. 이 위치에 눈을 두고 보면, 동공의 크기가 수 mm 정도이기 때문에 눈에 들어오는 홀로그램으로부터의 각 점 영상에 해당하는 재생광의 각도 폭이 작게 제한되어 선명한 영상이 보이게 된다. 전형적인 흐릿함의 양은 슬릿 및 동공의 구경을 3 mm로 했을 때, z_o = 5 cm에서 $\delta = 1$ mm 정도가 된다. 그림 4.4(b)에서 참조광의 각도를 크게 취하면(통상 45°) 분광된 영상은 크게 확산되고 재생 영상 전체가 거의 단색으로 보이게 된다. 마스터 홀로그램 영상의 위치에서가 아니라 멀리에서 혹은 가까이에서 보면 재생 영상의 상하에서 서로 다른 색이 보이게 된다. 이 홀로그램은 재생광이 마스터 홀로그램 영상 부분에 집중되기 때문에 밝은 상이 보인다는 것도 큰 장점이다.

이미지 홀로그램의 특징을 이용하면 홀로그램에서 어느 정도 거리가 떨어져 있는 영상을 선명하게 재생하는 것이 가능하다. 이를 위해서는 수평 방향으로 결상 작용을 갖는 실린더 형 렌즈를 마스터 홀로그램의 슬릿 위치에 배치하고, 선명한 상을 얻고 싶은 위치의 수평 방향 영상을 기록 재료 면 위에 결상시킨다. 따라서 선명한 상을 얻고 싶은 위치의 재생 영상이 x 방향으로는 깊이 방향의 위치에 관계없이 어디서든지 선명해지며 수직 방향에는 본래의 위치에 결상된다. 따라서 재생 영상이 가장 선명하게 보이는 위치를 원하는 곳으로 만들 수 있으며 홀로그램 면에서 떨어진 곳에 있는 상이 선명하게 보이게 된다.

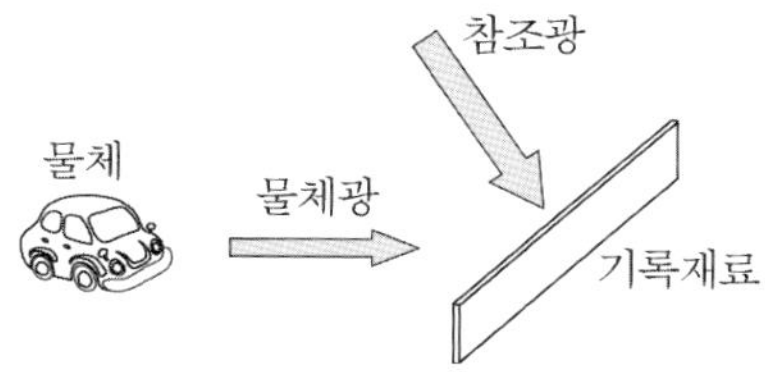

(a) 마스터 홀로그램의 기록

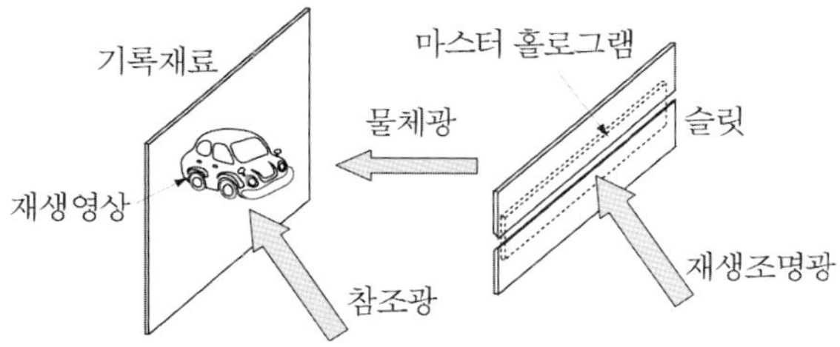

(b) 레인보우 홀로그램의 기록

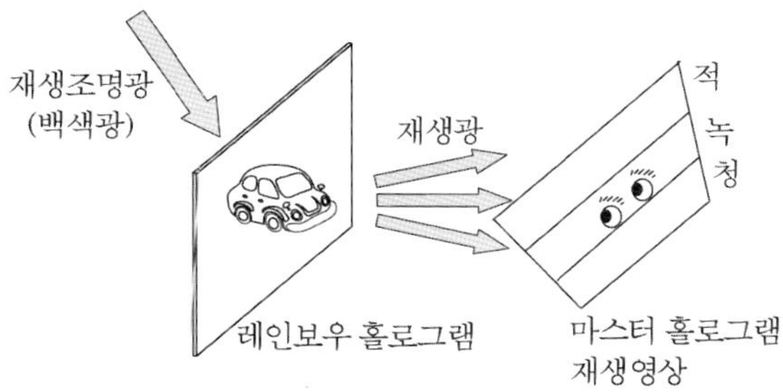

(c) 백색광에 의한 재생

그림 4.4 레인보우 홀로그램

레인보우 홀로그램은 투과형 홀로그램이며 간섭무늬의 공간 주파수는 일반적으로 1 mm에 1,000~1,500개로 비교적 엉성하다. 따라서 고감도의 은염유제를 사용할 수 있다. 또한 포토레지스트를 사용하면 요철의 형태로 간섭무늬가 기록되기 때문에 이것을 기본으로 열 프레스 방법을 사용하여 대량의 복제 홀로그램을 얻을 수 있다.

4.4 반사형 홀로그램 (리프맨 홀로그램)

그림 2.2(b)에서와 같이 물체광과 참조광을 기록 재료 면에 대해 서로 반대 방향에서 입사시키는 방식의 홀로그램이다. 반사형 홀로그램은 리프맨 홀로그램이라고도 불린다. 그 이름의 유래는 이 홀로그램이 간섭에 의한 정재파를 이용한다는 의미에서 [리프맨의 천연색 사진]의 원리와 동일하기 때문이다. 이 사진법은 1891년에 프랑스인인 리프맨(G.Lippmann)에 의해 발명된 것이다[3)]. 그 촬영 장치는 그림 4.5와 같이 촬영 렌즈, 촬영 건판, 수은으로 구성되어 있다. 그의 노벨상 수상 강연에서 한 말을 인용하면 이 원리는 다음과 같이 설명할 수 있다. [나의 방법은 매우 간단한 것입니다. 한 장의 판에 입자가 없는 평평한 투명 감광층을 바릅니다. 이 판을 수은이 들어있는 용기 안에 놓습니다. 촬영 중 수은은 감광층에 접촉하여 거울의 역할을 합니다. 노출 후, 건판을 일반적인 순서대로 현상합니다. 건조시키면 반사광에 색이 나타나 영상은 사라지지 않습니다. 이것은 감광층 속에서 발생하는 간섭 현상에 의한 것입니다. 촬영 중에 입사광과 거울에 의한 반사광 사이에 간섭이 일어나 서로 반 파장 떨어진 한 무리의 간섭무늬가 형성됩니다. 간섭무늬는 필름의 두께 전체에 걸쳐 사진적으로 기록되어 광선의 주물이 만들어집니다. 이렇게 촬영한 것을 현상한 후에 백색광에 비추면, 파장에 의해 선택적으로 반사가 일어나기 때문에 색이 나타나게 됩니다. 눈은 영상의 각 점을 구성하는 색의 빛을 보게 되는 것입니다.]

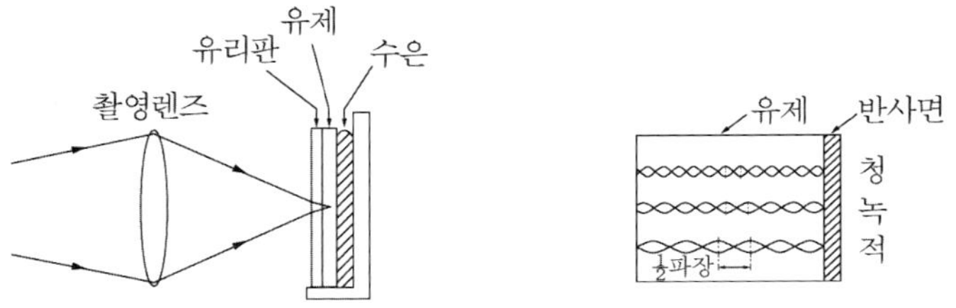

(a) 촬영 (b) 간섭 패턴의 형성

그림 4.5 리프맨의 천연색 사진

동일한 원리에 의해 반사형 홀로그램의 간섭무늬는 기록 재료 면에 거의 평행하게 형성된다. 따라서 간섭 필터와 같은 작용에 의해 백색광 속에서 파장 폭이 좁은 특정 파장의 빛만이 선택적으로 반사되어 백색광 재생이 가능해진다. 재생 영상의 선명도는 재생 파장 폭과 그에 따르는 각도 변화 및 재생 조명 광원의 외견 크기에 의해 결정된다. 재생 파장 폭 $\Delta\lambda$은 식 (3.11)로 주어진다. 헬륨-네온 레이저를 사용하여 홀로그램의 두께 6 μm, 참조광의 각도 150°라는 전형적인 조건에서 만들어진 반사형 홀로그램을 태양광(시각 32')으로 재생한 경우, 점 영상의 크기는 홀로그램 면으로부터 5 cm 떨어진 곳에서 2.3 mm가 된다. 두께를 늘리면 상은 보다 선명해지지만 재생 파장 폭이 좁아지기 때문에 눈에 느껴지는 밝기가 떨어지게 된다.

재생 조명 광원의 외견 크기가 일정하다면 참조광의 각도가 커질수록(참조광의 각도가 홀로그램 면에 대해 수직에 가까워질수록) 흐릿함은 작아진다. $\theta_r = 180°$, 즉 참조광이 홀로그램 면에 대해 수직이 되면 간섭무늬는 홀로그램 면에 평행으로 기록된다. 이 때, $\Delta\lambda$가 0은 아니지만 파장 변화에 따르는 재생광의 각도 변화가 0이 되어 흐릿함이 없는 상을 얻을 수 있게 된다. 단, 이 경우 홀로그램 표면에서의 반사광이 영상과 겹쳐져버리기 때문에 얇은 프리즘을 홀로그램에 붙여 반사광의 방향을 돌리는 등의 대책이 필요해진다.

재생 영상의 흐릿함에 관해서는 레인보우 홀로그램이 슬릿이나 동공의 구경에 의존하고 있는 것과 달리 반사형 홀로그램은 홀로그램의 두께에 의존한다. 일반적인 홀로그램의 경우는 참조광의 각도가 30~45° 정도이다. 레인보우 홀로그램을 사용하면 선명한 영상을 얻을 수 있으며 흐릿함의 크기는 반사형 홀로그램의 수분의 1이다. 반사형 홀로그램의 장점은 눈의 위치를 상하로 바꾸어도 영상의 색이 변화하지 않는다는 것에 있다. 따라서 레인보우 홀로그램을 제작하는 그림 4.4(b)와 같이 슬릿을 사용하여 반사형 홀로그램을 제작하면 두 홀로그램의 장점을 함께 갖는 반사형 홀로그램을 얻을 수 있게 된다[4]. 레인보우 홀로그램의 경우와의 차이는 단지 참조광을 물체광과 반대 측에서 입사시키는 것뿐이다. 그러나 이 홀로그램을 수직에서 직선형 광원으로 조명하면 관찰자가 눈의 위치를 상하로 움직여도 색 변화가 거의 없는 거의 단색인 선명한 재생 영상을 넓은 범위에서 볼 수가 있게 된다. 그 이유는 다음과 같다. 레인보우 홀로그램의 경우는 큰 파장 분산 때문에 관찰 위치를 슬릿 상의 위치에서 상하로 움직이면 영상이 보이면서 영상의 색은 크게 변화한다. 한편, 반사형 홀로그램의 경우는 파장 선택성이 뛰어나 재생광의 방향과 파장은 브래그 조건에 의해 일의적으로 정해진다. 따라서 슬릿 영상의 위치에 눈을 배치 했을 때에만 단색의 영상이 보이게 되고 눈을 상하로 움직이면 볼 수 없게 된다. 수직 방향으로 긴 선형 광원을 사용하여 넓은 각도로 재생하면 브래그 조건을 만족시키는 각도와 파장의 조합이 다수 존재하게 되어 수직 방향에 넓은 범위에서 상을 보는 것이 가능해진다. 그림 4.6은 이와 같이 깊이가 깊은 영상을 재생하는 반사형 홀로그램에서 나오는 재생 영상의 예를 보여주고 있다. 홀로그램은 LED를 종 방향으로 다수 나열한 조명 장치에 의해 재생되고 있어 깊이가 50 cm정도 인 재생 영상을 선명하게 볼 수 있다.

그림 4.6 깊이가 깊은 상을 재생하는 반사형 홀로그램에서 나오는 재생 영상의 예
물체의 깊이는 약 50 cm정도이다.

반사형 홀로그램에서는 세밀한 간섭무늬를 기록해야 되기 때문에 매우 해상력이 높은 기록 재료가 필요하다. 반사형 홀로그램용으로써 현재 사용되고 있는 주 기록 재료는 은염유제와 포토폴리머이다.

CHAPTER 5 실용적인 홀로그램

홀로그래피의 장점을 완전히 살리기 위해서는 레이저와 같은 간섭성이 좋은 광원으로 홀로그램을 기록할 필요가 있었다. 그러나 레이저 광의 출력과 간섭 가능한 거리가 제한되기 때문에 기록 가능한 물체는 작고 단단한 물체뿐이었다. 홀로그래피가 3차원 영상 표시의 수단으로써 이용되기 위해서는 기록 가능한 물체의 제한이 없고 태양 및 전등 등의 백색광으로 재생이 가능해야 할 필요가 있다. 완전한 3차원 상을 재생하기 위해서는 기록하지 않으면 안 되는 정보량이 너무 방대해진다는 단점도 함께 고려하지 않으면 안 된다.

따라서 홀로그래피의 본질은 잃지 않고 그 장점을 어느 정도 희생하며 종래의 3차원 영상 기술을 일부 접목하는 방법으로 실용적인 홀로그램이 개발 되었다. 레인보우 홀로그램, 반사형 홀로그램은 백색광으로 재생이 가능하다. 이런 백색광 재생 홀로그램에 대해서는 4장에서 기술한 바 있다.

기록 가능한 물체의 제한은 홀로그래픽 스테레오그램에 의해 극복이 가능하게 되었다. 펄스 레이저를 사용하면 움직이는 물체라도 기록이 가능하다. 또한, 간섭무늬는 레이저 광의 간섭에 의해서만이 아니라 계산에 의해서도 구할 수 있게 되었기 때문에 가상 물체의 3차원 영상을 얻는 것도 가능하다. 여기에서는 이러한 홀로그램에 대해 설명하고자 한다.

5.1 각종 디스플레이 홀로그램

홀로그램에 의한 3차원 영상 표시는 홀로그래픽 디스플레이라고 불리며 홀로그래피 응용 중의 하나로써 중요한 위치를 차지해왔다. 홀로그래피에 의해 무엇이 가능한지, 어디에 한계가 있는지를 유의하며 3차원 영상 표시를 위해 개발된 디스플레이 홀로그램의 주된 방식에 대해 기술해 보겠다.

5.1.1 홀로그래픽 스테레오그램

이 홀로그램은 복수의 서로 다른 시점에서 본 평면 영상을 원본으로 이용하여 기록 재료에 홀로그래피로 합성한 것이다[1]. 그림 5.1은 기본적인 제작법을 나타내고 있다. 먼저 그림 5.1(a)와 같은 카메라 등을 사용하여 원본 영상을 제작한다. 이것을 그림 5.1(b)에서와 같이 확산 스크린 상에 한 컷, 한 컷 촬영하여 순차 홀로그램으로 기록한다. 이 때, 기록 재료의 바로 앞에 수직 방향으로 길고 가는 슬릿을 위치시킨다. 각각의 원본 영상을 촬영하였을 때의 시점 위치에 대응하는 부분만 기록 재료에 노광되도록 슬릿의 위치를 순차 이동하며 각 요소 홀로그램을 기록한다. 이렇게 제작된 홀로그래픽 스테레오그램을 재생하며 두 눈으로 보면, 좌우의 눈에 관찰되는 원본 영상은 시차를 가지기 때문에 스테레오 입체시의 원리에 따라 입체 영상이 관찰된다.

그림 5.1(a)에서는 카메라의 수평 이동과 동시에 카메라 축의 끝이 물체를 향하게 하며 원본 영상을 촬영하고 있다. 이 경우에는 홀로그램 기록 재료를 고정해두고 슬릿을 이동하며 요소 홀로그램을 기록하도록 한다. 카메라 축이 이동 방향에 대해 항상 수직을 유지하도록 하면서 촬영하는 경우에는 홀로그램 앞의 슬릿을 고정해두고 기록 재료를 이동시켜가면서 요소 홀로그램을 기록한다.

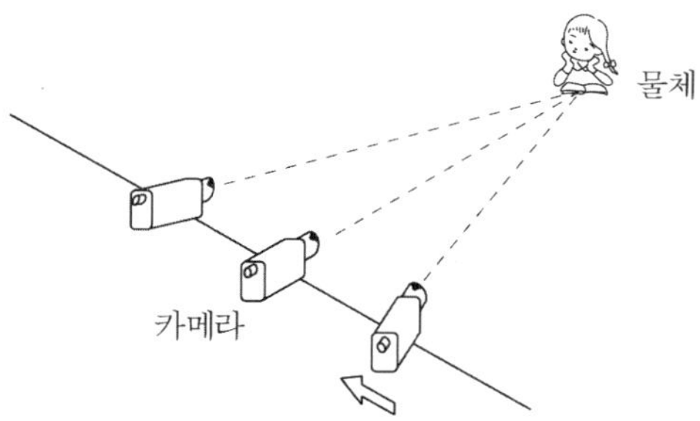

(a) 원본 영상의 제작

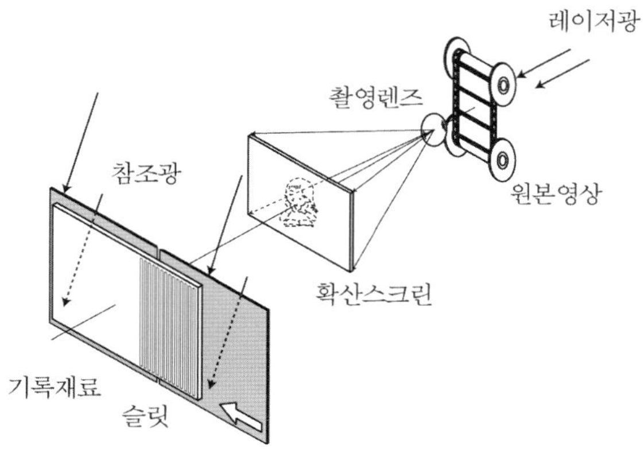

(b) 홀로그래픽 스테레오그램의 제작

그림 5.1 홀로그래픽 스테레오그램

이 기술에서 중요한 점은 원본 영상을 제작할 때 레이저를 사용할 필요가 없다는 것이다. 카메라 이외에도 CT 영상을 사용하거나 CG를 이용하여 원본 영상을 구성하는 것이 가능하다. 따라서 인물, 실외 풍경, X선 영상, 가상적으로 얻은 물체의 3차원 영상까지도 제작이 가능하다. 이러한 점 때문에 희생이 되는 정보는 수평 방향 시차의 연속성과 수직 방향의 시차이다. 하지만 요소 홀로그램의 수평축을 세밀하게 구성하면 수평 방향으로 눈을 움직였을 때 영상의 변화가 부드러워 지기 때문에 거의 연속적으로 보이게 된다.

수직 방향의 시차를 없앤 것은 단순히 그 방법이 제작하기 쉽기 때문이다. 수직 방향의 시차도 있는 홀로그래픽 스테레오그램을 제작하고자 하는 경우에는 수평, 수직으로 모두 시차가 있는 원본 영상을 준비한다. 다음, 가늘고 긴 슬릿 대신에 짧은 형태의 슬릿을 사용하여 홀로그램 전체를 채우면서 요소 홀로그램을 기록하면 된다. 이 방식의 홀로그램에 대해서는, 5.1.2 절의 (b)에서 설명하도록 한다.

홀로그래픽 스테레오그램의 또 하나의 장점은 원본 영상이 평면 영상이라는 점이다. 이 홀로그램의 재생 영상을 보기 위해서는 레이저 광을 사용하지 않으면 안 된다. 이것을 마스터 홀로그램으로 사용하여 이미지 홀로그램을 기록하면 백색광으로도 재생이 가능하다. 이 때, 원본 영상에는 실제 영상이 요소 홀로그램의 수만큼 있지만 모두 동일한 평면에서 재생되기 때문에 완전한 이미지 홀로그램이 될 수 있다. 따라서 재생되는 요소 홀로그램에서는 시차가 서로 다른 영상이 눈에 섞여 들어오지 않는 한 백색광으로 재생해도 깊이가 깊은 3차원 영상을 선명하게 볼 수 있다. 원본 영상이 평면 영상이라는 것은 이와 같은 장점을 갖는다.

5.1.2 홀로그래픽 스테레오그램을 이용한 디스플레이 홀로그램

(a) 멀티플렉스 홀로그램

멀티플렉스 홀로그램은 1973년 L.Cross에 의해 발명된 것으로 백색광 재생이 가능한 원통형 홀로그래픽 스테레오그램이다. 홀로그래픽 스테레오그램과 레인보우 홀로그램을 조합하여 원통형으로 만든 것도 있다[2).

그림 5.1과 같은 방법으로 제작된 홀로그래픽 스테레오그램의 재생 영상을 보기 위해서는 레이저 광으로 재생해야 한다. 그러나 이 스테레오그램을 마스터 홀로그램으로 하여 레인보우 홀로그램을 제작하면 백색광으로 재생 영상을 보는 것이 가능하다. 이것을 원통형으로 만든 것이 멀티플렉스 홀로그램이며 그림 5.2에 그 제작 방법의 일례를 제시하였다. 원본 영상의 기록에는 일반적으로 그림 5.2(a)에 나와 있듯이 카메라는 고정해두고 회전판 위에 놓아둔 피사체를 회전시켜 1회전의 원본 영상을 촬영한다. 움직임이 있는 피사체, 예를 들면 춤을 추고 있는 인물 등의 촬영에는 비디오나 영화용 카메라가 사용된다. 단, 느린 동작에 한한다. 움직임이 빨라지면 오른쪽 눈과 왼쪽 눈으로 크게 다른 영상을 보게 되어 입체적으로 보이지 않게 된다.

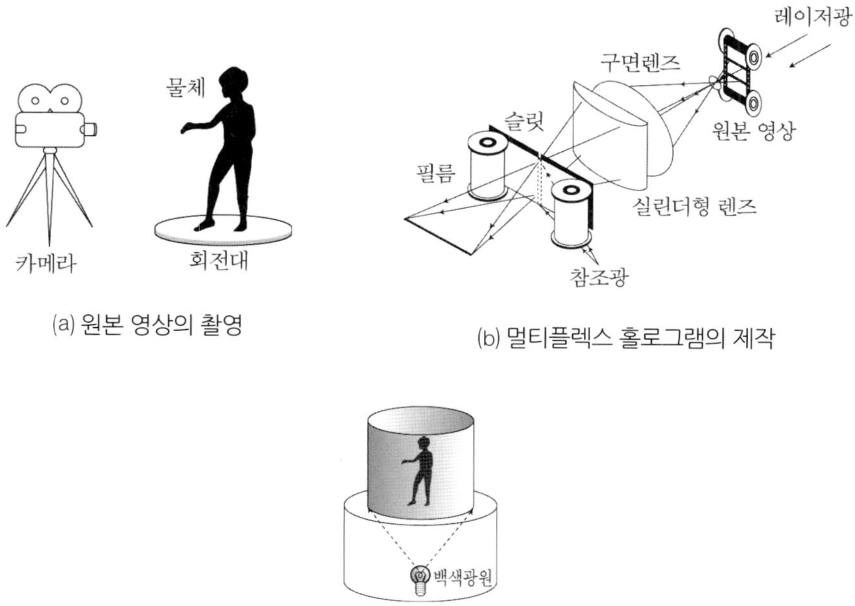

(a) 원본 영상의 촬영

(b) 멀티플렉스 홀로그램의 제작

(c) 재생

그림 5.2 멀티플렉스 홀로그램

다음은 그림 5.2(b)에 나와 있듯이 원본 영상의 한 컷을 레이저 광으로 조명하여 렌즈로 확대 투영한다. 투영된 영상의 위치에 비교적 초점 거리가 긴 구면 렌즈와 수평 방향으로만 집광 작용이 있는 초점 거리가 짧은 실린더 형 렌즈를 배치한다. 이 실린더 형 렌즈에 의해 홀로그램 필름 상에 수직 방향으로 긴 선형태의 영상이 만들어지도록 한다. 이 부분으로만 빛을 통과시키는 슬릿을 배치한다. 영상이 형성되어 있는 필름 위치의 위쪽에서 참조광을 조사하여 미세한 요소 홀로그램을 만든다. 구면 렌즈는 실린더 형 렌즈와의 조합에 의해 필름의 후방에 수평 방향으로 긴 선형 영상을 만든다. 레인보우 홀로그램의 경우 슬릿 영상을 만드는 역할을 한다.

세팅이 끝나면 원본 영상을 한 컷 보내고 그와 동시에 슬릿 폭 만큼 필름을 평행 이동시켜 다음의 요소 홀로그램을 기록한다. 이 조작을 순차적으로 수행하여 한 장의 홀로그램이 완성된다. 이것이 멀티플렉스 홀로그램이다. 실제로는 1 mm 정도의 슬릿 폭에 여러 장의 요소 홀로그램을 조금씩 밀어가며 중첩시켜 기록하게 된다.

이 홀로그램을 그림 5.2(c)에서처럼 기록시의 원본 영상과 필름간의 간격을 반경으로 하는 원통형으로 만들어 원통 중심선의 아래쪽으로부터 백색광원을 조명한다. 레인보우 홀로그램의 경우와 마찬가지로 수직 방향으로 분광된 슬릿 상이 재생되어 이 위치에서 바라보면 선명한 재생 영상을 원통의 중심에서 보는 것이 가능하다. 멀티플렉스 홀로그램과 그 중심에 재생되는 영상의 예를 그림 5.3에서 보여준다.

그림 5.3 멀티플렉스 홀로그램과 그 중심에 재생된 영상의 예

통상, 멀티플렉스 홀로그램의 직경은 40 cm, 높이는 30 cm 정도가 된다. 높이는 시판되고 있는 장편용 필름의 폭으로 제한된다. 요소 홀로그램의 수는 수천 장이 된다. 따라서 한 컷 당의 기록을 인위적으로 제작하기에는 너무나 많은 노력이 필요하기 때문에 홀로그램 자동 제작 장치가 개발되어 있다.

이 홀로그램은 처음에 상품을 선전하기 위해 사용되었지만 의학 분야에서도 유용하게 사용되고 있다. 최근의 의료 분야에서는 환자 몸의 단면을 일정 간격으로 촬영하는 CT 등의 단층 영상이 정확한 진단에 극히 유효하다. 하지만 이것은 2차원 영상이다. 의사가 그 영상을 통해 입체 영상을 파악하는 것은 숙련도를 필요로 하며 객관적인 판단이 어렵다는 문제가 있다. 따라서 이 단층 영상을 3차원 재구성한 뒤에 2차원 투영 영상을 작성하고 그것을 원본 영상으로 삼아 멀티플렉스 홀로그램을 제작하는 [의료진단용 입체시 시스템]이 시험 제작 되었다[3). 데이터 처리에서 홀로그램의 재생까지 8시간 이내에 구현하는 것이 가능하다. 이에 따라 비교적 단시간에 뼈, 장기 등을 입체 디스플레이 하는 것이 가능해져서 외과나 방사선과에서의 진단, 치료에 많은 도움이 되고 있다.

(b) 홀로그래픽 3D 프린터

3차원 데이터를 하드 카피로써 출력하기 위한 미디어가 필요하게 되었고 이를 실현하기 위해 홀로그래픽 스테레오그램을 사용한 3D 프린터가 개발되었다. 하드 카피로써 사용하기 위해서는 콤팩트한 장치에서 자동적으로 홀로그램이 제작 가능해야 한다. 백색광으로 재생 가능한 홀로그래픽 스테레오그램은 그림 5.1에 나와 있는 것 같이 2단계의 기록에 의해 제작된다. 때문에 최종 홀로그램까지의 제작을 자동적으로 구성하는 것이 어렵기 때문에 자동적으로 홀로그램이 합성 가능하도록 하는 1단계 제작법이 제안되었다. 이를 위한 합성 광학계는 멀티플렉스 홀로그램의 제작과 기본적으로 동일하다.

단, 멀티플렉스 홀로그램의 경우와 같이 원통형으로 제작하는 것이 아니라 홀로그램을 평면으로 제작하는 방법이다. 이 광학계를 사용하여 사진적으로 기록된 원본 영상을 그대로 사용했을 경우, 재생 영상은 시야 렌즈의 부근에서만 보이며 홀로그램의 면을 중심으로 전후 공간에 입체감을 가질 수 있도록 표시하는 것은 불가능하다. 동일한 광학계를 사용하여 이미지 홀로그램을 제작하기 위해서는 원본을 영상 처리 하여야 한다. 이것은 수평 방향에 대한 홀로그램 면의 영상을 원본 영상을 기록하는 경우에 얻을 수 있는 입체 영상으로 만드는 방법이다. 각각의 원본 영상을 수직방향으로 가늘고 긴 형태로 나누고 원본 영상 각각의 부분을 다시 수정하여 배열하는 방법으로 한 장의 원본 영상을 만들면 된다[4). 이와 같은 작업으로 얻어지는 원본 영상은 처음의 사진적으로 기록된 것과는 다른 것이다. 따라서 홀로그램 면을 중심으로 그 전후 공간에서 디스플레이 되는 제대로 된 재생 영상을 보는 것이 가능하다. 공간광변조기를 사용하여 원본 영상을 순차적으로 디스플레이 하면서 진행하면 이 영상 처리를 간단히 실행하는 것이 가능하다. 이 방식을 사용하여 3분 만에 홀로그램이 만들어지는 장치가 개발되어[5) 3차원 초상화를 간단히 제작할 수 있게 되었다.

위에 기술한 홀로그램은 세로로 길고 세밀한 요소 홀로그램으로 구성되어 있으며 수평 방향만의 시차 정보를 가지고 있다. 수평, 수직 양방향의 시차정보를 가진 홀로그램을 제작하기 위해서는 길고 세밀한 요소 홀로그램 대신에 도트 형태로 기록하면 된다[6]. 그림 5.4는 이 방식을 사용하여 반사형 홀로그램을 제작하기 위한 광학계이다. 액정 패널에 표시된 원본 영상을 투과한 빛은 구면 렌즈에 의해 홀로그램 면에 집광된 물체광이 되고, 참조광은 홀로그램의 뒷면에서 입사된다. 기록 재료를 좌우, 상하로 이동하여 노광을 반복하면서 재료면의 전체를 노광한다. 이미지 홀로그램으로 제작하기 위해서는 전술한 영상 처리를 수평 방향만이 아니라 수직 방향으로도 수행하면 된다. 수평, 수직 양방향의 시차 정보를 가진 홀로그램으로 만드는 것에 의해 전술했던 왜곡은 사라지고 어느 거리에서 보아도 정확한 3차원 영상을 표시하는 것이 가능해진다. 이 방식으로 풀 컬러, 풀 패럴랙스, 임의의 사이즈를 실현하는 홀로그램도 개발되었다[7].

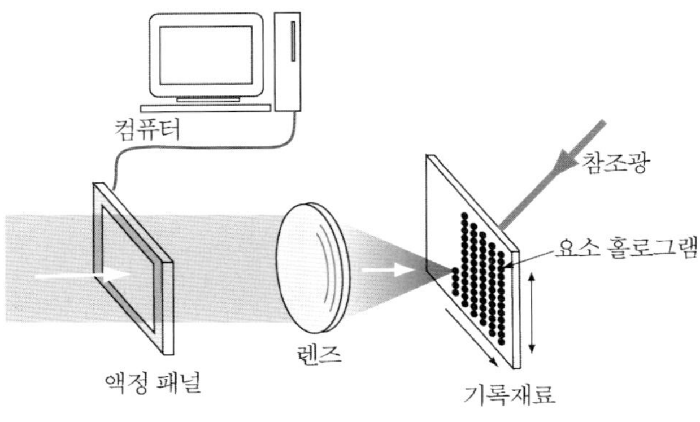

그림 5.4 멀티 도트 방식에 의한 홀로그래픽 스테레오그램의 제작

(c) 기타 디스플레이 홀로그램

알코브(alcove) 홀로그램은 홀로그래픽 스테레오그램의 한 종류이다. 홀로그램 재생 영상에서 발생할 수 있는 왜곡이 미리 계산된 원본 영상을 이용하여 홀로그램을 제작하므로 반원통형 홀로그램의 중심부에 3차원 실상이 떠있게 된다. 수평방향으로 180°라는

넓은 범위에서 영상을 볼 수 있는 홀로그램이다[8]. 영상과 관찰자의 사이에는 아무것도 존재하지 않으며 실물체가 공중에 떠있는 듯 한 인상을 준다. 디스플레이로써의 효과가 매우 크다.

또한, 원반형의 반사형 홀로그램으로써 이것을 수평으로 놓고 바로 위에서 조명을 비추고 회전시키면서 관찰하는 디스크 홀로그램이 있다[9]. 재생 영상은 원반면의 전후에서 보이며 물체가 실제로 있는 것 같은 인상을 준다. 디스크 홀로그램의 제작에는 2단계가 필요하다. 1회의 기록에 의해 대각선 위쪽에서 재생 영상을 관찰할 수 있는 홀로그램으로써 원추형(Conical) 홀로그램이 있다[10]. 원추는 꼭지각이 90도 정도 이며 재생 영상은 원추의 움푹 파인 곳 안에 떠있는 것처럼 보인다. 투과형 홀로그램, 반사형 홀로그램 모두 가능한 방식이다.

다중 단층상 홀로그램은 CT 등과 같이 여러 장의 단층 영상을 그 배열에 따라 순차 홀로그램으로 중첩하여 다중 기록한 것이다[11]. 이 홀로그램에서는 각 단층면의 상이 동시에 눈에 들어오기 때문에 팬텀 이미징이라고 불리는 현상이 발생한다. 눈앞의 영상에 의해 가려지기 때문에 보이지 않아야 되는 후방의 영상이 보이지만 각 단층면의 상이 그대로 재생되기 때문에 3차원 영상을 보는 것이 가능하다.

5.1.3 광시역 홀로그램, 대형 홀로그램

재생 영상이 넓은 범위에서 보이는 것도 필요하다. 레인보우 홀로그램과 같이 2단계로 홀로그램을 기록하는 경우 마스터 홀로그램의 크기에 따라 시역이 제한된다. 광학계의 상황 등으로 마스터 홀로그램의 크기가 제한될 때에는 2 장의 평면거울을 사용하는 것에 의해 수평 방향의 시역을 넓히는 것이 가능하다[12]. 홀로그램에서 벗어나는 물체광을 거울로 반사시켜 마스터 홀로그램 쪽으로 향하게 한다. 이 홀로그램을 동일한 광학계를 사용하여 공액 재생하여 레인보우 홀로그램이나 반사형 홀로그램을 제작한다. 얼마나 시역을 증가 시킬 수 있는지는 거울의 기울기와 레이저 광의 가 간섭거리에 의존하지만 현재는 150°정도의 시역을 얻을 수 있다. 레인보우 홀로그램의 경우는 수평 방향으로 길고 세밀한 슬릿을 수직 방향에 여러 개 사용하면 수직 방향의 시역을 넓히는 것이 가능하다.

얼마나 큰 홀로그램을 제작할 수 있는지는 주로 구입 가능한 기록 재료의 크기와 레이저의 출력에 의존한다. 큰 홀로그램을 제작하려고 한다면 설비도 어느 정도 큰 것이 필요해진다. 1976년에 제작된 밀로의 비너스 홀로그램은 세로 1.5 m, 가로 1 m의 크기였다. 레이저 광 재생 홀로그램이지만 은염건판을 사용한 것으로써는 최대급이다. 대형 홀로그램을 레이저 광으로 재생하기 위해서는 출력이 높은 레이저가 필요하며 이는 매우 고가이다. 따라서 250 W의 초고압 수은등을 재생 광원으로 사용하여 세로 1 m, 가로 1.2 m의 홀로그램을 재생하는 시도가 이루어진 바 있다. 백색광 재생 홀로그램으로는 1 m 정도의 반사형 홀로그램이 러시아에서 제작되고 있다. 필름을 사용한 레인보우 홀로그램으로는 가로가 1.2 m 정도인 것이 전시회 등에서 전시되고 있다.

5.1.4 에지릿(Edge-lit) 홀로그램

지금까지 기술한 모든 방식은 재생 광원과 홀로그램이 공간적으로 떨어져있다. 이 때문에 넓은 공간이 필요해진다. 또한 최적의 조건으로 재생하려면 홀로그램과 광원의 위치 관계를 정해진 조건으로 설치하지 않으면 안 된다. 조명 광원과 홀로그램을 일체화할 수 있다면 조명을 위한 공간이 불필요한 콤팩트한 재생이 가능해진다. 동시에 언제나 브래그의 조건을 만족하는 최적 조건으로의 재생이 가능해진다. 이를 실현하는 것이 조명광을 홀로그램의 단면으로부터 입사시키는 에지릿(edge－lit) 홀로그램이다[13]. 1 cm 정도의 적당한 두께를 갖는 유리 혹은 플라스틱판에 홀로그램을 붙이고 판의 한 끝부터 빛을 입사하여 큰 각도로 홀로그램을 재생한다. 따라서 홀로그램은 재생시와 동일한 큰 각도로 입사하는 빛을 참조광으로 하고 물체광을 홀로그램 면에 수직으로 입사시켜 제작하게 된다.

이 표시 방법은 홀로그램이 비교적 얇은 유리판을 통하여 매우 큰 각도로 재생되기 때문에 장치 자체가 얇고 소형화될 수 있는 점 외에도

① 재생에 관여하지 않는 투과광이 전반사에 의해 유리판 내부에 갇히게 되어 외부로 새어나가지 않는다.

② 재생의 각도가 크기 때문에 유리판 외부로부터의 빛에 의해서는 영상이 재생되지 않는다.

라는 특징을 가진다.

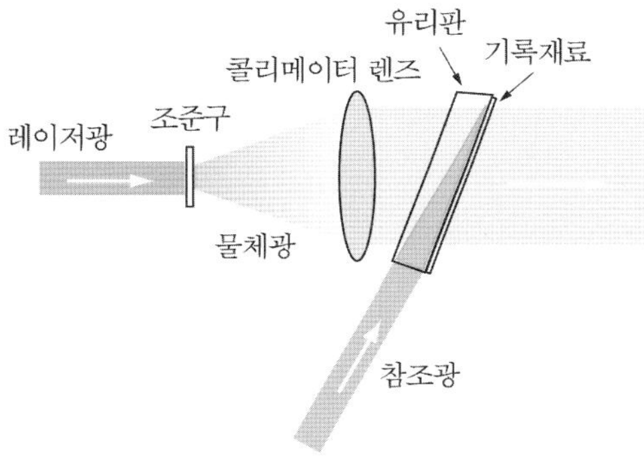

(a) 홀로그램의 기록

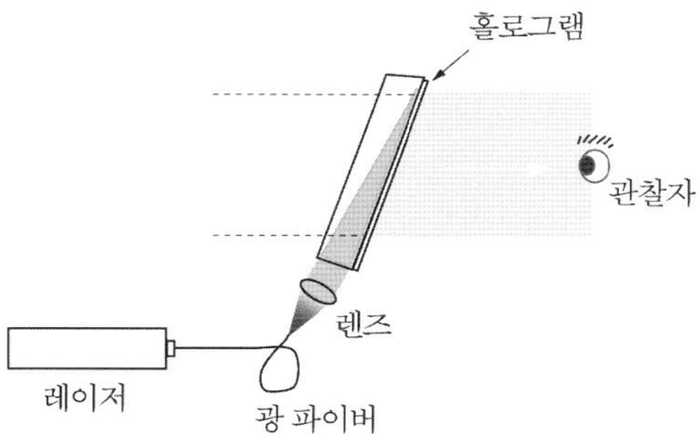

(b) 홀로그램의 재생

그림 5.5 에지릿 홀로그램의 조준구 응용

콤팩트한 반사형 조준구 혹은 헤드업 디스플레이장치(HUD)에 이 방법이 적용되고 있다. 그림 5.5는 십자선(reticle)을 무한원(無限遠)에 표시하는 조준구를 위한 홀로그램의 기록과 재생에 대한 배치도이다. 그림 5.5(a)는 기록 광학계이며 십자선의 상을 무한 거리에 투영하기 위해 십자선에서 나오는 빛을 집광(collimation) 렌즈로 평행하게 만든다. 이 물체광과 유리판의 단면으로 입사시킨 참조광을 간섭시켜 홀로그램을 기록한다. 재생은 그림 5.5(b)에 나와 있는 것과 같이 참조광과 동일한 빛을 같은 각도로 유리판에 입사 시켜서 실행한다. 구면 렌즈와 실린더형 렌즈를 사용하면 레이저에서 나오는 빛을 유효하게 유리판 내로 입사시킬 수 있다. 광섬유를 이용하면 레이저를 떨어진 곳에 두는 것이 가능해진다. 헤드 업 디스플레이에 이 방법을 사용할 때의 장점은 태양 등의 빛에 의해 가짜 영상이 재생되지 않는다는 것이며 장점 ②가 특히 유효하다. 광원으로써는 소형・경량을 장점으로 하는 반도체 레이저를 사용하면 장치를 콤팩트하게 만든 것이 가능하다.

이런 종류의 홀로그램은 참조광의 각도가 매우 크기 때문에 편광에 주의할 필요가 있다. 레이저 광으로 재생하는 경우 그 편광 방향을 입사 면에 수직(그림 5.5(b)의 그림에서는 지면(紙面)에 수직)으로 하면 된다. 수평으로 하는 경우 회절 효율은 매우 낮아진다. 특히 참조광과 물체광이 이루는 각도가 기록 재료의 안에서 90°인 경우에는 기록할 때 2개 빛의 편광 방향을 수직으로 유지 할 필요가 있으며 재생할 때도 이는 마찬가지이다. 이것은 기록할 때 편광 방향이 수평이라면 두 빛은 서로 간섭하지 않아 홀로그램은 기록이 불가능하다는 것이다. 또한 기록을 수직 방향으로 하였더라도 재생시 수평 방향의 편광광으로 재생하면 회절이 발생하지 않기 때문이다.

5.1.5 홀로그래피 영화

재생 영상에 움직임을 가지게 하는 것도 홀로그래피의 응용을 확장하기 위해 필요하다. 이를 구현하기 위한 하나의 방법으로써 다중 기록이 가능한 특징을 이용한 홀로그램이 있다. 이것은 평면 홀로그램에 참조광의 각도를 조금씩 바꾸면서 혹은 참조광의 각도는 일정하게 하고 홀로그램을 조금씩 기울이면서 물체를 조금씩 움직여 기록하는 것이다. 이 홀로그램을 기록 방법과 동일하게 대응하여 조명광의 방향을 바꾼다던지 홀로그램을 기울이면 순차적으로 다른 영상이 보이게 되어 동영상의 재생이 가능해진다[14]. 이 원리를 이용하여 컬러 홀로그래피 영화가 제작된 적이 있다. 하지만 다중 기록을 하고 있기 때문에 실제로는 20개 정도의 화면을 기록하는 것이 한계이다.

본격적인 홀로그래피 영화제작을 목표로 한 것으로써 장편 필름에 가늘고 긴 홀로그램을 순차적으로 기록하는 방식이 있다. 매초 8에서 16개 정도의 컷을 순차적으로 보내며 홀로그램을 들여다보는 방법으로 3차원 영화를 감상하는 것이 가능하다[15].

5.2 펄스 레이저를 사용한 홀로그램

순간적으로 빛이 나오는 펄스 레이저를 사용하면 움직이고 있는 물체의 홀로그램도 기록이 가능하다. 이를 위해 자주 쓰이는 레이저는 루비 레이저이며 최근에는 Nd : YAG 레이저가 있다. 발광 시간은 수 ns(1ns는 10^{-9}초)이며 1초 동안 수십 m 정도의 속도로 움직이는 물체까지 기록 가능하다. 그림 5.6은 탄산가스 총에 의해 전구가 파괴되는 순간을 기록한 홀로그램의 재생영상이다[16]. 고속 카메라를 사용하여 촬영한 사진은 자주 볼 수 있지만 입체적으로는 접하기 어려운데 홀로그램으로 제작하여 그 고속 현상을 입체적으

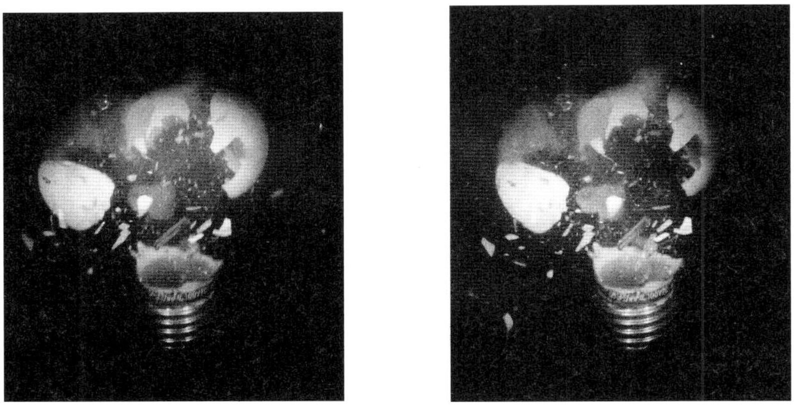

그림 5.6 펄스 레이저를 사용한 홀로그램의 재생 영상에 대한 예
물체는 전구이고 이것을 탄산가스 총으로 파괴한 순간을 잡은 것이다. 좌우의 방향에서 촬영한 재생 영상에 대한 이 2개의 사진을 스테레오그램 처럼 좌우 각각의 눈으로 바라보면 입체적으로 보인다(동해대학 및 대일본인쇄(주)에서 제공한 사진)

로 파악하는 것이 가능하다. 홀로그래피 용의 펄스 레이저는 굉장히 고가이긴 하지만 지금까지의 인물 사진을 대신하여 홀로그램 인물 사진을 기록하는 것이 가능하다. 이 레이저는 주의 깊게 발진(發振) 모드를 선택하면 간섭성이 매우 높아지며 작은 방 전체 크기의 홀로그램도 기록이 가능하다.

레이저의 종류에 따라서는 수 ps(1 ps는 10^{-12}초)라는 극히 짧은 펄스광을 내는 것도 있다. 빛의 속도는 공기 중에서 1초간 약 30만 km이므로 3.3 ps 동안 빛은 1 mm 전진한다. 즉, 이 펄스광은 단 1 mm의 빛이 띠가 되어 나아가는 것이다. 이와 같은 초단 펄스 레이저를 사용한 홀로그래피에 대해서는 제 9장에서 설명하도록 한다.

5.3 컴퓨터 형성 홀로그램

지금까지는 현실의 물체가 존재하고 그것에 레이저 광을 조명하여 기록 재료에 홀로그램을 기록하는 경우에 대해 설명하였다. 홀로그램은 물체광과 참조광의 간섭 결과로써 발생하는 간섭무늬를 기록한 것이었다.

물체가 복잡 할수록 간섭무늬도 복잡해지지만 이 간섭무늬가 어떠한 형태가 되는지를 계산에 의해 구하는 것이 가능하다. 따라서 계산기와 간섭무늬의 표시 장치만 있으면 홀로그램을 합성하는 것이 가능하다. 이와 같은 홀로그램을 컴퓨터 형성 홀로그램[17] (computer generated hologram : CGH)이라고 부른다. 컴퓨터 형성 홀로그램은 레이저 광을 사용하여 기록하는 일반적인 홀로그램에는 없는 장점을 가지고 있다. 가장 큰 장점은 기록을 위한 물체가 존재하지 않아도 된다는 점이다. 이 말은 임의의 또는 이상적인 파면을 재생할 수 있다는 의미이며 가공 물체의 3차원 영상을 얻는 것도 가능하다는 것이다. 컴퓨터 형성 홀로그램을 사용한 파면 재생의 기술은 간섭 계측, 광정보 처리, 시큐리티 또는 홀로그래픽 디스플레이 등의 응용분야에 있어서 매우 중요한 위치를 차지하고 있다.

컴퓨터 형성 홀로그램을 제작하기 위한 순서를 그림 5.7에 제시하였다. 먼저 표시할 물체를 읽어 들인다. 일반적으로 컴퓨터 메모리 내의 2차원 혹은 3차원 배열에 적당한 수치를 부여한다. 하프톤(halftone)을 갖는 물체의 경우에는 이미지 스캐너나 CCD 카메라 등을 사용하여 읽어 들인다. 다음, 물체로부터 홀로그램 면에 전달되는 빛의 분포를 회절이론 등을 이용하여 계산한다. 계산은 홀로그램의 종류에 따라 달라진다. 푸리에 변환 홀로그램의 경우는 계산 시간을 대폭적으로 단축 가능한 고속 퓨리에 변환(FFT)[18]을 이용하여 홀로그램 면 위의 빛의 진폭과 위상을 구한다. 또한 광학적으로 제작하는 홀로그램으로 얻어지는 간섭무늬와 같은 무늬를 계산하는 것, 진폭을 일정하게 해서 위상항 만을 표시하는 것 등이 있다. 다음은 이러한 계산 결과의 표시이며 여기에는 몇 가지 방법이 있다. 그 중 하나는 계산 결과를 플로터에 출력하고 그것을 사진 축소하는 것이다. 고성능 플로터를 사용하면 1 mm에 100개 정도의 세밀한 간섭무늬를 직접 출력하는 것이 가능하다. 보다 정밀한 홀로그램은 전자 빔으로 제작할 수 있다. 그 외에도 공간광변조기 등에 표시하면 실시간 디스플레이도 가능해진다. 그림 5.8은 컴퓨터 형성 홀로그램의 일례와 그 재생 영상을 나타낸다. 원본 영상은 PC에서 제작한 가공의 물체이며 계산된 간섭무늬를 액정 공간광변조기에 표시하여 레이저 광으로 재생시킨 예이다.

입력물체의 데이터 획득 ⇨ 회절의 계산 (FFT) ⇨ 홀로그램 원본의 출력 ⇨ 홀로그램 원본의 축소 ⇨ 홀로그램

그림 5.7 컴퓨터 형성 홀로그램의 제작 순서

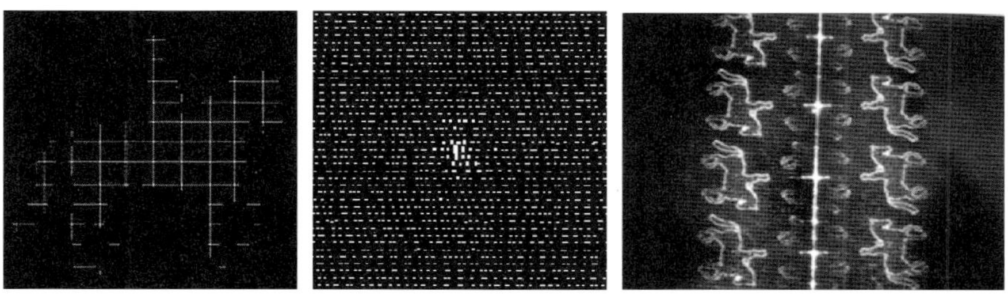

(a) 입력 물체 (b) 홀로그램(중심부 확대) (c) 재생 영상

그림 5.8 컴퓨터 형성 홀로그램의 일례와 그 재생 영상(도쿄 이과대학 이시이 유키히로 교수 제공)

CHAPTER 6 컬러 홀로그래피

자연스러운 색의 재생 영상을 얻는 것은 홀로그래피에 있어서 궁극적인 목적의 하나이다. 각종 영상 기술의 예를 들면 사진, 영화, TV가 그랬듯이 각각의 기술은 발명 당시의 흑백 단색화 시대를 거쳐 결국 컬러로 발전해 나갔다. 마찬가지로, 홀로그래피도 단색의 영상에서 컬러의 시대에 접어들면서 디스플레이의 응용을 넓혀가고 있다. 컬러 홀로그램이라고 하면 일반적으로 3원색에 해당하는 3가지 레이저 광으로 기록해서 물체의 자연스러운 색을 재현하는 이른바 내츄럴 컬러 홀로그램이라고도 말한다.

여기에서는 컬러 홀로그래피의 원리, 문제점을 제시하고 컬러 홀로그램의 종류와 그 특징, 재생 영상의 색 재현에 대해 설명한다. 또한, 백색의 재생 영상을 얻는 아크로매틱(achromatic) 홀로그램에 대해서도 논하고자 한다. 레이저 광 하나만을 사용하여 기록하고 재생 영상을 다른 색으로 표현하는 유사 컬러 홀로그램이란 것도 있다. 홀로그래픽 스테레오그램을 이용하면 유사 컬러 홀로그램의 기법을 사용해 자연스러운 색을 재현하는 것이 가능하다.

6.1 컬러 홀로그래피의 원리

자연계에 존재하는 어떠한 색도 3원색을 적당한 비율로 혼합하면 재현 가능하다는 것은 잘 알려진 사실이다[1)]. 사진의 경우 혼합 방식은 감법혼색이며 시안, 마젠타, 옐로우의 3원색 영상을 중첩하여 컬러 영상을 형성한다. TV에서는 적, 녹, 청을 3원색으로 하는 가법혼색을 사용하며 각각의 영상에 대한 색 영상의 빛을 겹쳐서 혼합한다.

홀로그래피의 경우는 TV와 동일한 가법혼색 방식을 써서 3차원의 컬러 영상을 재현할 수 있다[2]. 그림 6.1에 컬러 홀로그램을 기록하기 위한 기본적인 광학계를 표시하였다.

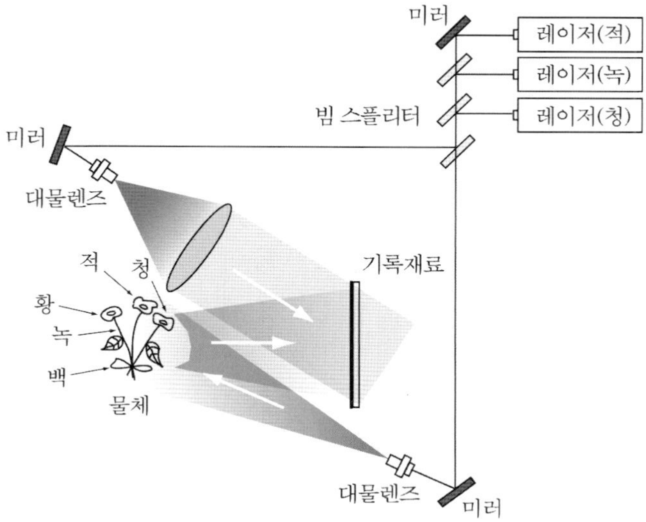

그림 6.1 컬러 홀로그램을 기록하기 위한 기본적인 광학계

적, 녹, 청의 3가지 레이저 광으로 각 성분의 홀로그램을 가시광 전역에 감도를 갖는 1장의 팬크로매틱(panchromatic) 기록 재료에 기록한다. 이 홀로그램을 기록 시와 같은 3가지 레이저 광으로 동시에 재생하면 각 성분의 홀로그램에서 상이 겹쳐져 컬러 재생 영상을 얻을 수 있게 된다. 단, 만족할만한 컬러 영상을 얻기 위해서는 진정한 컬러 영상 외에 발생하는 크로스 토크 영상의 제거와 팬크로매틱하며 동시에 높은 해상력을 지니는 기록 재료의 개발이라는 2 가지 과제를 해결하지 않으면 안 된다.

크로스 토크 영상은 기록시와 재생시에 사용하는 파장의 빛이 서로 다른 경우 발생하는 것으로써 투과형 홀로그램의 경우에 문제가 된다. 이것을 나타낸 것이 그림 5.2이다. 그림 6.1에 나와 있는 광학계에 기록된 컬러 홀로그램을 3가지 레이저 광 중에 하나, 예를 들어 녹색의 레이저 광으로 재생하면 녹색 성분의 홀로그램에서 나오는 재생 영상은 정확히 원래 있던 위치에 형성된다. 그러나 이 홀로그램에는 적색, 청색 성분의 홀로그램도 기록되어 있으며 이들이 동시에 재생되기 때문에 이들에 의한 영상이 녹색 영상의 부근에 발생하게 된다. 적색, 청색의 레이저 광으로 재생하는 경우에도 사정은 마찬가지이다. 이와 같이 기록시와 같은 파장의 빛으로 재생했을 때 발생하는 3가지 영상은 정확히 겹쳐졌을 때 진정한 컬러 영상이 된다. 이것이 바로 목표로 하는 영상이다. 그 외에 목표 영상 부근에 발생하는 여분의 여섯 개의 상을 크로스 토크 영상이라고 부른다.

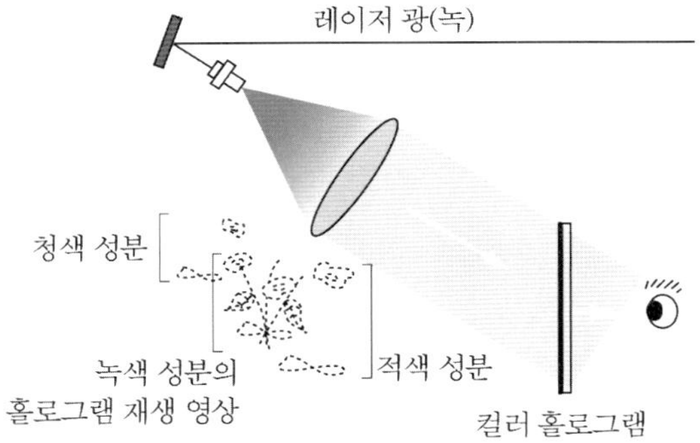

그림 6.2 크로스 토크 상의 발생 – 녹색 레이저 광으로 재생한 경우

컬러 홀로그램을 재생하는데 3가지 레이저 광을 사용하는 것은 불편한 일이다. 3원색을 포함하는 간편한 백색광으로 재생하는 것이 편리하다. 따라서 백색광 속에서 실효적인 특정 파장의 빛만을 추출하여 영상의 관찰이 가능한 기구를 홀로그램의 기능으로 포함시키는 것이 필요하다. 이와 같이 백색광으로 재생이 가능해짐과 동시에 크로스 토크 영상을 제거하는 연구가 이루어지고 있다.

6.2 컬러 홀로그램의 종류

6.2.1 레이저 광 재생 컬러 홀로그램

홀로그래피 연구의 초기 단계에서 이러한 종류의 홀로그램 크로스 토크 영상을 제거하는 방법이 여러 가지 제안되었다. 그 중 대표적인 것으로써는 세 가지 성분의 홀로그램 각각에 대하여 참조광의 각도를 바꾸는 방법, 시역을 제한하여 크로스 토크 영상을 분리하거나 발생하지 못하게 하는 방법, 마스크 또는 컬러 필터 등을 이용하여 홀로그램 면 위에 각 성분의 홀로그램을 부분적으로 분리하여 기록하는 면적 분할법, 참조광 속에 확산판과 같은 랜덤한 매질을 삽입하는 참조광 부호법 등이 있다.

레이저 광 재생의 경우는 기록할 때와 완전히 동일한 광학계를 사용하여 재생하지 않으면 안 된다는 번거로움이 있기 때문에 현재에는 전혀 주목받고 있지 못하고 있다. 그러나 레이저 광으로 재생된 영상은 극히 선명하고 깊이 있는 영상이므로 무심코 감동에 가까운 감정을 느끼게 된다. 현재는 헬륨－네온 레이저와는 비교할 수도 없는 소형의 반도체 레이저를 쓸 수 있게 되었고 레이저의 단파장화를 기대할 수 있다. 앞으로 레이저 광 재생 홀로그램을 다시 볼 수 있는 기회가 될 수 있는 상황이라고 생각한다.

6.2.2 백색광 재생 컬러 홀로그램

레이저 광 재생 컬러 홀로그램은 선명한 상을 얻을 수 있다는 장점이 있지만 재생을 위해서도 3원색 레이저 광이 필요하다는 문제가 있다. 따라서 전등 및 태양광 등과 같이 3원색을 포함하고 있으며 구하기 쉬운 백색광을 사용하여 재생하는 방법이 더 편리하다고 할 수 있다. 백색광으로 재생 가능한 컬러 홀로그램으로써 3원색의 레이저를 써서 제작하는 것에는 레인보우 홀로그램과 반사형 홀로그램이 있다.

(a) 컬러 레인보우 홀로그램

레인보우 홀로그램은 보통 2단계의 과정을 걸쳐 제작된다. 이것을 컬러화 하려면 먼저 그림 6.1에 나와 있는 광학계로 3성분의 홀로그램을 따로따로 기록하여야 한다. 참조광은 평행광으로 한다. 이들 홀로그램(마스터 홀로그램)을 기록할 때와 같은 레이저 광으로 역방향으로부터 재생하면 물체가 있던 위치에 실상이 발생한다. 이 영상의 중심 부근에 기록 재료를 놓고 참조광을 더하여 홀로그램을 기록한다. 이 때, 마스터 홀로그램에

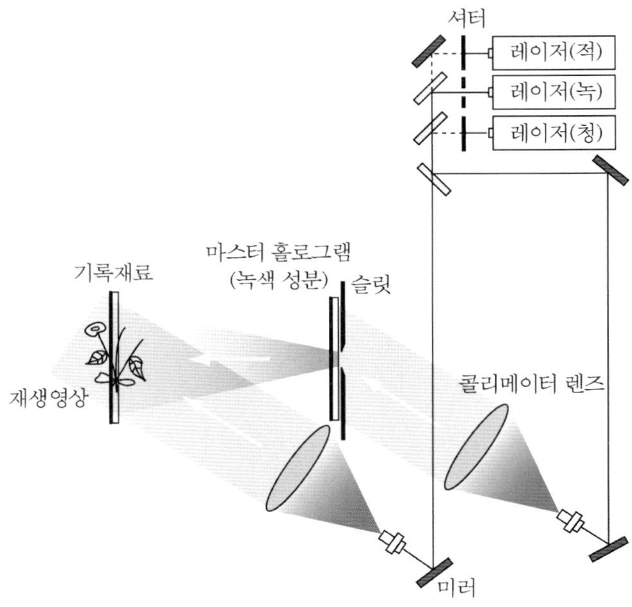

(a) 홀로그램의 기록(녹색 성분의 기록)

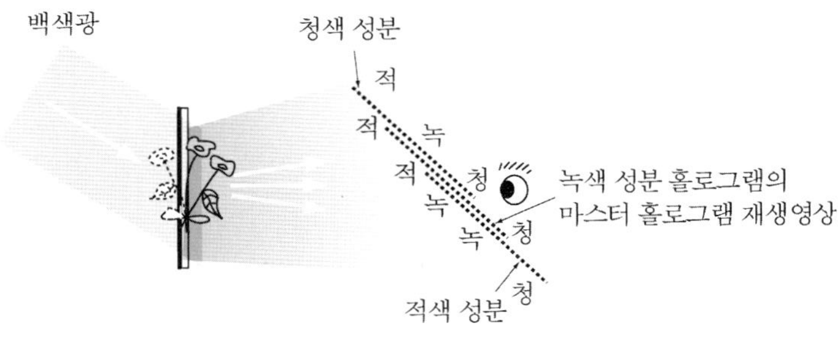

(b) 홀로그램의 재생

그림 6.3 컬러 레인보우 홀로그램

대해 지면(紙面)으로부터 수직 방향의 길고 세밀한 슬릿을 위치시키고, 이 부분에서 재생을 행하는 것이 레인보우 홀로그램의 특징이다. 이러한 조작을 마스터 홀로그램의 각 성분에 대해서 순차적으로 시행하여 한 장의 팬크로매틱 기록 재료에 3중 기록하면 컬러 레인보우 홀로그램이 완성된다[3]. 이것을 보여주는 것이 그림 6.3(a)이다. 팬크로매틱 기록 소재가 없는 경우는 적 성분과 녹・청 성분을 다른 재료에 기록하여 붙이면 된다. 이 홀로그램을 그림 6.3(b)와 같이 역방향에서 백색광으로 재생하면 마스터 홀로그램의 슬릿 상이 비스듬히 상하 방향으로 분광되어 형성된다. 기록시의 슬릿 위치에서는 적, 녹, 청색의 슬릿 상이 제대로 겹쳐지기 때문에 여기에 눈을 두면 진정한 컬러 상이 보이게 된다. 단, 눈을 이 위치에서 상하로 움직이면 크로스 토크 영상이 눈에 들어오게 되어 재생 영상의 컬러 밸런스가 무너져 버리고 만다. 이와 같이 컬러 레인보우 홀로그램에서는 분광된 슬릿 영상을 눈동자라고 하는 문으로 제한하여 크로스토크 영상을 제거하고 있다.

(b) 반사형 컬러 홀로그램 (리프맨 컬러 홀로그램)

반사형 홀로그램은 그 재생 파장의 폭이 기록 파장을 중심으로 20~40 nm로 좁기 때문에 크로스 토크 영상이 없으며 어디서 관측해도 재생 영상의 색이 변하지 않는다. 이 때문에 반사형 홀로그램이 컬러 홀로그래피의 방식으로써는 가장 뛰어나다고 할 수 있다.

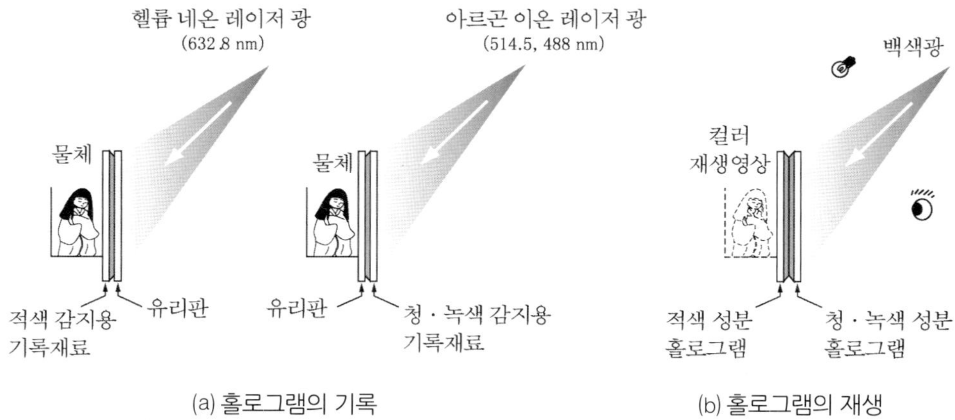

그림 6.4 데니슈크(Denisyuk)형 컬러 홀로그램의 기록

일반적인 반사형 컬러 홀로그램은 그림 2.2(b)의 광학계에서 적, 청, 녹의 레이저 광을 사용하여 3 성분의 홀로그램을 기록하는 것에 의해 얻어진다.

그림 6.5 고품질 반사형 홀로그램의 칼러 재생 영상의 예
적색 성분의 홀로그램은 은염유제 8E75HD, 녹색·청색 성분의 홀로그램은 중크롬산 젤라틴에 기록함

반사형 홀로그램의 경우는 간섭무늬가 매우 세밀하다. 적색 성분의 홀로그램의 경우 그 간격은 0.2 μm 정도이며 청색 성분에서는 더욱 세밀해진다. 따라서 높은 해상력의 기록재료가 필요해진다. 은염유제는 감도가 높고 해상력도 비교적 높은 편이다. 중 크롬산 젤라틴, 포토폴리머는 감도는 낮지만 해상력이 극히 높아 유망한 재료로 꼽힌다. 이러한 재료들은 통상 녹색보다 짧은 파장의 빛만 감지할 수 있다. 그러나 적당한 색소로 증감하면 적색에서도 감도를 가질 수 있게 되기 때문에 한 장의 재료에 컬러 홀로그램을 기록하는 것이 가능해진다. 메틸렌 블루 색소로 증감한 중 크롬산 젤라틴에 2개의 평행 광으로 반사형 컬러 홀로그램을 기록했을 때 3색 모두 80% 이상의 높은 회절 효율을 보여주었다[4].

백색광 재생 홀로그램의 경우 재생 영상이 홀로그램 면에서 멀어질수록 영상의 선명도가 떨어진다. 따라서 레인보우 홀로그램의 경우에서와 같이 일단 마스터 홀로그램을 기록하고 그것을 재생하여 발생하는 실상의 중심 부근에 기록재료를 배치하여 제작한다. 이와 같이 이미지형의 반사형 컬러 홀로그램을 기록하면 고품질에 밝고 선명한 상을 얻을 수 있게 된다. 그러나 기록 재료의 감도가 낮으면 노광 시간이 길어진다는 단점도 있다. 마스터 홀로그램을 기록하지 않고 4.2절에서 기술한 데니슈크 홀로그램으로써 기록하면 간단한 배치로 이미지형의 반사형 컬러 홀로그램을 기록하는 것이 가능하다. 그림 6.4에 그 방법에 대해 설명하였다. 이 예에서는 적 성분의 홀로그램을 적색 감지용의 기록 재료에 기록하고 녹・청 성분의 홀로그램을 녹・청색 감지용의 기록 재료에 2중 기록하는 경우를 나타낸다. 현상 처리한 후 각각의 재생 영상이 일치되도록 이 두 장의 홀로그램을 중첩하여 붙인다. 그림 6.4(b)와 같이 백색광으로 재생하면 컬러 상이 보이게 된다. 유리판을 밀착시켜 기록하는 것은 대칭이 되는 홀로그램의 두께를 고려한 것이다. 적색 감지용의 기록 재료로써는 은염유제를 사용하였다. 녹・청색 감지용으로써는 중 크롬산 젤라틴 혹은 포토폴리머를 사용하면 높은 품질의 컬러 홀로그램을 얻을 수 있다[5)]. 그림 6.5는 이 컬러 홀로그램에서 출력된 재생 영상의 예를 보여준다. 팬크로매틱 기록 재료를 사용하면 기록이 간단해지게 된다.

6.3 재생 영상의 색 재현

일반적인 물체의 분광 반사율 분포는 연속적이다. 이 물체를 3원색 레이저를 사용하여 반사형 컬러 홀로그램에 기록하면 그 재생광은 파장선택성 때문에 3가지의 기록 파장 부근에서만 값을 갖게 되는 불연속적인 분광 분포가 된다. 따라서 재생 영상의 색은 물체의 색과 일반적으로는 일치하지 않는다. 어떤 색이 재현될지는 CIE 표색계를 사용하면 해석이 가능하다. 물체를 조명하는 광원과 홀로그램을 재생하는 백색광원이 같은 것이라 가정하자. 재생 영상의 분광 분포를 적당히 컨트롤 해주면 일정한 색에 대해서는 인간의 눈으로 보아 같은 색으로 재현하는 것이 가능하다. 하지만, 일반적인 물체는 대량의 색을 포함하고 있어 이를 동시에 정확하게 표현하는 것은 불가능하다. 따라서 최적의 색 재현을 실행하기 위해서는 어떠한 3원색의 빛을 사용해야 하는가에 대한 문제가 발생한다. 이 상황은 사진에서 어떠한 발색 색소를 사용하는가, TV에서는 어떤 형광 물질을 사용하면 좋은가와 같이 경우에 따라 논의 되는 문제와 동일한 것이다.

색 재현에 관한 해석에 의하면 3원색의 레이저 광을 적당히 선택해서 사용할 경우 모든 색에 대해 재생 영상의 색과 원본 물체의 색에 대한 차이를 눈으로 보아 알 수 없을 정도로 일치시키는 것이 가능하다. 즉, 충실한 색 재현이 가능하다는 결과를 얻을 수 있다. 최적의 3원색 파장은 물체가 어떠한 색인가에 따라 다소 차이는 있지만 적색은 610 nm, 녹색은 530~540 nm, 청색은 470 nm 부근이다[6]. 그러나 현실에서 사용하는 레이저 광에는 이러한 파장의 것이 존재하지 않는다. 이 사실이 3원색 레이저 광을 사용하여 컬러 홀로그램을 기록하는 경우에 대한 색 재현에 한계를 부여하는 것이다. 3파장이 아니라 580 nm 부근의 파장을 더하여 4파장으로 기록하면 원래의 물체와 재생 영상에 대한 색의 차이는 거의 없어져서 충실한 색 재현이 가능해진다[7].

어떤 범위의 색이 재현될지는 재생 영상의 분광 분포와 함께 사용하는 레이저 광의 파장에 의존한다. 일반적으로 적색은 헬륨－네온 레이저 632.8 nm의 빛이, 녹색・청색은 아르곤이온 레이저 514.5 nm, 488.0 nm의 빛이 사용된다. 그러나 이 조합으로는 깊은 청색과 황색의 재현이 불가능하다. 녹색으로 Nd : YAG 레이저 532 nm, 청색으로 아르곤 레이저 457.9 nm의 빛을 사용하면 보다 넓은 색 재현이 가능해진다. 적색으로 크립톤 이온 레이저 647.1 nm의 빛을 조합하면 재현 범위도 더 넓어진다. 가(可) 간섭 거리도 길어지기 때문에 대형 물체의 기록이 가능해지게 된다.

6.4 아크로매틱 홀로그램

레인보우 홀로그램을 수직 방향으로 긴 선 형태의 광원, 예를 들어 길쭉한 형광등으로 보면 재생 영상은 조금 불선명해지지만 홀로그램 특유의 스펙트럼 색은 보이지 않고 백색으로 보이게 된다. 이와 같은 백색의 재생 영상은 매력이 있으며 특정한 종류의 디스플레이에는 유효한 수단이 된다. 상의 선명도가 떨어지지 않으면서도 무색화 된 홀로그램을 아크로매틱 홀로그램이라고 한다. 몇 가지 제작 방법이 있다.

그 중 하나는 5.1.1 절에서 소개한 홀로그래픽 스테레오그램을 사용하는 것이다. 홀로그래픽 스테레오그램은 복수의 서로 다른 시점에서 본 평면 영상을 원본으로 하여 기록재료에 홀로그래픽 방식으로 합성한다. 원본 영상을 제작할 때 레이저 광을 사용할 필요가 없다는 점과 원본 영상이 평면 영상이라는 장점을 가지고 있다. 이 홀로그램을 마스터 홀로그램으로 하여 이미지 홀로그램을 기록하면 백색광으로 재생이 가능해진다. 이 때, 원본 영상의 실상은 요소 홀로그램의 수만큼 있지만 모두 동일 평면에서 재생되기 때문에 완전한 이미지 홀로그램이 될 수 있다. 따라서 이 홀로그램에서 재생되는 요소 홀로그램에서 시차가 서로 다른 영상이 눈에 혼입되지 않는 한 백색광으로 재생해도 깊이감 있는 3차원 영상이 선명히 보이게 된다.

시차가 서로 다른 영상이 동시에 하나의 눈에 들어가는 경우라고 하는 것은 재생 파장폭이 넓어 상의 위치가 전후로 어긋나 겹쳐질 때 발생한다. 이미지 홀로그램을 레인보우 홀로그램으로써 기록하는 경우에는 이 문제가 발생하지 않는다. 또한 반사형 홀로그램으로 기록했을 때도 실용상 지장이 없을 정도이다. 전자의 경우, 눈을 상하로 움직이면 재생 영상의 색이 변하지만 후자에서는 변하지 않는다. 일반적으로 이미지 홀로그램으로써 기록한 경우는 영상이 혼입하게 된다. 따라서 이를 피하며 재생 영상을 무색화 하는(achromatize) 방법이 제안되었다[8,9]. 그림 6.6(a)는 마스터 홀로그램으로써의 홀로그래픽 스테레오그램을 기록하는 과정을 나타낸다. 스테레오그램을 제작할 때 기록 재료를 기울여 배치한다. 그리고 그림 6.6(b)처럼 그림 6.6(a)에서의 참조광 방향과는 역 방향의 빛으로 재생한다. 다음, 원본 영상의 재생 영상 면 위에 기록 재료를 배치하고 참조광으로써 평행광을 추가하여 홀로그램을 기록한다.

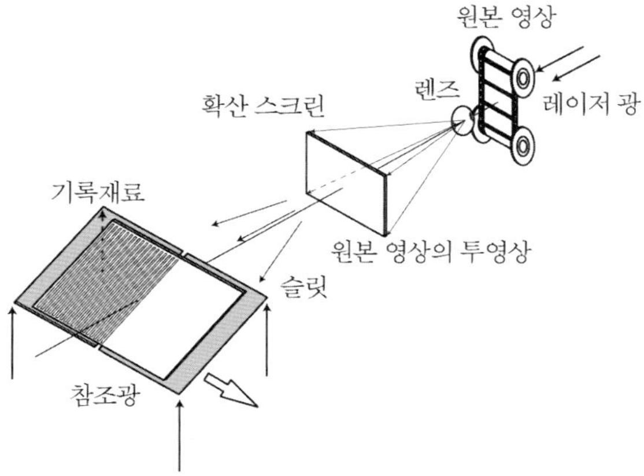

(a) 홀로그래픽 스테리오그램의 기록

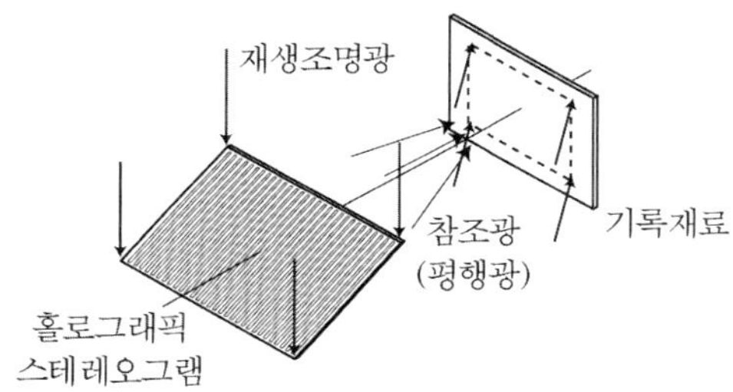

(b) 아크로매틱 홀로그램의 기록

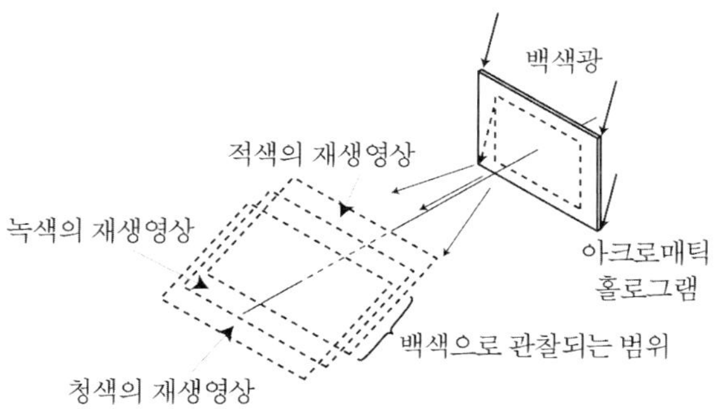

(c) 재생

그림 6.6 아크로매틱 홀로그램의 일례 — 홀로그래픽 스테레오그램을 사용하는 방법

이와 같이 형성된 아크로매틱 홀로그램을 그림 6.6(c)처럼 기록할 때의 참조광의 방향과는 반대 방향에서 평행 백색광으로 재생한다. 결과적으로 파장에 의해 대각선 상하 방향으로 달라진 위치에 홀로그래픽 스테레오그램의 상이 재생된다. 이 영상의 기울기가 4.1.1절에서 설명한 아크로매틱 앵글이 되도록 그림 6.6(a)의 기록 재료를 기울인다. 따라서 색이 다른 홀로그래픽 스테레오그램의 모든 영상이 같은 배율로 거의 동일한 면 내에서 겹쳐지게 된다. 이 면에 눈을 배치하면 넓은 범위로 무색화 된 이른바 백색의 3차원 영상을 보는 것이 가능해진다. 기록 재료를 원본 영상의 면에 대해 평행으로 배치한 경우와는 달리 시차가 다른 영상이 눈에 혼입되는 일 없이 선명한 영상을 얻을 수 있게 된다.

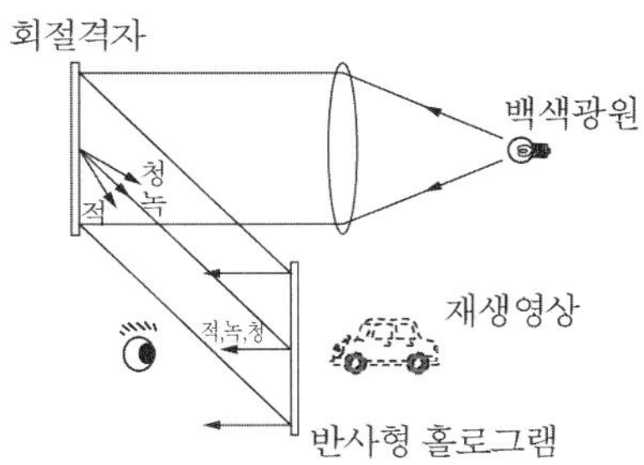

(a) 재생의 위한 배치 예

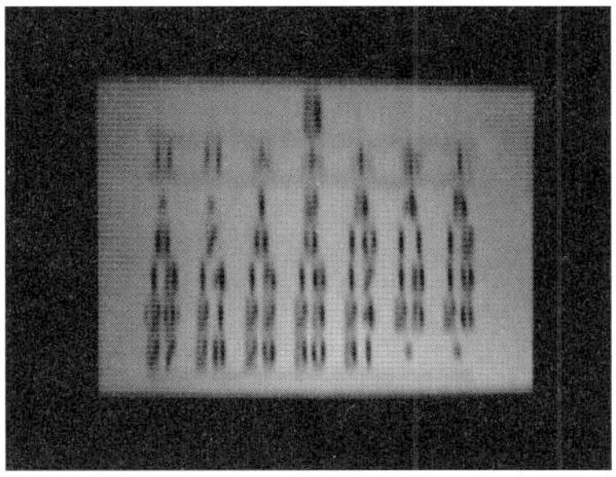

(b) 재생 영상 - 파장 분산을 보상하지 않은 경우

(c) 재생 영상 - 파장 분산을 보상한 경우

그림 6.7 분산을 보상하여 선명한 재생 영상을 얻기 위한 방법

그 외에 분산에 의한 재생광의 각도 변화를 두 장의 홀로그램을 조합하여 제거하는 방법으로 선명한 백색 재생 영상을 얻는 것이 가능하다. 이는 물체를 기록한 홀로그램에 대해 그 평균 공간 주파수가 동일한 회절 격자를 사용하여 조명하는 방법이다. 회절 격자는 분산 때문에 파장에 따라 회절 방향이 달라지지만 그것이 홀로그램에 의해 다시 회절 된다. 이 때 모든 파장의 빛이 같은 방향으로 진행하기 때문에 흐릿함이 없는 영상을 얻는 것이 가능하다. 그림 6.7은 이 방법을 이용하여 반사형 홀로그램의 재생 영상을 보다 선명하게 만들기 위한 하나의 방법을 보여준 것이다[10]. 여기에서는 반사형 홀로그램의 예를 들었지만 두 가지 모두 투과형 홀로그램으로 하거나 아니면 둘을 조합한다고 해도 상관이 없다. 또한, 루버(Louver) 필름을 사용하여 그것을 회절 격자와 홀로그램에 끼우는 구조로 만들면 보다 콤팩트해진다. 루버 필름은 창의 블라인드와 같은 구조를 하고 있기 때문에 직선으로 투과하는 빛이 커트된다. 따라서 백색의 재생 영상을 선명하게 보는 것이 가능하다.

CHAPTER 7 기록 재료와 그 특성 평가

홀로그래피가 실용화 될지 안 될지 또는 어떻게 이용 가능할지는 사용하는 기록 재료에 의존하는 면이 크다. 그것은 홀로그램이 한 장의 얇은 매체에 물체의 모든 정보를 간섭무늬 형태로 기록하는 것이며 홀로그래피의 발전이 매체로써 무엇을 사용할 것인가, 어떤 것이 사용되는가에 크게 의존하고 있기 때문이다. 기록 재료는 1회의 처리에 의해 영구적으로 홀로그램이 제작되는 고정 기록 형태와 기록・소거의 반복이 가능한 형태로 분류된다. 고정 기록 형은 구입하기 쉽고 취급도 간단하기 때문에 현재 가장 많이 사용되고 있다. 은염유제(silver－halide), 중크롬산 젤라틴(dichromated gelatin), 포토폴리머(photopolymer), 포토레지스트(photoresist) 등이 이 형태에 속한다. 기록・소거가 가능한 재료로써는 열가소성 플라스틱(thermoplastic), 광굴절결정(photorefractive crystal) 등이 있으며 노광과 동시에 홀로그램이 형성되는 실시간 기록이 가능하다. 여기에서는 각종 홀로그램용 기록 재료에 대해 그 필요조건과 특성 평가의 방법 그리고 각종 기록 재료에 대해 기술해 보도록 하겠다.

동영상의 재생을 목표로 하는 전자 홀로그래피나 컴퓨터 처리에 의해 영상을 재생하는 디지털 홀로그래피에서는 CCD 등의 이미지 센서가 사용된다. 이에 대해서는 제 8장에서 설명하도록 한다.

7.1 홀로그래피용 기록 재료에 필요한 성능

홀로그래피용 기록 재료로써는 일반적으로 다음과 같은 성능이 필요하다. 기록의 성능에 관해서는 ① 높은 해상도, 일정한 공간 주파수 응답, 넓은 다이내믹 레인지를 가지고 있어야 하며 ② 높은 감도, 넓은 감광 파장 영역을 가지고 있어야 한다. 조작성에 관해서는 ③ 현상 처리가 간단하거나 불필요해야하고, 무공해 처리가 가능해야 한다. 재료로써는 ④구입이 용이하고, 저가이어야 하며, 장기 보존이 가능해야 한다. 홀로그램으로써는 ⑤높은 회절 효율, 투명성, 높은 SN비를 가져야하고 내광・내습・내열 등 높은 내환경성을 가져야 한다.

〈표 7.1〉 주요 홀로그래피용 기록 재료의 특징과 그 응용 분야

종류	특징	용도
은염유제	감도최고, 비교적 고해상도 취급 용이, 노이즈가 많음	간섭계측, 디스플레이, 광학소자, 광정보처리
중크롬산 젤라틴	고해상도, 낮은 노이즈, 적색증감가능, 내습대책필요	광학소자, 디스플레이
포토레지스트	표면 요철형, 낮은 감도, 단파장 감광대역	복제용 홀로그램, 광학소자, 시큐리티, 디스플레이,
포토폴리머	고해상도, 낮은 노이즈, 높은 안정성, 낮은 감도, 현상처리 불필요	홀로그래픽 메모리, 광학소자, 시큐리티, 디스플레이, 광정보처리
서모 플라스틱	기록 및 소거 가능, 고감도, 실시간 기록 가능, 표면 요철형, 기록가능 공간 주파수대역 제한	간섭계측
광굴절 재료	기록 및 소거 가능, 실시간 기록 가능	홀로그래픽 메모리, 광정보처리, 간섭계측

해상도는 1 mm에 기록 가능한 간섭무늬의 수, 즉 공간 주파수로 표기된다. 홀로그래피용으로써 간섭무늬를 충실하게 기록하여 밝은 재생 영상을 얻기 위해서는 1,000~7,000 라인이라는 고해상도의 기록 재료가 필요하다. 이와 같이 높은 공간 주파수의 경우는 은염 입자의 크기로 판단하거나 간섭무늬를 기록하여 그것을 레이저 광으로 재생했을 때 얼마나 높은 공간 주파수까지 재생광이 응답하는 가를 통해 해상도를 판단

하고 있다. 또한, 간섭무늬의 변조항이 노광량(강도 × 노광 시간)의 증가와 함께 증가할 수 있는 넓은 다이내믹 레인지도 필요하다.

감도에 관해서 살펴보자. 해상도가 높으면 일반적으로 감도가 낮기 때문에 노광 시간이 길어져서 광학계의 진동 영향을 받기가 쉬워진다. 따라서 적당한 감도를 가지고 있는 것도 중요하다. 물체의 자연스러운 색을 재현하는 컬러 홀로그램을 위해서는 넓은 감광 파장역을 갖는 팬크로매틱 재료가 필요하다.

그 외에도 구입 및 처리가 간단해야하며 아름답고 밝은 재생 영상을 얻기 위해서는 회절 효율이 높아 산란이 적어야 한다는 점도 필요하다. 물론 이러한 성능을 모두 만족시키는 재료는 없으며 실제로 그 전부를 필요로 하는 것도 아니다. 홀로그램을 실용화할 때는 그 목적에 대응되는 필요한 성능을 갖추고 있으면 그것으로 좋은 것이다. 현재 사용되고 있는 주요 기록 재료의 특징과 그 응용 분야를 표 7.1에 나타내었다.

7.2 각종 기록 재료

지금까지 개발된 주요 홀로그래피용 기록 재료의 종류와 그 특성에 대하여 표 7.2에 정리하였다. 아래에서는 각각의 기록 재료에 대해 기술하고자 한다.

7.2.1 은염유제

각종 홀로그래피용 기록 재료 중에서 은염유제는 가장 고감도인 재료이며 해상도가 매우 높은 것이 개발되어 있다[1]. 재생 영상 밝기의 척도인 회절 효율은 최대로 50%가 넘는 값을 얻을 수 있다. 이 때문에 널리 사용되어온 재료이지만 현재는 시판되는 은염유제가 제한되어 있다. 필요한 때에 바로 구입할 수 있는 상태가 아니라는 문제가 있다.

홀로그래피의 연구 초기에는 Kodak 649F가 사용되었다. 그 후 Agfa의 고해상도 유제 8E75HD, 9E56HD, 고감도 유제 10E75, 10E56 및 Ilford의 SP737T, SP672등의 건판, 필름이 시판 되었다. 특히 적색 감지용인 8E75HD 건판은 해상도가 5,000 라인/mm 이상이고 감도는 수십 $\mu J/cm^2$이다. 헬륨－네온(He－Ne) 레이저, 크립톤 이온(Krypton Ion) 레이저를 사용하는 반사형 홀로그램의 제작에 자주 사용되어 왔다. Kodak 131건판, SO253 필름은 시판된 재료 중에서 최고의 감도를 가지고 있었다. 하지만 이들 재료는 모두 지금은 제조가 중지되었기에 현재로써는 구입이 불가능하다.

현재 제조되고 있는 재료로는 코니카미놀타사의 P5600[2], Geola 사의 PFG 시리즈[3),4)], Colourholographics 사의 BB[5)], Laboratoire d'Holographie의 Ultimate[6)] 등이 있다. P5600은 녹・청색용의 건판이며 할로겐화은의 입자 사이즈는 40 nm로써 8E56HD와 동등하거나 그 이상의 성능을 가지고 있다. PFG에는 은염유제로써 두 가지 시리즈가 있다. 하나는 고해상도 유제로 녹, 청색용의 VRP－M, 적색 감지용으로 PFG－01이 있으며, 평균 입자 사이즈는 35~40 nm, 해상도는 3,000 라인/mm 정도이다. 감도는 75~80 $\mu J/cm^2$ 정도이다. 다른 하나는 반사형 홀로그램용으로 개발된 초고해상도 유제로써 적색 감지용인 PFG－03M, 팬크로매틱 PFG－03C가 있다. 평균 입자 사이즈는 8~12 nm, 해상도는 5,000 라인/mm 이상이다. 감도는 낮은 편으로 1.5~3 mJ/cm^2 정도이다. PFG－03C는 700 nm 까지 분광 감도를 가지고 있으며 반사형 컬러 홀로그램의 제작에 사용되고 있다. 이들 4 종류의 재료는 모두 건판 및 필름의 두 종류가 있다. Geola 사의 유제는 부드럽기 때문에 현상 전에 포르말린(formalin)을 성분으로 하는 경막액에 담구는 경막 처리를 하는 것이 추천되고 있다. BB 유제로써는 BB640과 BBVPan 건판이 있다. 모두 입자 사이즈가 20 nm 정도인 초고해상력 유제이며 BB640은 적색 감지용, BBVPan은 컬러 홀로그램용이다. 유제의 두께는 8~9 μm 이다. Ultimate도 극히 미립자인 유제이다. 입자 사이즈는 4~15 nm, 감도는 전가시역 파장에 대해 80~200 $\mu J/cm^2$ 정도이다. 유제의 두께는 4 μm 라고 알려져 있다. 이 유제에 기록된 반사형 컬러 홀로그램에서는 매우 밝은 컬러 재생 영상을 얻을 수 있다는 보고가 있다.

은염유제에 홀로그램을 기록하고 현상처리 도중에 은염을 제거하여 최종적으로 젤라틴만 남기는 위상 홀로그램으로 만드는 처리법이 있다[7)]. 이 홀로그램을 기록할 때는 감도가 높은 은염유제에 기록하기 때문에 형성된 홀로그램은 중 크롬산 젤라틴을 사용한

〈표 7.2〉 주요 홀로그래피용 기록재료와 그 특성

재료명			감광대역	노광량 (mJ/cm^2)	해상도 (line/mm)	홀로그램 형태	최대회절 효율 (%)	두께 (μm)	비고
은염유제	Kodak	131, SO253	적	3×10^{-4}	2000	진폭, 위상	40	7, 9	
	Agfa Holotest	8E75HD	적	0.03	5000	진폭, 위상	60	7	
		8E56HE	녹, 청	0.05	5000	진폭, 위상	60	7	
		10E75	적	0.003	2000	진폭, 위상	50	7, 5	제조중단
		10E56	녹, 청	0.003	2000	진폭, 위상	50	7, 5	
	Ilford	SP673	적	0.03	7000	진폭, 위상	60	6	
		SP672, 695T	녹, 청	0.1	7000	진폭, 위상	60	6	
	Slavich	PEG-01	적	0.075~0.1	3000	진폭, 위상	50	6	
		PFG-03M	적	3	5000	진폭, 위상	>70	6~7	
		PFG-03C	적, 녹, 청	3	10000	진폭, 위상	>70	9~10	입자 크기 8 nm
	Colour-Holographics	BB640	적	0.3	8000	진폭, 위상	70	5	
		BB520	녹, 청	0.3	8000	진폭, 위상	70	5	
		BBVPan	적, 녹, 청	0.3	8000	진폭, 위상	70	5	
	Ultimate	ULT-04-PRO	적, 녹, 청	0.08	20000	진폭, 위상	>70	4	입자 크기 4 nm
	코니카	P5600	녹, 청	0.05	5000	진폭, 위상	60	6	
중크롬산 젤라틴			녹, 청	10~100	>6000	위상	>80	10~50	
			적	200~400	>6000	위상	>80	10~50	색소 증감
포토 레지스트		AZ1400	<청	10~1000	<2000	위상(凹凸)	30 (>80*)	1	*깊이판 해자
포토 폴리머		DMP-128	적, 녹, 청	5~30	>6000	위상	>80	7	폴라로이드사, 제조중지
		OmniDex®706	녹, 청	30	>6000	위상	>80	25	
		HRF-700X001	녹, 청	15	>6000	위상	>80	10, 20	듀퐁사, 현상불필요
		HRF-600X001	녹, 청	50	>3000	위상	>80	10, 20	
		HRF-800X001	적, 녹, 청	4~20	>6000	위상	>80	15	
써모 플라스틱			적, 녹, 청	0.1	<1500	위상(凹凸)	30	1	
광굴절 결정		$LiNbO_3$: Fe	청	1.5×10^{4}	>5000	위상	60	1×10^{4}	
		$B_{12}SiO_{20}$	녹, 청	~1	>2000	위상	2	~3000	기록 · 소거 가능
		$BaTiO_3$	녹, 청	~10	>2000	위상		~5000	
광굴절 폴리머			적, 녹, 청	5	>2000	위상	>80	60~100	
광화학 폴버닝 결정		Eu^{+3} : Y_2SiO_5	580 nm		>5000	진폭			레이저 주파수 스위프에 의해 동영상 기록 가능, 저온동작(<10K)
박테리오로돕신			568 nm, 412 nm	30~80	>5000	진폭	2	20	기록 · 소거 가능

홀로그램과 동등한 성질을 갖는 것이 장점이다.

현상 처리를 금침착 현상법으로 진행하고, 거기에 고온으로 연성하여 젤라틴을 제거하는 것에 의해 금막 요철을 형성하는 방법으로 홀로그램을 제작하는 것이 보고되어 있다[8]. 이 방법에 의해 도자기 등의 표면에 금막의 홀로그램을 형성하는 것이 가능하다.

7.2.2 중 크롬산 젤라틴

이것을 사용하면 100%에 가까운 회절 효율과 동시에 낮은 노이즈의 홀로그램을 얻을 수 있다. 이 때문에 중 크롬산 젤라틴은 디스플레이용 홀로그램이나 홀로그래픽 광학 소자를 위해 필요 불가결한 재료이다[9),10)]. 단점은 감도가 낮다는 것, 560 nm 보다 긴 파장의 빛에서는 감도가 없다는 것, 습기에 약하다는 점 등이 있다. 습기에 관해서는 충분히 건조한 뒤에 끝 부분의 젤라틴을 커트하여 실을 씌우면 문제가 해결된다. 이 재료는 시판되고 있지 않으며 스스로 제작할 수밖에 없다. 현상 처리에서는 물에 씻기, 이소프로판 알콜(isopropyl alcohol)에 의한 탈수, 건조의 3가지 과정을 거쳐 홀로그램이 완성된다.

매우 높은 회절 효율을 얻을 수 있다는 것은 빛이 닿는 부분의 젤라틴이 크롬과의 반응에 의해 경화하고, 빛이 닿지 않는 부분과의 사이에서 큰 굴절률의 차이가 발생한다는 것을 의미한다. 이 큰 굴절률의 차이는 이소프로판 알콜에 의한 급속 탈수에 의해 발생한 것이다. 젤라틴 내의 장력에 의해 빛이 닿지 않는 부분에 틈새가 발생하거나 또는 매우 작은 기포가 발생된다고 생각되고 있다. 80%의 회절 효율을 얻기 위해서 필요한 노광량은 488 nm일 때 15~30 mJ/cm^2, 514.5 nm 일 때는 그 5배 정도가 된다.

중 크롬산 젤라틴의 고유 감광 파장 영역은 560 nm 보다 단파장이다. 그러나 메틸렌 블루 등의 색소로 증감하면 감광 파장역은 720 nm 정도 까지 늘어난다[11)]. 이 재료에 홀로그램을 기록할 때에는 젤라틴 내의 습도를 적당히 올리는 방법으로 적색광에 대한 감도를 향상시키거나 적색광의 투과율을 80%까지 올리는 것이 가능하다[12)]. 따라서 적, 녹, 청 모두 80% 이상의 높은 회절 효율을 갖는 데니슈크 형 컬러 홀로그램을 얻을 수 있게 된다.

7.2.3 포토레지스트

표면에 요철의 형태로 간섭무늬가 기록되기 때문에 홀로그램을 대량 복제할 때의 마스터 홀로그램으로써 빠질 수 없는 재료이다[13]. 빛이 닿는 부분이 녹아서 파여지는 포지티브형 재료이다. 예를 들어 Shipley사의 Microposit 1400이 자주 사용되고 있다. 감도는 자외선 영역에서 피크에 달하며 그보다 장파장일 때는 급격히 저하한다. 노광량은 441.6 nm의 빛에서 약 100 mJ/cm^2 정도가 된다. 그림 7.1에 포토레지스트로 기록된 간섭무늬의 단면에 대한 전자 현미경 사진을 보여준다.

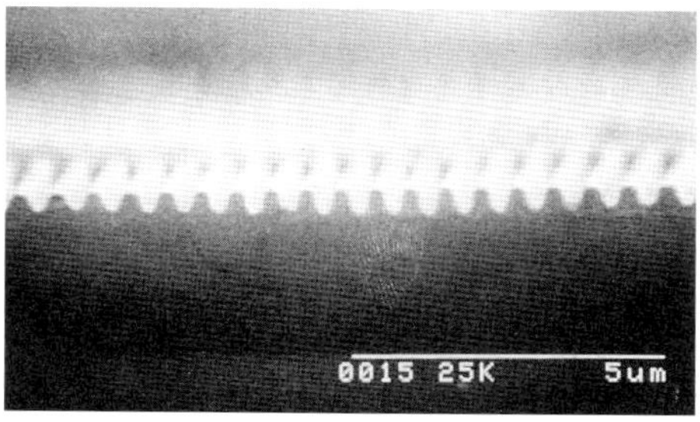

그림 7.1 포토레지스트로 기록된 간섭무늬 단면의 전자 현미경 사진

고감도화의 연구에서 488 nm의 빛으로 홀로그램을 기록할 때 0.5 mJ/cm^2 정도의 노광량에서 30%의 회절 효율[14]이 보고되었다. 분광 증감된 고감도 포토레지스트의 연구에서는 632.8 nm의 빛을 사용하여 수 mJ/cm^2 의 노광량에서 30% 이상의 회절 효율을 얻을 수 있는 재료가 개발되고 있다[15].

포토레지스트의 종류와 현상액을 적당히 조합하면 장방형의 홈이 깊은 회절 격자를 제작하는 것이 가능해진다.

7.2.4 포토폴리머

포토폴리머에 기록된 홀로그램은 극히 높은 회절 효율이 얻어지는 동시에 노이즈가 적다. 또한 중크롬산 젤라틴과는 달리 습기에 대해서도 극히 강한 면을 보이기 때문에 최근 가장 주목받는 재료이다[16]. 그 용도도 디스플레이용에서 광학소자, 시큐리티 등 넓은 범위에 걸쳐 사용된다. 반사형 컬러 홀로그램의 대량 복제용 재료로써도 주목받고 있다.

기본적인 구성은 모노머(monomer), 중합개시제(polymerrization initiator), 증감제(sensitizer)이지만 이것만으로는 액체 상태가 된다. 따라서 바인더폴리머를 추가하여 고체화 하던지 노광 전에 광 조사 또는 가열을 통해 어느 정도 폴리머화 시킨 후 사용한다. 재료는 크게 광가교형과 광중합형으로 나누어진다. 광중합형은 거기서 또 현상을 중심으로 하는 습식과 현상을 중심으로 하지 않는 건식으로 나눠진다.

광가교형에서는 매트릭스 폴리머로써 폴리비닐 카바졸(PVCz)에 4요오드화 탄소(CI_4)를 첨가한 것 또는 CI_4 대신에 칸파키논을 첨가한 것이 개발되어 있다.

광중합형에서 습식의 대표적인 재료로써 폴라로이드사의 DMP－128[17]이 있다. 이것은 폴리비닐피롤리돈(PVP)을 매트릭스 폴리머로써 이용하고 있다. 반사형 홀로그램으로 96% 이상의 회절 효율을 얻을 수 있었지만 현재는 제조가 중지 되었다. 광중합형에서 습식 처리를 필요로 하지 않는 건식 포토폴리머는 기본적으로 노광과 동시에 실시간으로 홀로그램이 기록된다. 그림 7.2는 이것을 나타내고 있는 것으로써 노광 시간의 증가와 함께 회절 효율이 증가한다는 것을 알 수 있다. 건식 재료의 대표적인 것으로 듀퐁(DuPont)사에서 개발한 Omnidex 및 HRF라는 상품명이 붙어 있는 재료가 있다. 2~50 mJ/cm^2의 노광량에서 투과형, 반사형 홀로그램 모두 100%에 가까운 회절 효율을 얻을 수 있기 때문에 컬러 홀로그램용도 개발되어 있다[18]. 이런 종류의 재료는 기본적으로 광중합 반응성이 있는 모노머와 광중합성이 없는 매트릭스로써 기능을 가지고 있는 바인더 폴리머로 구성된다.

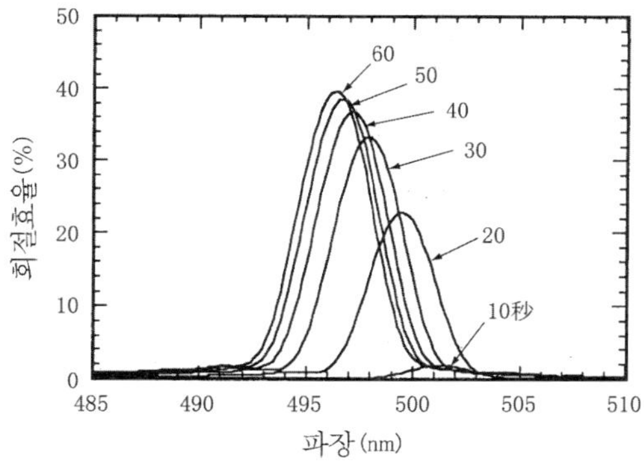

그림 7.2 광중합형 포토폴리머에 기록된 반사형 홀로그램의 파장 선택성에 대한 실시간 측정 예 노광시간의 증가에 따라 회절 효율이 증가하고 재생 파장이 짧게 변화 됨.

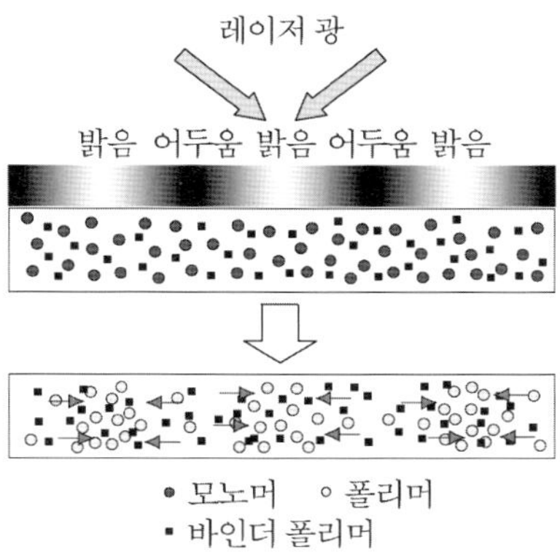

그림 7.3 바인더 함유 포토폴리머의 홀로그램 형성 과정

그 홀로그램의 형성 과정을 그림 7.3에 보여준다. 홀로그래픽 노광에 의한 광 강도의 명암 패턴(간섭무늬)에 대응하여 밝은 부분의 모노머는 광중합 반응에 의해 폴리머화 된다. 그에 따라 밝은 부분과 어두운 부분에서 모노머의 밀도차가 발생하고 모노머는 어두운 부분에서 밝은 부분으로 확산한다. 따라서 밝은 부분에서는 광중합 반응이 진행되기 때문에 시간의 경과와 함께 간섭무늬의 밝은 부분과 어두운 부분에서는 폴리머와 바인더 폴리머의 밀도비 차이가 현저해진다. 각 장소에서의 굴절률은 폴리머, 모노머, 바인더 폴리머가 가진 굴절률과 수밀도에 의해 결정된다. 모든 모노머가 완전히 중합하는 정상 상태에서 광중합 후의 폴리머 굴절률이 바인더 폴리머의 그것보다 높은 경우에는 간섭무늬의 밝은 부분이 어두운 부분에 비해 굴절률이 높아진다. 따라서 굴절률의 차이가 주기적

으로 변조되어 위상 홀로그램이 형성된다. 반사형 홀로그램의 경우에는 처리 후에 컬러 튜닝 필름을 붙이고 가열하면 재생 파장을 장파장 측으로 시프트 시키는 것이 가능하다[19]. 듀퐁사의 재료는 제조는 되고 있으나 일반적으로는 구입이 불가능하다.

재료의 두께는 일반적으로 10~30 μm 이지만 250~500 μm 인 두꺼운 포토폴리머의 개발도 이루어지고 있어 홀로그래픽 메모리로의 응용이 기대되고 있다[20].

액정 포토폴리머를 분산시킨 고분자 분산형 액정은 기록되는 홀로그램의 회절 효율이 편광 방향에 따라 변화하는 장점을 가지고 있어 편광 특성을 갖는 광학 소자로써 이용된다[21]. 그 구조와 동작 원리를 그림 7.4에 보여준다. 기록되는 주기 구조의 메커니즘은 아래와 같이 생각할 수 있다.

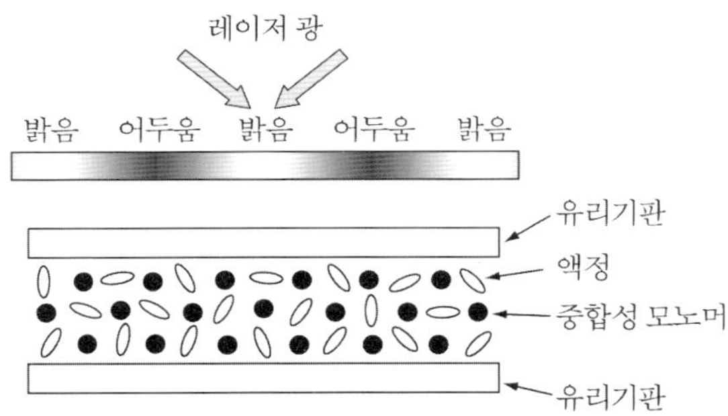

(a) 간섭 패턴의 노광

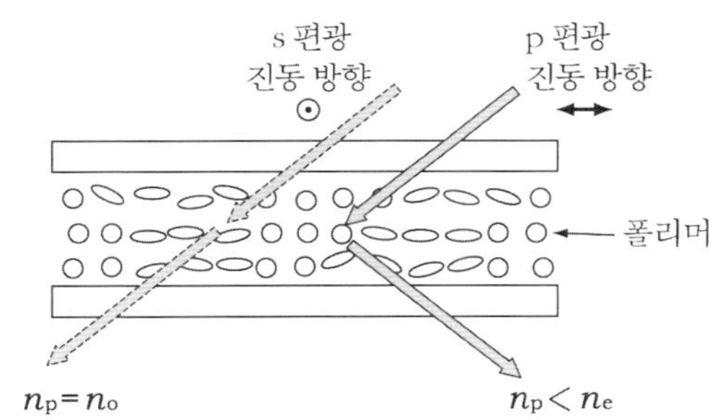

(b) 홀로그램의 구조와 회절 동작

그림 7.4 액정 분산 포토폴리머에 기록된 회절 격자의 편광 방향 의존성

노광에 의해 간섭무늬의 밝은 부분에 모노머가 중합하여 어두운 부분으로 액정이 이동된다. 모노머가 폴리머로 되는 과정이 발생하는 응력 등에 의해 액정이 주기 구조의 배열방향(기판면과 수평방향)으로 배열되고 액정층에서는 복굴절성이 발생한다. 그 결과, 회절광의 강도는 편광 방향에 의존하게 된다. 예를 들어 폴리머 층의 굴절률을 n_p, 액정층의 일반 광선, 이상 광선에 대한 굴절률을 각각 n_o, n_e라고 하자. 그림 7.4(b)에 나와 있는 것 같이 입사면에 수직으로 진동하는 빛(s 편광, 지면(紙面)에 수직)이 입사한 경우, 폴리머층과 액정층의 굴절률이 동일($n_p = n_o$)하다면 주기 구조가 없는 것이나 마찬가지가 되어 입사광은 회절하지 않고 똑바로 전진한다. 한편, 입사면에 수평으로 진동하는 빛(p 편광, 지면에 평행)이 입사한 경우, 폴리머 층과 액정층의 굴절률이 달라지고 입사광은 회절하게 된다. 이렇듯 입사광의 편광 방향에 의해 회절 효율이 달라지는 광학 소자가 된다. 액정에 전계를 걸어 그 배열 방향을 컨트롤 하는 형태도 있다.

또한, 나노 미립자를 분산시킨 재료는 높은 굴절률 변화가 가능하다. 이런 재료의 경우 노광에 의해 광중합이 진행되고, 어두운 부분에서 밝은 부분으로 모노머가 확산하여 폴리머화 하는 것에 따라서 광중합에 관여하지 않는 나노 미립자가 밝은 부분에서 어두운 부분으로 확산한다. 따라서 두 부분의 굴절률 차 및 수밀도 차에 의한 굴절률 변화가 발생하여 홀로그램이 형성된다.

7.2.5 서모 플라스틱

서모 플라스틱은 고감도로 기록・소거가 가능하기 때문에 광정보 처리 및 홀로그래피 간섭 계측을 위한 준 실시간 기록 재료로써의 이용가치가 높다[23]. 이는 NESA등의 투명전극을 붙인 유리 기판에다가 PVK(Poly－N－vinyl carbazole)에 소량의 TNF(2,4,7－trinitro－9－fluorenon)와 적색 증감용의 색소를 더한 것을 적당한 용매로 녹여 도포하고 그 위에 서모 플라스틱을 도포한 것이다. 노광의 전후 또는 노광 중에 코로나방전에 의해서 서모플라스틱 층을 대전(electrification)시키고 그 표면에 광 강도에 대응하는 전하 분포를 발생시킨다. 서머 플라스틱 층을 가열, 연화시키면 전하량에 대응하여 요철이 발생하고 홀로그램이 기록된다. 소거하기 위해서는 대전시키지 않고 가열하면 된다. 다소 감도가 낮은 은염유제 급의 감도를 가지고 있지만 증감제에 의해 거의 팬크로매틱 정도로 올리는 것이 가능하다. 공간 주파수가 1 mm일 때 800개 격자로 15% 정도의 회절 효율을 얻을 수 있다.

7.2.6 광굴절 재료

광굴절 효과는 간섭무늬와 같이 공간적으로 일정하지 않은 빛의 조사에 의해 재료 내부의 전하 분포가 변화하는 것이다. 이로 인해 발생한 공간 전장에 따른 포켈스 효과(Pockels effect) 등의 전기 광학 효과에 의해 굴절률이 변화하는 현상을 말한다[24]. 이를 이용하는 것에 의해 실시간으로 위상 홀로그램이 형성되며 소거도 가능하다. 결정으로는 품질이 높은 결정을 얻기 쉬운 강유전체인 니오브산리튬($LiNbO_3$)에 관한 연구 결과가 많다[25~27]. 이 재료는 매우 두꺼운 홀로그램의 기록이 가능하여 1만개의 홀로그램을 기록했다는 보고도 있다. 1 mm에 5,000개 이상의 간섭무늬를 기록하는 것도 가능하지만 감도가 200 $\mu J/cm^2$ 밖에 되지 않는 것이 단점이라 할 수 있다. 이 재료를 사용하는 홀로그래픽 메모리로의 응용이 소개되었다[28),29)]. 티탄산바륨($BaTiO_3$)이나 SBN 등의 결정에 의한 홀로그래픽 저장 소자에 대한 연구도 이루어지고 있으며 연상 메모리나 위상 공액으로의 응용이 보고되었다[30].

유기 광굴절 폴리머 재료는 결정의 경우와 비교하여 유전율이 낮기 때문에 거대한 공간 전계를 형성하는 것이 가능하다. 또한, 막을 만들거나 가공성이 뛰어나다는 특성도 가지고 있어 고밀도 광메모리나 비선형 광정보 처리를 위한 광 디바이스용으로써 주목받고 있다[31~33].

7.2.7 기타 기록재료

광화학 홀버닝(PHB) 현상은 미래의 초고밀도 광메모리 동작 기구의 하나로써 주목받고 있다. 임의의 물질에 임의의 파장을 가진 레이저를 조사했을 때, 그 파장의 빛을 흡수하여 분자가 여기상태를 통해 기저상태와는 다른 준안정 상태로 이동하는 경우가 있다. 이때 이 물질에 강한 레이저 광을 조사하게 되면 그 파장에서의 빛의 흡수가 감소하여 스펙트럼에 구멍(홀)이 생기게 된다. 이 현상을 이용하면 홀의 유무에 따라 1과 0으로 대응하는 파장 눈금의 디지털 기록이 형성되어 통상의 광디스크에 1000배가 넘는 고밀도 기록이 가능하다. 이 현상을 시간영역의 홀로그래피에 응용하여 ps의 초단 펄스광으로 신호를 기록・재생한 예가 보고되어 있다. 실험은 포르피린(porphyrin) 계열의 재료를 사용하여 극저온에서 실행되었다[34]. 또한, 희토류 이온을 dope한 결정인 $Eu^{3+}:Y_2SiO_5$를 사용하는 파장 다중 기록에 의해 동영상의 홀로그래픽 메모리가 구현되었다는 것도 보고되었다[35]. 이 기록 방식에 의해 μs 나 ns의 초고속 동영상의 기록・재생에 대한 가능성이 보이게 되었다. 또한 실온에서의 홀버닝 재료 특성에 대해서도 검토가 이루어지고 있다.

박테리오로돕신(bacteriorhotopsin)은 빛에 닿으면 흡수 스펙트럼이 시프트 한다는 성질을 이용하여 정보를 기록할 수 있다. 해상력이 높아서 홀로그램의 기록에 사용되었다는 예가 보고되어 있다[36].

7.3 홀로그램 기록 특성의 평가

7.3.1 회절 효율-노광량 특성(η-E 특성)

회절 효율과 노광량에 대한 관계는 홀로그램에 있어서 가장 중요한 특성이다. 이 측정을 통해 최대 회절 효율의 값, 감도, 다이내믹 레인지를 알 수 있게 되며 해상도의 정도도 측정이 가능하다. 이 특성의 측정 예는 그림 7.5와 같다.

투과형 위상 홀로그램의 경우, 회절 효율 η는 이론적으로

$$\eta = \sin^2\Theta,\ \Theta = 2n\pi\Delta nT / \left(\lambda_c\sqrt{n^2 - \sin^2\theta}\right) \tag{7.1}$$

로 주어진다. 단, Δn은 간섭무늬의 변조항에 대한 굴절률 변화의 1/2 값이다. 또한 참조광, 물체광은 홀로그램 면에 수직인 방향에 대해 대칭으로 입사한 것으로 간주하며 그 입사각은 공기 중으로부터 θ가된다.

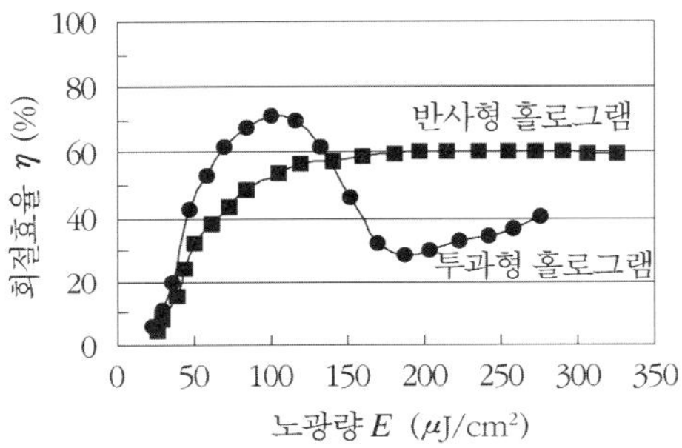

그림 7.5 회절 효율－노광량 특성의 측정 예

$\Delta n = \lambda_c\sqrt{n^2 - \sin^2\theta}\ /\ (2nT)$에서 이론적인 회절 효율은 100%가 된다. Δn가 노광량 E에 비례하면 $\eta - E$ 특성도 정현파 상태로 변화한다. η의 값에서 Δn를 구하는 것이 가능하다. $\Delta\eta - E$ 특성에서 다이내믹 레인지를 구하는 것도 가능하다.

한편, 위상형의 반사형 홀로그램에서 회절 효율의 이론치는 간섭무늬를 홀로그램 면에 평행으로 기록한 경우

$$\eta = \tanh^2\Theta \tag{7.2}$$

로 주어진다. Δn가 증가함에 따라 회절 효율이 증가하여 100%에 가까워진다. 넓은 범

위의 노광량에 대한 회절 효율의 변화를 알기 위해서 가로축에 노광량에 대응하는 수치를 사용하여 표기하는 경우도 많다.

7.3.2 각도 선택성, 파장 선택성

각도 선택성은 전술한 바와 같이 기록시와 같은 파장의 빛으로 홀로그램을 재생했을 때의 재생 조명광 각도에 대한 재생광 강도(회절 효율)의 의존성을 말한다. 실제로는 레이저 빔을 홀로그램에 비추어 홀로그램을 회전시키면서 측정한다. 재생 조명광의 각도를 가로축으로 하고 세로축에 그 때의 회절 효율을 표시한다. 회절 효율이 최대인 곳에서 처음으로 0이 될 때, 혹은 1/2 값이 될 때의 각도 폭을 가지고 특성의 좋고 나쁨을 평가한다. 위상 홀로그램에서는 굴절률의 변조 Δn이 커짐에 따라 각도 폭이 넓어진다.

파장 선택성은 재생 조명광의 각도가 참조광과 같은 것이라고 했을 때의 재생 파장에 대한 재생광 강도의 의존성을 말한다. 반사형 홀로그램에서 파장 선택성은 매우 좋다. 반사형 홀로그램의 파장 선택성을 측정하기 위해서는 분광기와 측정기를 조합한 자기 분광 광도계를 사용하면 편리하다. 얻어지는 최대 회절 효율, 재생 파장의 피크 값 및 재생 파장 폭을 동시에 얻을 수 있다. 그림 7.6(a)는 분광기와 적분구를 사용한 측정 장치, 그림

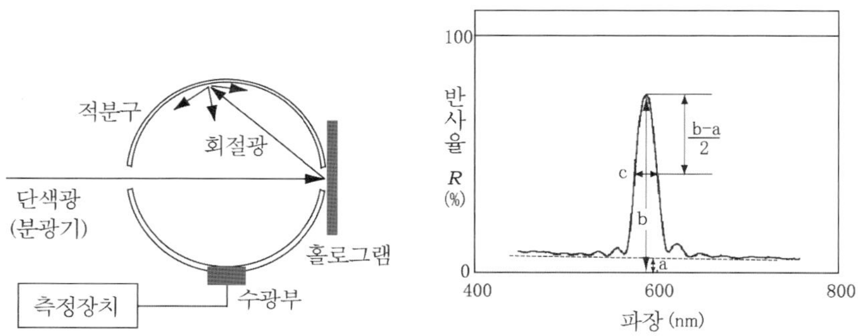

(a) 장치의 구성 (b) 회절 효율, 1/2값 폭의 산출

그림 7.6 반사형 홀로그램의 파장 선택성 측정 – 분광기와 계측 장치를 사용하는 경우

7.6(b)는 회절 효율 값의 산출 방법을 나타내고 있다. b는 반사율이 최대가 되는 파장일 때 홀로그램의 반사율(%), a는 그 파장일 때의 홀로그램으로부터의 산란 반사율(%)이다. 반사율 $R=100\%$의 값은 일반적으로 표준 백색판을 사용하여 교정하며 이 반사율을 100%로 한다. 이 때, 회절 효율은 (b－a)%로 주어진다. 또한, c는 재생 파장의 반값 폭을 나타낸다.

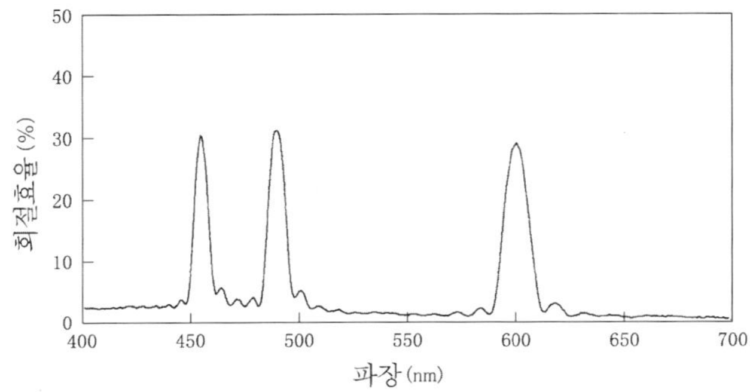

그림 7.7 PFG－03C에 기록된 반사형 홀로그램의 파장 선택성에 대한 예
1장의 건판에 청(476.9 nm), 녹(514.5 nm), 적(632.8 nm)의 순으로 3중 노광함.
노광량은 모두 1.5 mJ/cm^{2}임

그림 7.7에서는 물체광, 참조광으로 모두 평행광을 사용하여 반사형 컬러 홀로그램을 기록했을 때의 파장 선택성에 대한 측정 예를 보여준다. 재생 파장의 피크 값이 기록 파장과 다른 경우는 홀로그램이 현상 처리 등에 의해 팽창 혹은 수축했다는 것을 의미하며 그 정도를 알 수 있게 된다.

각도 선택성, 파장 선택성을 나타내는 곡선은 홀로그램 내부에 간섭무늬가 균일하게 기록되어 있다면 브래그의 조건을 만족하는 각도 혹은 파장을 중심으로 대칭이 된다. 그러나 실제로는 비대칭 이라든지 강도가 0이 되어야 할 부분이 0이 되지 않는 경우가 많다. 이것은 기록된 간섭무늬가 일정하지 않기 때문이며 3.4.3 절에서 기술한 바와 같이 두께 방향으로 굴절률의 변조도가 다르다거나 간격 또는 기울기가 일정하지 않기 때문이다. 얻어지는 곡선에서 역으로 간섭무늬의 구조를 추측하는 것도 가능하다.

7.3.3 노이즈(SN 비)

확산 물체를 기록했을 때 홀로그램으로부터의 산란이 많으면 상의 콘트라스트가 저하된다. 상의 SN비를 측정하는 한 방법으로써 콘트라스트가 좋은 물체를 사용하여 그 재생 영상의 밝기를 구하는 방법이 이용되고 있다. 측정 대상이 되는 물체로는 그림 7.8(a)에서처럼 30 mm 정도의 백색판 중앙에서 10 mm 정사각형 부분에서의 반사가 0이 되도록 한 것을 사용한다. 이 물체를 기록한 홀로그램을 재생했을 때 그림 7.8(b)에서 처럼 중앙의 어두운 부분의 강도 I_N 에 대해 하얀 부분의 재생광의 강도 I 의 비로써 아래와 같이 SN 비를 구할 수 있다.

$$SN\text{ 비} = (I - I_N)/I_N \tag{7.3}$$

I 는 하얀 부분의 평균치로 한다. SN비가 10 이상일 때 노이즈가 적은 양호한 재생 영상을 얻게 된다.

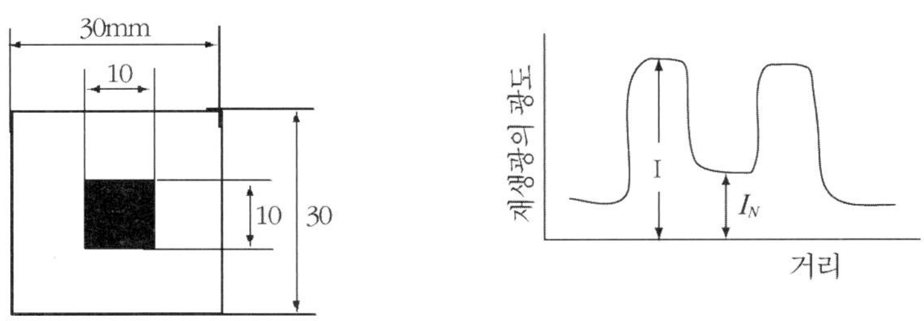

(a) 피사체 (b) SN 비 의 산출

그림 7.8 재생 영상의 SN 비 측정 $SN = (I - I_N)/I_N$

CHAPTER 8
전자 디바이스를 이용한 홀로그래피

8.1 전자 홀로그래피

8.1.1 전자 홀로그래피의 기본 개념

이미지 센서나 공간광변조기 등 전자 디바이스와 컴퓨터의 처리 능력이 놀랄만한 발전을 이루었다. 따라서 사람이 편하게 볼 수 있는 궁극의 3차원 영상 디스플레이로써 전자 홀로그래피에 대한 연구가 활발히 진행되고 있다[1]. 전자 홀로그래피의 기본 개념은 그림 8.1에서와 같다. 즉 홀로그램 정보의 입력(생성), 전송・기록, 출력(표시)계로 구성되는 동영상 디스플레이 시스템이다. 입력계에서 실사 물체를 대상으로 하는 경우에는 종래의 광학적으로 제작되는 홀로그램과 마찬가지이다. 레이저 광을 이용하여 형성되는 간섭무늬를 홀로그램 정보로써 CCD 등의 이미지 센서에 입력하여 전기 신호로 변환한다. 홀로그래픽 스테레오그램의 제작 방법을 이용하는 것도 가능하다. 가상의 물체를 표시하기 위해서는 CGH(컴퓨터 홀로그램)에 의한 방법 등을 사용하여 물체의 진폭과 위상을 계산으로 구하면 된다. 전송・축적계에서는 모두 홀로그램 정보를 전기적 신호로써 NTSC 등의 방식을 사용하여 전송한 뒤에 표시 장치로 출력한다. 필요에 따라서 홀로그램 정보는 외부 메모리 장치에 기억된다. 홀로그램 정보는 방대하므로 전송・축적계를 경유하기 위해서는 고도의 정보 압축 기술이 필요하다. 데이터 압축, 계산의 고속화 등의 연구가 진행되고 있다. 홀로그램 정보를 출력하기 위한 디바이스로는 고해상도의 공간광변조기가 사용된다. 현재까지는 음향 광학 변조기(AOM)나 액정 패널, 미소 미러 디바이스 등이 사용되고 있다. 현재 영상의 화질은 광학적으로 기록되는 경우에 비해 떨어지며 공간광변조기의 고정밀화, 대형 사이즈 화 등이 과제로 남아있다. 여기에서는 전자 홀로그래피 분야의 선도적 기술이 된 AOM을 사용한 홀로비디오와 CCD, CMOS 센서 등의 이미지 센서를 사용한 3차원 동영상 디스플레이의 동향에 대해 설명하겠다.

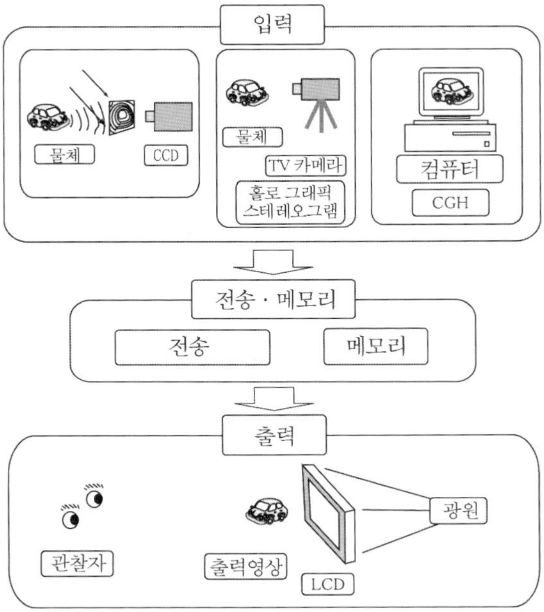

그림 8.1 전자 홀로그래피의 기본 개념도

8.1.2 홀로비디오

3차원 정보가 기록되어 있는 홀로그램이 가지는 정보량은 방대한 것이다. 지금까지 설명한 이론을 바탕으로 하여 광학적으로 제작된 10 cm 정사각형 정도의 홀로그램 재생 영상을 동영상으로 구현한다고 하자. 1/30초의 TV 레이트로 표시하기 위해서는 1초간 10^{12}bit 이상의 데이터 전송이 필요해진다. 현재로써는 이것을 실현하는 것이 불가능하다. 따라서 표시 가능한 영역에 한계를 주고, 해상도를 낮추며, 수평방향의 시차만으로 한정짓는 방법으로 정보량의 압축을 실행하여 실시간 표시하는 방식이 1990년 매사추세츠 공과대학의 S.A.Benton 그룹에 의해 제안되었다[2)]. 이는 컴퓨터로 계산된 간섭무늬를 TV의 주사선과 동일하게 수직 및 수평으로 주사시켜 공간에 표시한 것이다.

간섭무늬는 병렬 처리형의 슈퍼컴퓨터를 사용하여 1차원의 홀로그램으로써 계산된다. 먼저 3차원 물체를 구성하는 점의 집합체에 대하여 계산을 행하는 1차원 홀로그램을 동일 평면에서 슬라이스 하여 2차원의 점의 집합으로 만든다. 이들 점에서 1차원의 홀로그램을 구성하는 각 요소 홀로그램까지의 광로 길이를 구하고 참조광을 더했을 때의 간섭무늬 강도를 계산한다. 이것이 TV의 1라인에 해당한다. 이 때, 앞의 점에 의해 가려지는 점에 대해서는 숨김 점 처리를 행한다. 이와 같은 방법으로 각 평면에서의 1차원 홀로그램을 계산한다. 이 홀로그램들을 표시하기 위한 광학계를 그림 8.2에 나타내었다[3]. 홀로그램 데이터는 1라인씩 수평 방향으로 긴 AOM에 순차적으로 보내진다. AOM에서는 간섭무늬의 강도 분포에 대응하여 굴절률이 분포되고 이에 따라 레이저 광이 회절 된다. AOM에 보내진 데이터는 AOM의 내부에서 음속으로 이동하기 때문에 수평 주사용의 갈바노 미러를 이용하여 외견상 정지시키고 있다. 이것이 TV의 수평 주사선에 해당한다. 한편, 수직 방향의 주사도 갈바노 미러로 실행되어 각 평면에서 홀로그램 데이터가 상하 방향으로 배열된다. 이렇게 주사된 레이저 광은 초점 거리가 짧고 구경이 큰 렌즈로 축소되어 허공에 홀로그램 상을 형성시킨다. 단, 이대로는 수직 방향의 홀로그램 상 전체를 한 번에 보는 것이 불가능하기 때문에 수직 방향으로만 확산하는 듯 한 홀로그래피로 제작된 특수한 스크린을 통해서 본다. 표시 가능한 상의 크기는 폭 150 mm, 높이 85 mm, 깊이 150 mm이었다. 수평 방향에 30° 이상의 시역이 있으며 매초 30 프레임으로 연속된 동영상을 표시하는 것이 가능하다. 이 방식에 의한 3차원 영상 표시는 실시간 인터랙티브한 홀로그래픽 디스플레이 시스템으로써 이용이 가능하도록 고안되었다. 모형을 제작

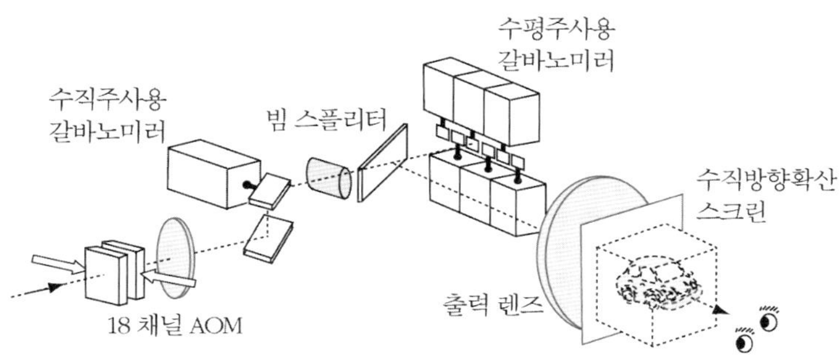

그림 8.2 홀로비디오의 광학계의 기본 구성

할 필요 없이 자동차나 건축물의 디자인, 도시 경관의 시뮬레이션 등 3차원 영상을 보면서 자신의 뜻대로 변경을 해서 설계하는 것이 가능하다.

이 방식에 관하여 데이터 압축 등의 연구가 이루어지고 있다[4].

8.1.3 이미지 센서를 이용한 동영상 디스플레이

전술한 홀로비디오는 회전 다면경 또는 진동 미러 등을 사용하는 이른바 기계 방식이다. 실시간 홀로그래피의 다른 방법으로써 액정 패널 등의 공간광변조기에 홀로그램을 표시하는 방법이 제안되었다. 액정을 사용하면 전자 방식으로 전환이 가능하다. 물체에서 반사된 물체광과 참조광을 간섭시켜 형성되는 간섭무늬를 이미지 센서에 기록한다. 그것을 전기 신호로 변환한 뒤 TV 신호의 전송계를 사용하여 전송하고 공간광변조기에 표시하여 실시간으로 영상을 재생하는 것이다. 이 방식을 사용한 3차원 TV에 대한 연구가 1991년 무렵부터 활발히 진행되었다. CCD와 액정 공간광변조기를 사용한 경우의 광학계를 그림 8.3에 나타내었다[5,6]. 기본적으로는 광학적 홀로그래피와 동일하며 기록 재료를 CCD와 액정 공간광변조기로 대치한 것이다. 단, 이들 CCD나 변조기는 해상도가 낮기 때문에 참조광과 물체광이 이루는 각도를 0.5도 정도로 조절하여, 간섭무늬의 평균 간격을 100 μm로 유지하고 있다. CCD의 앞에 있는 렌즈는 물체의 상을 CCD 위에 결상시켜 이미지 홀로그램으로 만들기 위한 것이다. 기록된 홀로그램의 정보는 비디오 신호로 액정 공간광변조기에 보내진다. 변조기는 기본적으로는 시판되는 액정 TV와 동일한 구조이다. 여기에 레이저 광을 비추고 렌즈의 초점면에 배치된 마스크를 이용하여 1차 회절광 만을 통과시킨 후 영상을 관찰한다. 재생 영상의 예를 그림 8.4에 나타내었다.

이와 같이 공간광변조기를 사용하면 실시간으로 홀로그램의 기록・전송・재생이 가능하다. AOM을 사용하는 것과 같이 기계적인 주사를 필요로 하지 않는다는 점은 뛰어나다. 그러나 공간광변조기의 분해능에 한계가 있기 때문에 일반적인 홀로그래피용 기록 재료에 비해 해상도, 사이즈 모두 뒤떨어진다. 따라서 작은 물체만을 기록할 수 있으며 재생 영상을 볼 수 있는 범위가 극히 좁다. 이를 해결하는 방법으로 액정 패널을 복수 나열하여 시역을 확대시키는 방법도 제안되고 있다[7].

최근, 고해상의 CMOS 센서와 고정밀 반사형 액정 패널을 사용하는 컬러 3차원 영상 재생 장치가 개발되어 홀로그램 데이터로부터 3차원 영상이 재생되고 있다[8].

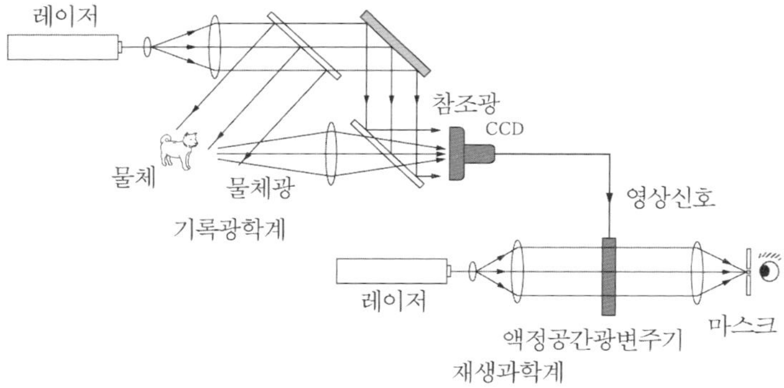

그림 8.3 CCD와 액정 공간광변조기를 사용한 실시간 홀로그램의 기록 · 재생 광학계

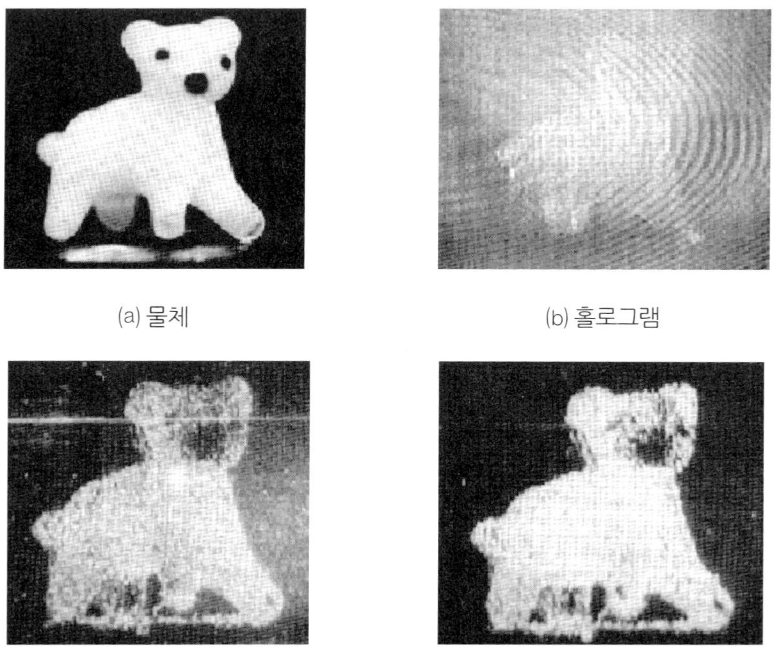

(a) 물체 (b) 홀로그램

(c) 재생영상-위상홀로그램의 재생 (d) 재생영상-진폭홀로그램의 재생

그림 8.4 고정밀 액티브 매트릭스 액정에 의한 홀로그램의 재생(씨티즌시계 주식회사 제공)

8.2 디지털 홀로그래피

디지털 홀로그래피는 CCD나 CMOS 센서 등의 이미지 센서로 촬영한 디지털 데이터의 간섭무늬 영상을 홀로그램으로써 획득하고, 이 홀로그램으로부터 피사체의 영상을 컴퓨터로 계산, 재생하는 기술이다[9,10]. 최근, 이미지 센서의 화소수 증가, 화소의 고밀도화, 컴퓨터의 고속화, 대용량화 등의 발전에 따라 지난 10년간 급격하게 연구가 진행되고 있다. 디지털 홀로그래피 기술은 피사체의 위상 정보나 3차원 정보에 대한 기록이 가능하고, 피사체의 정량적인 해석이 가능하며, 현상 처리가 불필요한 특징을 가지고 있다. 따라서 계측이나 실시간 측정이 가능하고, 사용하는 빛의 파장에 대한 의존성이 낮다는 등의 장점을 가진다. 그러나 광학적 홀로그램 기록 재료로 기록 가능한 미세한 간섭 패턴을 기록하기에는 어려움이 따른다. 현재 가장 높은 해상도를 가진 이미지 센서를 사용하더라도 그 화소 피치가 너무 커서 기록이 어렵다. 그 때문에 디지털 홀로그래피에서는 참조광을 이미지 센서에 대해 거의 수직으로 조사하는 인라인(in－line) 홀로그램을 사용하여 실현시키고 있다.

인라인 홀로그램에서는 한 장의 간섭무늬 영상을 촬영하는 것으로 피사체의 3차원상에 대한 정보를 기록・재생하는 것이 가능하다. 따라서 움직이는 피사체에 대해서 적용이 가능하다. 이 방법에서는 촬영한 간섭무늬 영상에 대해 빛의 공간 전파를 기술하는 프레넬 변환만을 적용시켜 전파 방향으로 임의 거리에서의 면에 초점을 맞춘 재생 영상을 얻을 수 있다. 하지만, 이 기술로 피사체의 영상을 재생하면 0차 회절광(비회절광)과 공액상(－1차 회절광)도 재생되기 때문에 원하는 피사체의 상(1차 회절광)과 겹쳐지게 된다. 따라서 선명한 피사체의 영상을 얻을 수 없다는 문제가 있었다. 이 문제를 해결하기 위한 방법으로 위상 시프트 디지털 홀로그래피가 제안 되었다[11]. 위상 시프트 디지털 홀로그래피의 개략도를 그림 8.5에 보여주고 있다. 이 기술은 광학 응용 분야 중에서 계측 분야에 사용되는 위상 시프트 방법을 디지털 홀로그래피에 도입한 기술이다. 참조광의 위상을 3단계 이상, 일반적으로 4단계 변화시켜 각각의 위상에 대한 간섭무늬 영상을 촬영한다. 촬영된 다수의 간섭무늬 영상으로부터 계산에 의해 피사체의 영상을 얻게 된다.

이 기술에서는 위상을 포함하는 물체광의 완전한 재현을 얻을 수 있게 된다. 따라서 불필요한 영상이 중첩되지 않은 선명한 피사체의 3차원 영상을 얻는 것이 가능하다.

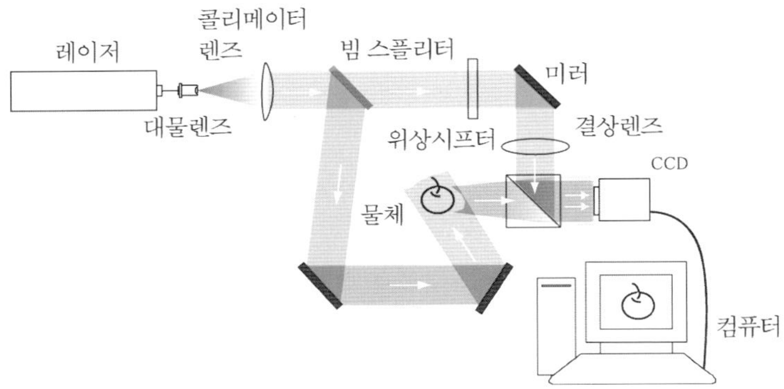

그림 8.5 위상 시프트 디지털 홀로그래피의 개략도

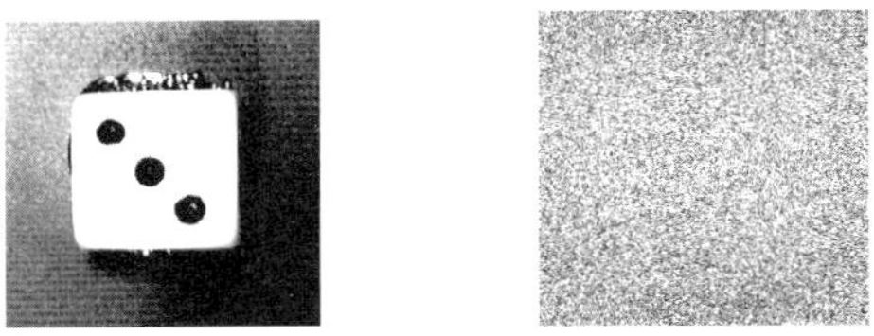

(a) 물체 (b) CCD면에 나타나는 홀로그램

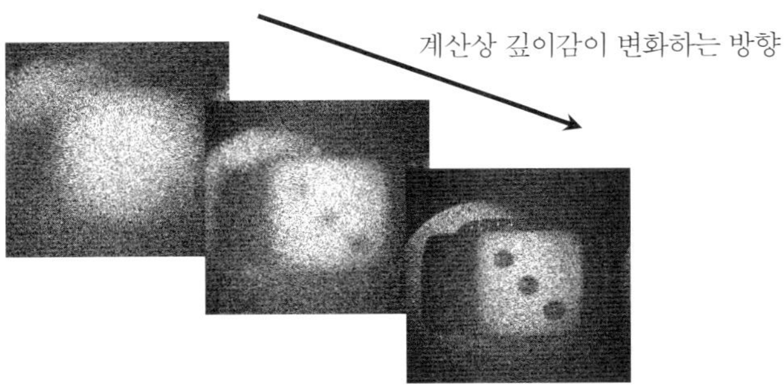

(c) 재생영상
초점이 일치한 위치가 변화하고 있음

그림 8.6 디지털 홀로그래피에 의한 재생 영상의 예
(교토 공예 섬유 대학 쿠리즈치 야스히로씨 제공)

재생 영상의 예를 그림 8.6에 나타내었다. 참조광의 위상을 시프트 시키기 위해서는 거울을 피에조 소자로 구동시킨다던지, 위상 판을 회전시킨다던지, 전기 광학 변조 소자를 사용하는 것이 소개되고 있다. 단, 이 방법에서는 참조광의 위상을 변화시켜 차례로 기록하기 때문에 각 영상을 기록하는 시간이 서로 달라진다. 따라서 움직이는 피사체에 이 기술을 적용하는 것에는 어려움이 있었다.

움직이는 피사체에 대해서도 선명한 3차원 영상을 기록할 수 있는 기술인 순간적인 위상 시프트 디지털 홀로그래피 법이 제안되었다[12]. 이 방법은 이미지 센서의 화소마다 주기적으로 변화하는 위상 분포를 가지는 참조광을 이용하는 것이다. 순간적으로 필요한 데이터를 입력하는 것이 가능하기 때문에 종래에는 불가능했던 움직이는 피사체에 대해서도 적용이 가능하다.

디지털 홀로그래피는 현상처리가 불필요하며, 피사체의 정량적인 해석이 가능하기 때문에 입자 계측[13], 진동・변형 계측[14], 바이오 메디컬 이미징[15] 등으로의 응용에 대한 연구가 활발히 진행되고 있다. 기계 공학, 생명공학 등으로의 응용을 위한 디지털 홀로그래픽 현미경 장치도 개발되어 있다[16]. 또한 간섭무늬는 디지털 데이터이고 인터넷을 통한 데이터의 송수신이 가능하기 때문에 원격 진단 시스템 등 3차원 영상 송수신 인터넷 시스템에서의 새로운 이용이 기대되고 있다.

CHAPTER 9
초단파 펄스 레이저를 이용한 홀로그래피 - 빛의 전파 현상에 대한 가시화

9.1 개요

레이저의 진보에 의해 피코 세컨드(pico second, 10^{-12}), 펨토 세컨드(femto second, 10^{-15}) 단위의 초단파 펄스의 빛을 간단히 얻을 수 있게 되었다. 3.3 ps의 펄스 광은 그 길이가 공기 중에서 겨우 1 mm이며 그 짧은 빛의 띠가 1초간 약 30만 km의 속도로 나아간다. 이와 같은 초단파 펄스 빛 사이의 간섭에서는 2 개 빛의 띠가 동일 시각에 겹쳐진 장소에만 간섭무늬가 형성된다. 이러한 특징을 이용하여 홀로그램을 기록하면 빛의 전파 현상을 눈으로 볼 수 있다. 너무 빨라서 결코 볼 수 없는 빛의 전파 상황을 마치 수면의 파면이 천천히 퍼져나가는 것을 보는 것처럼, 혹은 유성을 보는 것처럼 가시화하는 것이 가능하다. 광 파이버의 내부를 펄스 광이 진행하는 모습이나 회절 격자에서 회절 되어 나아가는 빛의 모습을 볼 수도 있다. 또한 스넬의 법칙으로 알려져 있는 굴절의 현상을 눈으로 확인하는 것이 가능해지게 되었다. 이 기술은 빛 그 자체를 관찰하는 수단으로써 이용하는 것 이외에도 초고속 현상의 해석에 대한 응용이 기대 되고 있다.

9.2 원리

홀로그램은 물체에서 나오는 빛을 물체광으로 하고 여기에 참조광을 겹쳐서 형성되는 간섭무늬를 기록한 것이다. 일반적으로는 시간적으로 연속하여 발진(發振)하는 레이저 광을 이용하여 홀로그램을 기록한다. 그러나 초단파 펄스 광을 사용하는 경우에는 물체광과 참조광이 기록 재료면 위에 동시에 겹쳐질 때에만 간섭무늬가 기록된다. 그림 9.1은 빛의 전파를 가시화하기 위해 초단파 펄스 레이저를 사용한 홀로그램 기록 광학계를 나타내고 있다.

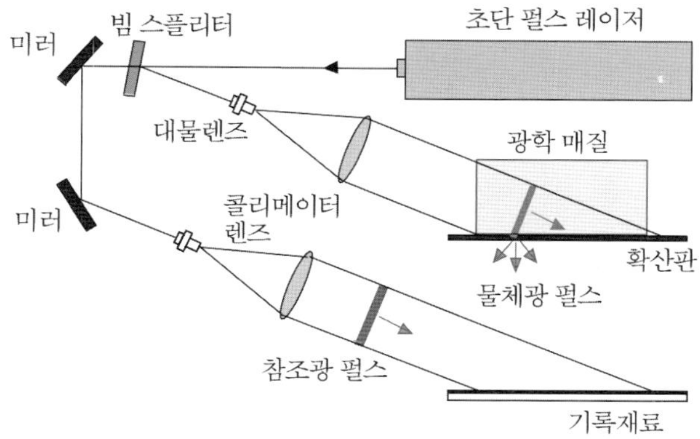

그림 9.1 빛의 전파를 가시화하기 위한 홀로그램 기록 광학계

참조광이 홀로그램 면에 대해 기울어져 입사하면 할수록 홀로그램 면에 도달하는 시각은 장소에 따라 달라진다. 따라서 홀로그램의 가로축을 시간 축으로써 물체광이 시간 분해되어 기록되게 된다. 이와 같은 홀로그램 기록은 "light－in－flight recording by holography"라고 불리고 있으며 초고속 현상에 대한 빛의 게이트로써 이용된다[1),2)].

이 홀로그램을 연속 발진하는 레이저 광으로 조명하면 홀로그램의 서로 다른 부분에서 서로 다른 시각의 상이 재생된다. 따라서 눈을 옆으로 이동시키면서 보면 빛의 전파 상황을 연속적으로 관찰하는 것이 가능하다. 또는, 홀로그램에 세밀한 레이저 빔을 비추고 그것을 연속적으로 이동시키면 빛의 전파 상황을 스크린에 투영하는 것이 가능하다. 이동속도를 매초 1 cm라 할 때에 관찰되는 전파의 상황은 참조광의 각도를 60°로 할 때 시간의 진행을 350억 분의 1로 한 경우에 해당한다.

이 기술은 빛 그 자체를 관찰하는 수단으로써 이용 가능할 뿐만 아니라 동시에 물리학, 화학, 생물학 분야에서 미지의 초고속 현상에 대한 관찰・해석에도 이용이 가능하다. 또한 각종 공학 분야의 초고속 계측・평가 등 폭넓은 분야로의 응용이 기대되고 있다.

9.3 가시화의 예

아래에 2 가지의 가시화에 대한 예를 소개한다[3)]. 사용하는 레이저는 펄스 폭이 약 10 ps, 82 MHz의 반복 주파수로 발진하는 모드락(Mode－Locked) Nd : YAG 레이저이며 펄스광의 파장은 532 nm이다. 재생 영상은 연속되는 동영상으로써 관찰되지만 여기에서는 그 중 수 컷 정도를 나타내었다.

(a) 렌즈에 의해 집광・발산하여 전파하는 펄스 광

렌즈에 빛이 입사하면 초점에 빛이 모여 다시 퍼져나간다. 그림 9.2는 좌측에서 온 펄스광이 렌즈에 의해 일단 집광하고, 그 후 퍼져나가는 모습을 설명한 것이다. 홀로그램을 재생하는 것에 의해 그림 9.3에서와 같이 이 현상을 천천히 관찰하는 것이 가능하다. 상하의 잘려진 직선선 형태의 부분은 렌즈를 통하지 않고 좌측에서 우측으로 나아가는 펄스 광이다. 중앙 부분이 렌즈를 통과한 펄스광으로 도중에 초점을 맺은 후 퍼져나가는 것을 관찰할 수 있다. 여기서 흥미 있는 부분은 렌즈를 통과한 부분의 빛이 렌즈를 통과하지 않고 외측으로 나아가는 빛에 비해 조금 시간적으로 늦는다는 것이다. 이는 렌즈의 굴절률이 1.5 정도이기 때문에 굴절률이 1인 공기를 통과하는 부분보다 빛의 진행 상태가 늦어지게 되는 것이다. 각 사진 간의 시간 간격은 60 ps이다.

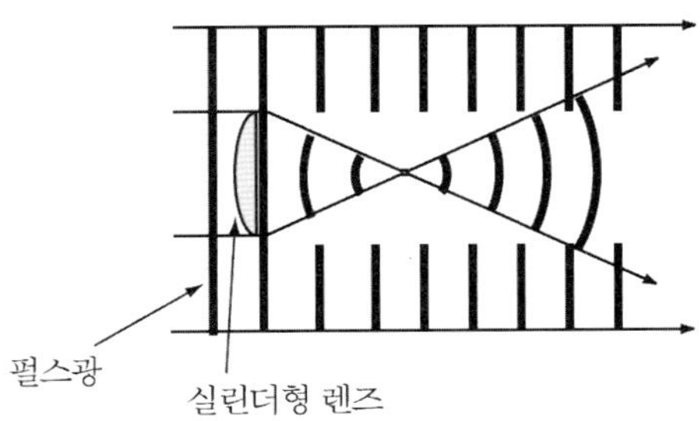

그림 9.2 실린더 형 렌즈를 통과하여 나아가는 펄스 광에 대한 설명

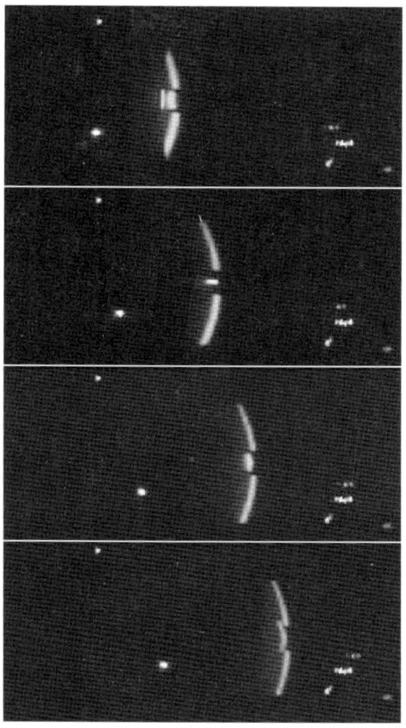

그림 9.3 펄스 광의 전파를 나타내는 동영상 중 4개 장면 - 각 사진 사이의 시간 간격은 60 ps

(b) 전반사 하면서 전파하는 펄스 광

유리블록의 단면(端面)에서 적당한 각도로 펄스광을 입사시키면 그 내부를 전반사 시키는 것이 가능하다. 그림 9.4는 좌측 위쪽에서 들어온 펄스광이 유리블록의 단면으로 들어가 블록의 내부를 전반사 하며 지그재그를 그리면서 우측으로 나아가는 모습을 설명한 것이다. 기록한 홀로그램을 재생하면 그림 9.5에서와 같이 펄스 광을 나타내는 밝은 점이 이동해가는 것을 볼 수 있다. 광통신에 사용되는 광 파이버 내부에서 정보를 가진 펄스 광 역시 이와 같은 방식으로 이동한다. 그림 9.5는 빛의 전파를 보기 쉽게 하기 위해 동일한 광학계로 촬영한 사진이다. 연속 발진 레이저 광을 사용하여 기록한 홀로그램에서 나온 재생 영상을 중첩시키고 있다. 각 사진 사이의 시간 간격은 98 ps이다. 그림 9.5(b)의 좌측 하단에서는 좌측 단면에서 반사된 빛도 관찰할 수 있다.

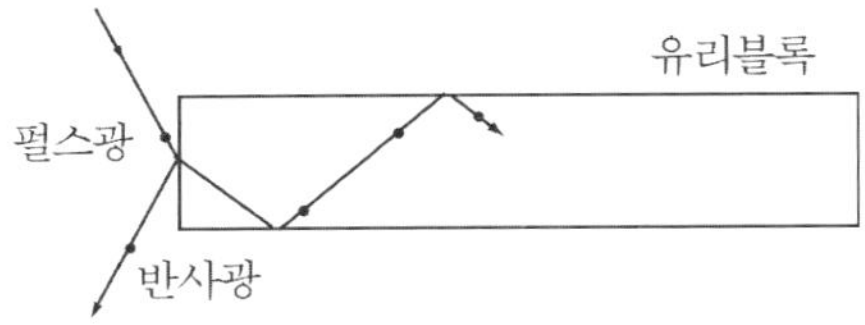

그림 9.4 유리블록 속을 전반사 하며 나아가는 펄스광의 설명

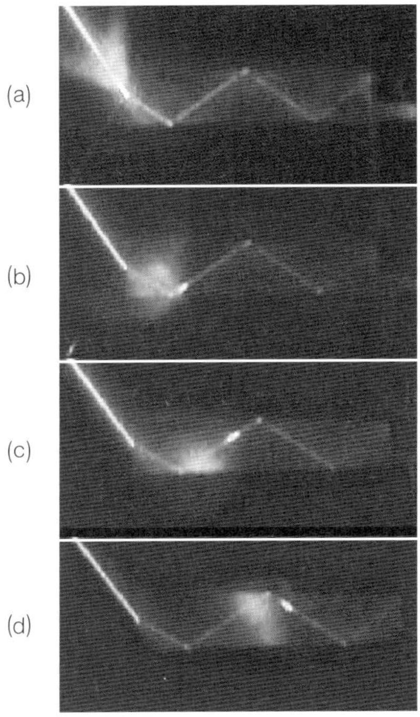

그림 9.5 펄스 광의 전파를 나타내는 동영상의 4개 장면
각 사진의 시간 간격은 98 ps.
(b)의 왼쪽 아래에서는 유리블록의 단면에서 반사되는 빛도 볼 수 있음

이 2 가지 예에 대한 재생 영상은 그림 9.1에서 알 수 있듯이 확산판에 투영된 펄스 광의 영상이며, 그런 의미로 보면 이들은 2차원의 영상이다. 그 위치에 확산판이 아니라 빛을 약하게 산란시키는 매질을 채운 용기를 놓고, 그 속을 전파시키는 방법으로 3차원 공간을 전파하는 펄스 광의 관찰에 성공했다는 것이 발표된 바 있다 [4].

CHAPTER 10 홀로그래피의 응용

홀로그래피의 응용으로써는 간섭 계측, 광학 소자, 광 정보처리, 홀로그래픽 메모리, 보안, 홀로그래픽 디스플레이 등이 있다. 이러한 응용 동향에 대해 소개한다.

10.1 간섭 계측

10.1.1 홀로그래피에 의한 간섭 계측의 장점

간섭 계측은 홀로그래피의 응용 중에서도 가장 먼저 실용화 된 분야이다. 종래의 간섭 방식에서는 광원에서 나오는 광속(光束)을 둘로 나누고 그 중 하나의 광 경로 안에 피측정 물체를 배치한다. 그리고 이 경로의 물체로부터 반사 혹은 투과한 빛의 파면과 다른 광로에서의 기준 파면을 간섭시켜 얻어지는 간섭무늬를 계측하였다. 이 경우, 물체 파면과 기준 파면은 전혀 다른 것이다. 또한 양 파면을 간섭시키기 위해서 각각의 광파는 시간적으로 동시에 발생하지 않으면 안 된다.

이와 달리 홀로그래피 간섭에서는 변위 혹은 변형 전의 물체 파면을 기준 파면으로 하여 그것과 변화 후의 물체 파면을 간섭시킨다[1),2)]. 각각의 파면을 홀로그램에 기록하는 것이기 때문에 각 파면은 시간적으로 다른 시점에서 발생한 것이라도 상관없다. 즉 같은 물체의 변위 상태에 대한 차이를 측정하는 것이 가능하다. 이 경우, 양자의 파면에 대한 미세 구조는 완전히 동일하게 나타나고 변위에 해당하는 거시적 변화 부분만이 간섭무늬로써 나타난다. 따라서 물체는 면이 거칠어도 상관없으며 종래의 간섭 방식에는 없는 우수한 장점을 가지고 있다. 현재에 확립된 계측 기술은 특히 기계 공업, 자동차 공업, 음향기기 공업 등 넓은 분야에서 이용되고 있다. 또한 기기의 조사나 설계를 위한 다양하고 유용한 데이터를 제공함으로써 그 성능 향상에 크게 기여하고 있다.

홀로그래피 간섭에 의해 측정이 가능한 것은 물체의 형상, 변위, 변형, 진동 등이다. 각각에 대한 2차원 혹은 3차원적인 정보를 패턴으로 만들어 한 번에 파악이 가능하다는 것이 아주 큰 장점이다. 파장의 1/10 정도에 해당하는 정밀도로 측정하는 것이 가능하다. 측정하는 대상에 따라 다양한 방법이 확립되어 있다. 형상의 측정에는 2개의 파장을 사용하는 2파장법, 굴절률이 다른 두 가지 액체를 사용하는 액침법이 있다. 변위, 변형을 측정하는 경우에는 이중 노광법과 실시간법이 있다. 이중 노광법은 변위, 변형 전후의 상태에 대한 파면을 홀로그램에 겹쳐서 기록하는 것이다. 이 홀로그램을 재생하면 동시에 두 개의 파면이 발생하여 파면 사이의 차이가 간섭무늬로써 관찰 가능해진다. 이 방법은 간단하긴 하지만 한 개의 변화 정보밖에 얻을 수 없다는 문제가 있다. 실시간법에서는 변위, 변형 전의 상태에 대한 파면을 먼저 홀로그램에 기록한다. 이것을 재생하여 얻는 파면과 변위, 변형 후에 대한 물체 자신의 파면을 겹쳐서 관측한다. 이 방법은 홀로그램을 원래의 위치에 정확히 되돌릴 필요가 있지만 다양한 변화의 상태를 실시간으로 관찰하는 것이 가능하다.

진동을 계측하는 경우에는 시간 평균법과 스트로브 법이 있다[3)]. 전자는 진동 주기에 대해 충분한 시간동안 노광하는 것으로써 진동의 진폭에 대응하는 간섭무늬가 나타난다. 이 방법은 장치가 간단하며 진동이 제로인 위치를 나타내는 노달(nodal) 라인이 밝게 표시된다. 스트로브 법에서는 진동에 동기하여 간헐적으로 레이저 광을 조사함으로써 서로 다른 두 개의 진동 상태에 대한 홀로그램을 기억하는 방법으로 큰 진폭까지 계측 가능하다.

과도현상이나 비정상 진동의 계측에는 Q 스위치의 루비 레이저 등을 사용하여 극히 짧은 간격으로 두 펄스의 광을 발생시켜 이중 노광 홀로그램을 기록하는 더블 펄스 법이 있다. 아래에 몇 가지 측정 예를 설명한다.

10.1.2 형태의 측정

동일한 광학계에서 파장 등을 약간 바꾸어 홀로그램을 이중 노광하면 재생영상에 등고선이 나타난다. 이는 2개의 재생 영상이 대응하는 점이 물체의 높이에 비례하여 전후로 어긋나며 간섭하기 때문이다. 따라서 물체의 표면 형상을 측정하는 것이 가능해진다. 파장이 약간 다른 빛을 얻기 위해서는 반도체 레이저가 적합하다. 반도체 레이저의 장점은 초소형이라는 것 외에도 주입 전류 및 온도를 바꾸는 것에 의해 발진 파장이 변한다는 것이다. 발진 파장의 정확한 변화는 레이저 광의 용도를 간섭계로 사용할 수 있도록 하였다. 주입 전류나 온도를 변경하였을 때의 간섭무늬에 대한 변화를 통해 형상을 파악하는 것이 가능하다.

10.1.3 변위, 변형의 측정

편지량(片持梁) 변형, 공작기계 등의 열변형 측정, 타이어의 내부 결함에 대한 비파괴 조사 등 다양한 분야에서 이용되고 있다. 타이어의 경우 여러 층의 고무가 붙어있다. 고무의 각 층의 접착에 대한 결함 부분을 검출하는 조사에 사용된다. 타이어를 덥히기 전후의 상태를 이중 노광 하면 결함부에 있는 공기의 팽창에 의한 표면 변화 부분이 무늬가 되어 나타난다. 독특한 조사의 예로 지각 변동을 측정한 경우가 있다[4]. 지각 변동 관측용의 지하 갱도에 홀로그램 기록 장치를 설치하고 벽면의 홀로그램을 기록한다. 현상 처리를 한 후, 홀로그램을 원래의 위치에 되돌려놓고 살짝 기울어져 나타나는 간섭무늬를 실시간법으로 관측한다. 간섭무늬는 비디오카메라로 촬영하여 비디오 레코더에 기록하고 이 간섭무늬를 영상 처리하여 그 시간 변화를 해석한다. 이러한 과정을 통해 지각의 조석(潮汐) 왜곡 변화가 관측되었다.

(a) 이중노광법에 의한 간섭 패턴의 예
– 촛불이 만들어내는 간섭모양

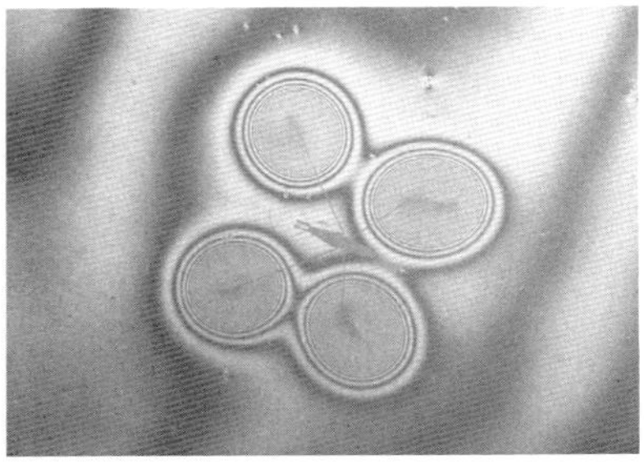

(b) 실시간 간섭법에 의한 간섭 패턴의 예
– 소금쟁이에 의한 수면형태의 변화

그림 10.1 변위 · 변형 측정의 예

그림 10.1(a)는 이중 노광법의 예로써 촛불이 만들어내는 간섭 모양이다. 이것은 초에 불이 붙어 있지 않은 상태에서 홀로그램을 기록하고 다음으로 초가 타고 있는 상태의 홀로그램을 기록하여 현상 처리한 것이다. 촛불 주위는 열에 의해 공기가 팽창하고 있기 때문에 굴절률의 변화 상태가 간섭무늬로써 나타나게 된다. 그림 10.1(b)는 실시간 간섭법의 일례이다. 수면을 유영하는 소금쟁이의 무게에 의해 다리가 수면 아래로 약간 가라앉은 그 수면의 상태를 간섭무늬로 출력해 실시간으로 관측하고 있다.

10.1.4 진동의 해석

진동 물체의 표면이 거칠어도 그 진동의 상태를 비접촉, 2차원적으로 측정하는 것이 가능하다. 따라서 음향기기, 기계, 자동차, 항공기 관련 등 넓은 분야에서 중요한 기술로 자리 잡고 있다. 구체적으로는 스피커, 악기, 항공기용 터빈 블레이드 등의 진동 모터에 대한 해석에 응용되고 있다. 자동차에서는 차체의 측면, 지붕이나 바닥의 진동 패턴을 관측하는 것에 사용되고 있다. 그 일례를 그림 10.2에 보여준다. 이것은 아이들링 시 자동차의 몸체에서 발생하는 진동 상태를 더블 펄스 방식으로 기록한 것이다. 이러한 진동 상태에서 어떻게 진동하고 있는지를 한눈에 알 수 있다. 따라서 경량이면서 단단하고 소음이 적은 자동차를 설계하는 방법으로 이용되고 있다.

그림 10.2 자동차의 진동 패턴에 대한 계측

10.2 홀로그래픽 광학 소자

10.2.1 광학 소자로써 홀로그램의 특징

홀로그램은 물체의 파면을 간섭무늬의 형태로 기록 재료에 기록한 것이다. 홀로그래픽 광학 소자는 그림 10.3에 나와 있듯이 평면파(평행광)끼리 아니면 평면파와 구면파(발산광)의 간섭에 의해 제작된 홀로그램이 그 기본형이 된다. 그림 10.3(a)는 홀로그래

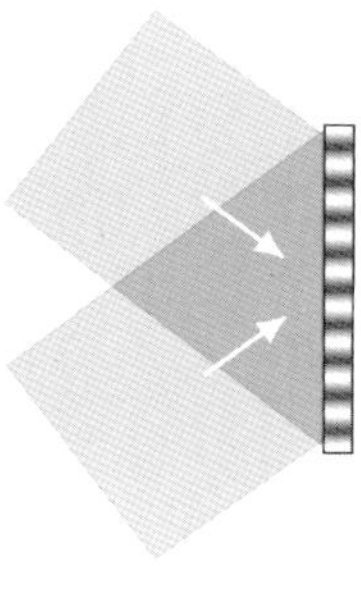

(a) 홀로그래픽 회절 격자

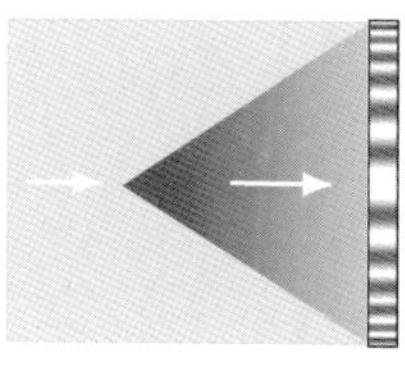

(b) 홀로그래픽 존 플레이트

그림 10.3 홀로그래픽 광학 소자의 기본형

픽 회절 격자, 10.3(b)는 홀로그래픽 존 플레이트이다. 그림 10.3에 나와 있는 것은 투과형 홀로그램이지만 한 쪽의 빛을 기록 재료 면에 대해 반대 측에서 입사시키면 반사형 홀로그램이 된다. 이와 같이 단순한 파면을 사용한 경우에도 종래의 광학소자가 가지는 기능을 그대로 가질 뿐만 아니라 홀로그램에서는 복잡한 파면의 기록, 재생도 용이하다.

홀로그램을 광학 소자로써 사용할 경우 그 주된 특징은 아래와 같다.

① 임의의 파면을 원하는 파면으로 변환하는 것이 가능하다.

② 하나의 홀로그램에 렌즈, 빔 스플리터, 간섭 필터 등의 다기능성을 갖게 하는 것이 가능하다

③ 간섭에 의존하기 때문에 제작이 쉽고 경량이 된다.

반면, 다음과 같은 단점도 가지고 있다.

④ 색수차(色收差)가 크고 좁은 파장 폭의 빛에서만 유효하다.

⑤ 회절 효율은 사용하는 기록 재료에 의존하며 반드시 높지는 않다.

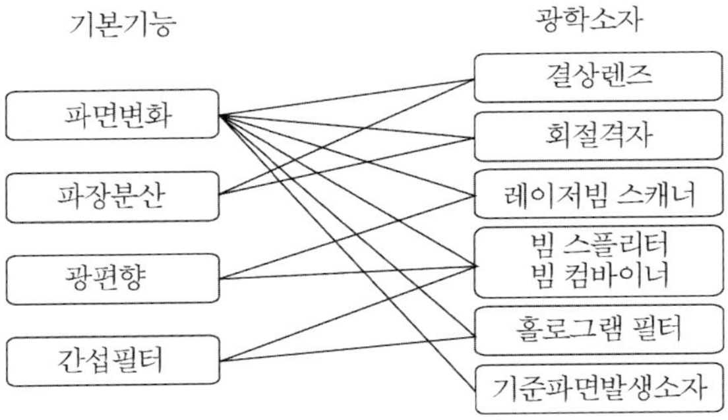

그림 10.4 홀로그램의 기본 성능과 이를 이용한 광학 소자

이와 같은 특징을 갖는 홀로그램은 그 장점을 살리면 기존의 광학 소자보다 우수한 소자가 될 수 있다. 그림 10.4는 홀로그램의 기본성능과 그것을 이용한 광학 소자에 대해 나타낸 것이다. 홀로그램은 빛을 집속하는 기능을 포함하며 파면 변환의 특징을 지니고 있다. 또한 회절 소자로써의 분산 및 편향 기능, 홀로그램 내의 다중 간섭을 이용한 각도 및 파장에 대한 필터 기능도 가능하다. 아래에 대표적인 응용 예를 소개하도록 한다.

10.2.2 회절 격자

분광기의 분광 소자로써 사용되는 회절 격자는 평면 및 오목면의 기판에 다수의 평행한 홈을 갖고 있는 것이다. 주로 롤링 엔진에 의해 기계적으로 선이 새겨진다. 따라서 공작 선반 조작용 나사의 피치 오차 등에 의한 고스트(거짓 스펙트럼)가 발생하기 쉽다는 결점을 가지고 있다. 광학적인 간섭 방식으로 회절 격자를 제작하는 것은 과거에도 생각되어져 왔지만 레이저와 고해상도 기록 재료가 없었기 때문에 양질의 물건을 만들지 못하였다. 하지만, 레이저와 기록 재료가 개발되고 홀로그래피가 발전함에 따라 높은 성능의 회절 격자가 제작 가능하게 되었다. 홀로그래피 기술로 제작된 회절 격자는 기계적인 경우에 비해 고스트가 없으며, 미광(迷光)이 극히 적기 때문에 노이즈가 적어지는 장점이 있다. 또한 오목면 회절 격자의 비점수차를 제거할 수 있기 때문에 분광기 등에 사용되고 있다.

홀로그래픽 회절 격자는 1/10 파장 정도로 연마된 유리 기판에 포토레지스트를 도포하여 두 광속의 간섭을 기록하는 것으로 제작된다. 그 표면에 반사층을 붙여 반사형 회절 격자로써도 사용한다.

두 평행 광속으로 평행한 간섭무늬를 기록하는 형태는 기계적으로 선이 새겨진 종래의 회절 격자와 기능이 동일하다. 이 타입에서는 홈의 수가 최대 6,000 라인/mm, 최대 면적 40 cm × 60 cm 의 격자를 제작하는 것이 가능하다. 구면파끼리의 간섭에 의한 간섭무늬를 기록하는 형태에서는 기록 조건을 적당히 선택하여 비점수차가 제거된 스펙트럼 영상을 직선상의 위치에서 얻을 수 있다[5].

체적형 위상 홀로그램과 2개의 프리즘을 조합하여 임의 파장의 1차 회절광이 입사 방향으로 나가는 소자의 설계・제작도 구현되었다[6]. 이것은 스바루 망원경(일본 국립 천문대 하와이 관측소에 있는 대형 천체 망원경)의 미소 천체 분광 촬영 장치에 탑재하기 위해 개발된 것이다. 블레이드 격자를 사용한 기존의 소자보다 높은 효율과 높은 파장 분해능을 실현하였다.

10.2.3 광 헤드

광디스크는 현재 CD, DVD 및 PC 기록 매체로써 우리의 생활에 일반적이 되어있다. 그리고 그 광 헤드의 소형・경량화를 위해 홀로그램이 사용되고 있다. 광 헤드의 기능은 레이저 빔을 디스크 상에 집속할 뿐만 아니라 신호광인 디스크에서 나오는 반사광을 주광로(主光路)의 광축에서 분리하는 빔스플리터 기능도 가지고 있다. 또한 초점 오차 및 트래킹 오차의 검출 기능도 가지고 있다. 과거의 광 헤드에서는 각각의 기능마다 빔 스플리터 프리즘, 원통 렌즈, 구면 렌즈 등의 광학 소자를 사용하고 있었다. 그러나 홀로그램 한

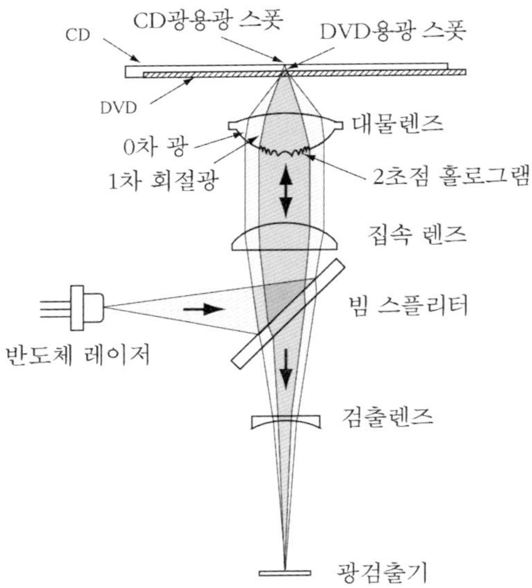

그림 10.5 2초점 홀로그램을 사용한 광 헤드의 구성

개에 복수의 기능을 실현하는 것이 가능해졌기 때문에 소형・경량화 실현이 가능하다.

유리 렌즈의 새로운 금형 제작 기술 진보에 따라 홀로그래픽 광학 소자와 일체화된 렌즈가 구현되었다. CD와 DVD를 하나의 장치에서 재생하기 위한 2초점 홀로그램이 실용화 되고 있다[8]. 그림 10.5는 그 구성도를 나타낸다.

10.2.4 광 인터커넥션

VLSI 에서와 같이 집적 전자 소자의 대규모화, 고집적화가 급격하게 진전되고 있다. 하지만, 각 소자간 배선의 복잡화에 따른 신호 전송 속도는 소자의 고집적화에도 불구하고 그다지 변하지 않는다. 이는 고집적화에 의해 소자간의 배선 밀도가 높아지기 때문이다. 즉, 부유 용량이 증대하게 되어 시정수(時定數)가 그다지 변하지 않기 때문이다. 따라서 아무리 소자를 작게 하거나 스위칭 속도를 올려도 소자 전체의 연산 속도는 소자간의 신호 전파 속도로 제한된다.

이 문제를 해결하기 위해 각 소자 간 혹은 칩 간의 신호 전송에 빛을 이용하고자 하는 아이디어가 연구되고 있다. 이것이 광 인터커넥션의 기본 개념이다[9]. 광 인터커넥션은 빛이 갖는 고속성, 광대역성, 무유도성, 병렬성 등의 장점을 이용하는 것이다. 파면 변환이나 편향이 임의로 가능한 홀로그램이 중요한 역할을 할 수 있다.

10.2.5 헤드 업 디스플레이(HUD), 헤드 마운트 디스플레이(HMD)

HUD 장치는 그림 10.6에 나와 있듯이 관찰자가 외경(外景)을 주시한 채 필요한 데이터 등을 알 수 있도록 데이터를 전방의 시야에 겹쳐서 표시하기 위한 것이다[10]. 이 장치는 항공기에서 이착륙시의 사고 방지에 매우 유용하다. HUD가 없는 항공기에서 파일럿은 고도, 속도, 방위, 자세, 고도 변화율 등 비행 데이터를 계기판에 있는 다수의 계기로부터 읽어 들이며 조종한다. 특히 이착륙의 경우에는 외경과 계측판을 빈번히 번갈아가며 볼 필요가 있다. 따라서 눈의 초점을 가까이에서 멀리, 또는 그 반대로 급히 전환하지 않으면 안 되어 극히 높은 긴장 상태에 빠지게 된다. 그러나 HUD에 의해 필요한 데이터가 모두 외경에 겹쳐서 무한원(無限遠)으로 표시되는 경우에는 파일럿의 부담이 경감되고 비행의 안전성이 향상된다.

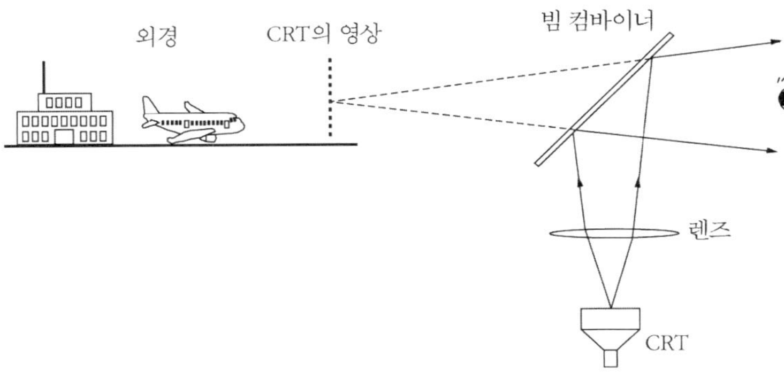

그림 10.6 헤드 업 디스플레이(HUD)의 기본 개념

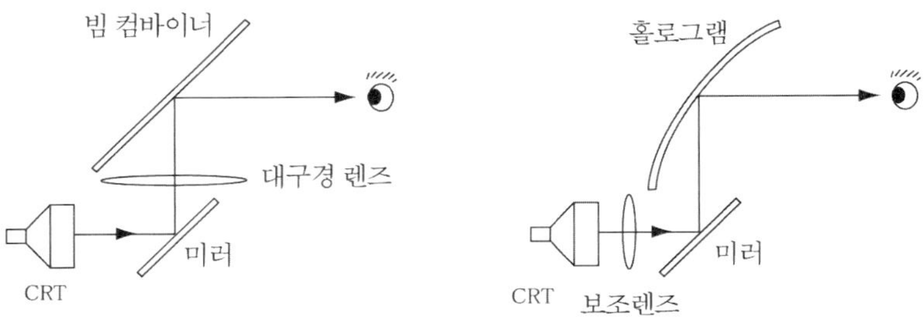

(a) 종래의 HUD 장치 광학계　　(b) 반사형 홀로그램을 사용한 HUD 장치 광학계

그림 10.7 항공기용 HUD 장치

과거의 HUD 장치는 그림 10.7(a)에서와 같이 빔 컴바이너와 시야를 확보하기 위한 대구경 렌즈를 사용한다. 이를 이용하여 CRT 상의 영상 정보를 허상으로써 전방에 무한히 멀리 투영하고 있다. 빔 컴바이너는 하프 미러 이며 그 반사율을 높게 하면 CRT의 영상은 밝게 보이지만 외경은 어두워진다. 반대로 반사율을 낮추면 외경이 밝아지지만 CRT의 영상은 어두워지게 된다. 전형적인 비율은 CRT 영상의 반사가 25%, 외경의 투과가 75% 정도이다. 바라볼 수 있는 시계는 사용하는 렌즈에 의해 제한되며 18°(폭) × 14°(높이) 정도이다.

이 빔 컴바이너와 렌즈 대신에 홀로그램을 사용하면 시계가 넓어지는 것과 동시에 시스템의 소형・경량화가 가능해진다[11). 반사형 홀로그램을 사용한 HUD 장치의 일례를 그림 10.7(b)에 보여준다. 반사형 홀로그램은 파장 선택성이 뛰어나 특정 파장 부분에서 예리한 반사의 피크 값을 나타낸다. 이 특성이 HUD에서 특히 유효한 이유이다. CRT에 사용되고 있는 형광체는 좁은 대역의 분광 반사 특성을 가지기 때문이다. 파장의 중심에 홀로그램의 반사 피크 값을 일치시키면 CRT 영상을 90% 반사시키는 것과 동시에 외경을 가시광 전체로 90% 투과시키는 것이 가능해진다. 파장 선택성뿐만 아니라 홀로그램은 결상 작용을 갖게 하는 것도 가능하기 때문에 얇고 가벼운 소자이면서 대구경 렌즈의 기능도 수행할 수 있다. 시계는 30°(폭) × 18°(높이)로 과거 시스템의 배 이상이 된다. 적외선 카메라로 촬영된 전방의 외경을 CRT 영상으로 출력하고 그것을 이 장치로 표시하면 안개 또는 야간이라도 안전하게 이착륙이 가능해진다. 항공기용으로 개발된 반사형 홀로그램을 사용한 HUD 장치의 일례를 그림 10.8에 나타내었다.

그림 10.8 홀로그램을 사용한 항공기용 HUD 장치의 예

HUD 장치는 자동차에도 탑재된다[12)]. 운전자가 운전석에 있는 미터 계를 확인한 후 외경을 바라보면 눈의 초점이 맞을 때까지는 다소의 시간이 걸린다. 이 반응 시간은 나이가 들수록 길어지게 된다. 이 잠시의 시간에 돌발적인 일이 발생하는 경우 이에 대처하지 못

하고 사고로 이어지는 경우가 있다. 고령화가 진행됨에 따라 이 문제는 점점 심각해져 간다. 따라서 초점의 조절을 거의 하지 않아도 될 수 있도록 미터 계를 수 m 앞에 표시하는 것이 자동차용 HUD 장치이다. 이것은 또한 고속도로에서의 운전에서 시선을 전방에서 돌리는 것에 따른 위험성을 경감시키는 것으로도 유용하다.

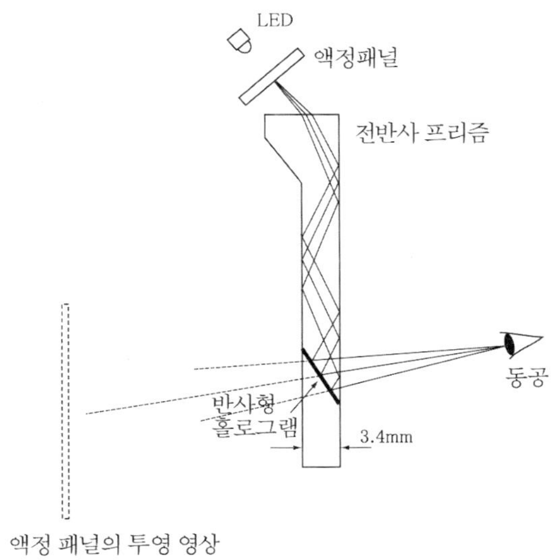

(a) HMD부의 구성

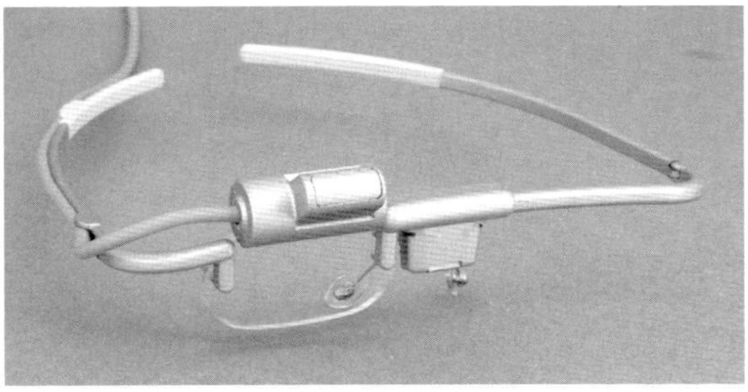

(b) HMD의 사진

그림 10.9 웨어러블 커뮤니케이터로 불리는 HMD 장치

최근, 웨어러블 컴퓨팅(wearable computing)의 연구가 활발히 이루어지고 있으며 웨어러블에 적합한 표시 기술로써 HMD가 주목받고 있다. 홀로그램을 사용하지 않는 것이

이미 상품화 되어 있지만 무겁기 때문에 장시간 사용에는 적합하지 않다던 지, 전방 시계를 막아버린다는 등의 몇몇 과제가 남아있다. 홀로그램 자신이 투명하고 투과율이 좋기 때문에 이 특성을 이용한 초박형, 초경량의 HMD 장치가 개발되고 있다[13]. 그림 10.9는 웨어러블 커뮤니케이터로 불리는 HMD 장치의 구성과 개관을 나타내고 있다[13].

10.2.6 레이저 빔 스캐너

그림 10.3(b)의 홀로그래픽 존 플레이트를 가느다란 레이저 빔으로 공액 재생하면 항상 구면파 발산점의 위치를 향하는 집속광을 얻게 된다. 따라서 존 플레이트를 이동 또는 축 바깥으로 회전 시키는 것에 의해 레이저 빔의 주사를 실행하는 것이 가능하다. 이것이 홀로그램을 사용한 스캐너의 원리이다.

이 소자의 실용화에 성공한 예가 POS(판매 시점 관리)용 바코드 리더이다. 바코드 라벨은 서로 다른 폭을 갖는 몇 개의 바를 조합시킨 바코드 심벌이 인쇄되어 있는 라벨이다. 바코드는 상품, 가격 등을 포함하는 숫자를 나타내고 있다. 레지스터 업무의 효율화를 위해 이 라벨이 상품에 붙어 있다. 이것을 읽어 들여 컴퓨터에 입력하는 장치가 바코드 리더에 있다. 당초 개발된 홀로그램을 이용한 바코드 리더는 홀로그램 디스크의 회전에 의해 레이저 빔을 편향시켜 바코드 라벨 위를 주사하는 방식의 것이었다[14]. 이 장치에서 홀로그램은 레이저 빔을 집속하는 기능, 편향하는 기능 및 바코드 라벨에서 반사된 빛을 광 검출기로 집광시키는 기능을 가지고 있다. 회전 다면경을 사용하는 과거의 장치에 비해 홀로그램의 특징인 다기능성과 양산성을 적절히 이용하는 것에 의해 시스템 가격의 삭감이 가능해졌다. 그 후, 저가의 회전 다면경이 개발되어 [홀로윈도우] 방식에 의한 장치의 소형화가 실현되었다. 이 원리는 빔의 주사를 회전 다면경으로 구현하고 코드를 읽어 들이는 창에 고정된 홀로그램을 사용하는 것이다. 시스템 크기가 종래의 1/7까지 줄어들었다. 직선 주사를 행하는 스캐너의 개발도 이루어져서 주사 길이 40 cm에 만곡 변화가 ±100 μm인 스캐너가 실현 되었다.

10.2.7 계산기 홀로그램에 의한 파면 제어

홀로그램의 장점 중 하나는 임의의 파면을 발생시킬 수 있다는 것이다. 이는 계산기 홀로그램에 의해 쉽게 구현 가능하다. 광원 및 물체의 형상을 가정하면 그로부터 회절 하여 홀로그램 면에 도달하는 파면은 회절이론에 의해 컴퓨터로 계산할 수 있기 때문에 이를 통해 홀로그램을 합성하는 것이 가능하다[15)]. 이 계산기 홀로그램을 사용하면 실재하지 않는 가공의 물체의 상을 합성할 수 있다. 간섭을 이용하는 기기로의 응용, 각종 모델의 3차원 디스플레이, 다양한 특성을 가진 홀로그램 필터에 의한 영상 처리, 전술한 스캐너의 구현 등을 가능하게 한다. 또한 계산기 홀로그램은 기록과 재생의 조건이 다르기 때문에 발생하는 수차파면의 역(逆)에 해당하는 파면을 미리 기록할 때의 파면에 포함시켜 재생시에 무수차 파면을 얻기 위한 광학 소자로써도 이용된다[16)].

10.2.8 기타

조금 특수한 응용으로써 체적형 홀로그램을 중첩한 다음 그 각도 선택성을 이용하여 태양 에너지를 효율 있게 모아 열, 전기 등으로 변환하는 태양광 집광 장치가 개발 되어 있다. 이 장치의 장점은 기계적 추적 장치가 필요 없다는데 있다.

10.3 광정보 처리

홀로그램을 복소 진폭 필터로 간주하고 코히어런트(coherent) 광에 의한 광학 정보 처리를 수행할 수 있다. 2차원 영상의 연산, 정합(matched) 필터링 및 흐릿한 상의 회복 등을 구현하는 것이 가능하다[17)]. 2개 영상의 정보를 푸리에 변환 홀로그램으로 제작된 1 장의 홀로그램에 2회 겹쳐 기록(이중 노광)한 다음 이 홀로그램을 재생하면 두 영상의 진폭에 대한 합을 얻을 수 있다. 또한 2회의 기록 중 한쪽에 대해서는 위상 판을 이용하여 참조광의 위상을 1/2 파장만큼 변화시키면 두 영상의 진폭에 대한 차이를 얻을 수 있다. 이 방법은 두 개의 닮은 영상에 대한 차이점을 검출하고자 할 때 유용하다.

적당한 진폭 투과율을 가진 필터를 홀로그램으로 제작하고 그것을 푸리에 변환 면에 삽입하게 되면 영상의 미분 처리를 수행하는 것이 가능하다. 그림 10.10은 방향에 의존하지 않는 미분 필터를 계산기 홀로그램으로 제작한 예와 그 출력 영상을 나타내고 있다.

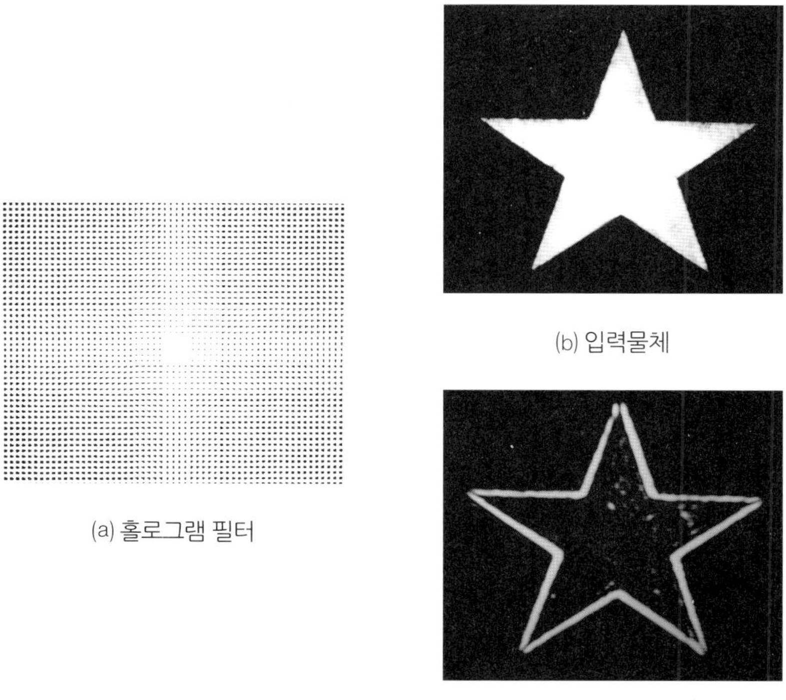

(a) 홀로그램 필터

(b) 입력물체

(c) 화상의 밝고 어두운 변화가 있는 별모양의 가장자리 부분이 밝게 나타나 있다.

그림 10.10 미분 필터링에 의한 에지(edge) 강조의 예

입력 신호와 동일한 신호가 어디에 있는지를 검출하는 필터는 정합 필터(matched filter)라고 불리며 홀로그램으로 제작하는 것이 가능하다. 이 필터를 푸리에 변환 평면에 삽입하여 입력 영상과의 상관을 취한다. 잡음이 포함된 입력 영상에 신호가 있으면 빛나는 점이 신호의 위치에 나타나게 된다. 정합 필터링은 문자 인식, 도형 인식, 지문 감정 등에 응용된다.

또한, 임의의 원인에 의해 열화된 영상을 홀로그램 필터를 사용하여 원래의 선명한 영상으로 회복시키는 것도 가능하다. 열화의 구체적인 요인으로써는 흔들림, 빗나간 초점 등이 있다. 홀로그래픽 인버스 필터 방법에 의해 열화 영상의 회복이 이루어진다.

10.4 홀로그래픽 메모리

홀로그램의 유망한 응용 분야 중 하나로 홀로그래픽 메모리가 있다[18)]. 이것은 홀로그램이 갖는 정보의 축적과 그것을 읽어내는 기능을 이용한 것이다. 고밀도 기록과 고전송레이트를 동시에 달성하는 차세대 광디스크로써 기대 받고 있다. 홀로그래픽 메모리의 장점은 높은 기록밀도와 함께 병렬성, 높은 잉여성(redundancy), 그리고 기능 메모리로써의 가능성을 가지고 있다는 점이다. 또한 복제도 용이하다. CD나 DVD는 그것을 회전시켜 피트라고 불리는 미소한 구멍의 주위에서 나오는 반사광을 정보로 하여 시계열로 순차적으로 읽어낸다. 그러나 홀로그램의 경우는 2차원 혹은 3차원의 정보를 순식간에 읽어내는 것이 가능하다. 이 장점이 바로 병렬성이다. CD나 DVD 등은 스크래치나 구멍이 나면 거기에 있던 정보를 읽어버리게 된다. 홀로그램의 경우는 일정한 면적에 정보를 분산시켜 기록하는 것이기 때문에 그 일부가 절단된다고 해도 정보가 소실되지는 않는다. 이 특징이 바로 높은 잉여성이다.

기록 밀도를 살펴보기 위해 푸리에 변환 광학계의 해상도 한계에서 얇은 홀로그램의 기록 용량 C를 구해보자. 렌즈의 F 넘버를 F라고 할 때

$$C = (1/2\lambda F)^2 \tag{10.1}$$

이 된다[19)]. F 넘버는 렌즈의 초점 거리를 직경으로 나눈 값으로 렌즈의 밝기를 나타내는 것이다. 일례로써 $F = 2$, $\lambda = 500$ nm일 때, C$= 2.5 \times 10^5$ bit/mm^{2}이 된다. 체적형 홀로그램의 각도 선택성, 파장 선택성 등을 이용하여 다중 기록하면 기록 용량은 더 올라간다.

SN 비의 향상을 위해서는 디지털화가 불가결하며 기록 정보를 공간광변조기 픽셀의 on/off 패턴으로써 기록・재생한다[20]. 홀로그래픽 메모리 장치의 개념도를 그림 10.11에 표시한다. 여기서 기본 소자는 액정 패널 등의 공간광변조기 외에 AOM 등의 빔 편향 소자, CCD 등의 이미지 센서를 사용한다. 기록 매체로써는 광굴절 결정이나 포토폴리머 등이 사용된다. 니오브산 리튬이나 티탄산 바륨 등의 결정을 사용하는 방식은 극히 두꺼운 체적 홀로그램의 각도 선택성을 이용하는 것이다. 이 장치에서는 서브 Tb/mm^{3}의 기록 용량에서 수십 μs의 고속 랜덤 액세스가 가능해진다.

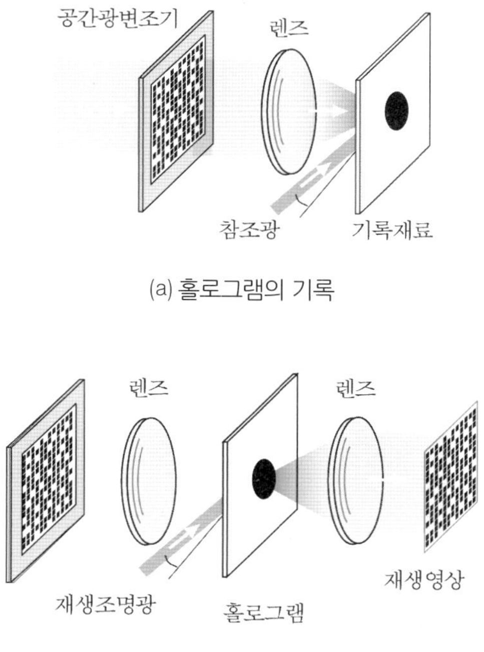

(a) 홀로그램의 기록

(b) 홀로그램의 재생

그림 10.11 홀로그래픽 메모리 장치의 개념도

그림 10.12 코리니아 방식에 의한 홀로그래픽 메모리 장치의 예

최근에는, 현재의 광디스크의 재생과 호환성을 가진 코리니아 방식이 주목받고 있다[21]. 이것은 두꺼운 포토폴리머를 사용하여 1 Tbyte(=10^{12} byte)의 기록 용량과 100 Mbps (10^8 bit/sec)의 데이터 전송 속도가 가능하다. 이 방식에 의한 장치의 개관을 그림 10.12 에 보여준다.

10.5 시큐리티

신용카드에 홀로그램이 처음으로 사용된 것은 1983년이다. 이것은 카드의 위조 및 변조 방지가 그 목적이었다. 이것이 가능하게 된 것은 홀로그램의 복제 기술이 확립되어 완전히 동일하면서도 매우 얇은 홀로그램이 대량으로 복제 가능하게 되었기 때문이다[22]. 이러한 종류의 홀로그램은 표면 요철형의 레인보우 홀로그램이며 뒷면에 반사층이 붙어 있다. 10.6.5 절에서 기술하는 바와 같이 이를 전사박하는 것에 의해 홀로그램의 두께를 수 μm 로 만드는 것이 가능해져 일반적인 인쇄물에 사용하는 것이 가능하게 되었다. 홀로그램의 재생 영상은 다른 기술의 것들과는 달리 한눈에 구별이 가능하다. 이 때문에 신용카드에 대한 홀로그램 적용은 위조 방지를 위해 상당한 효과가 있었다고 인정받고 있다. 그 뒤 다양한 카드에도 채용되기 시작하였으며 수출용 카메라나 시계, 비디오테이프 등 다양한 방면에서 사용되고 있다.

반사층에 알루미늄과 같은 금속이 아니라 금속 화합물을 사용하면 투명한 홀로그램을 만드는 것이 가능하다. 이런 종류의 홀로그램은 시계의 유리판에 붙이기 위한 달력으로써 사용되고 있다. 인쇄 화상 위에 전사하여 사용하기 때문에 인쇄 디자인에 어떠한 제약도 받지 않고 홀로그램을 도입하는 것이 가능하다. 이와 같은 방법에서는 조명의 각도에 따라 인쇄 화상이 겹쳐져서 재생 영상이 보였다 안보였다 한다. 일종의 스카시와 비슷한 효과(은문 효과)를 내는 것이 가능하다. 또한 이러한 인쇄 화상을 복사하려고 하면 홀로그램에서 나오는 회절광 때문에 인쇄 화상이 제대로 복사되지 않아 복사 방지의 효과도 있다.

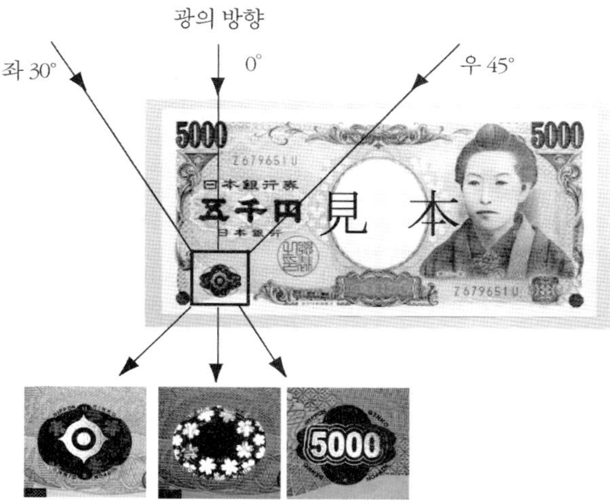

그림 10.13 5,000엔에 부착된 홀로그램의 모습

지폐에 관한 응용을 살펴보자. 오스트레일리아에서는 1988년에 건국 200주년을 기념하여, 싱가포르에서는 1990년에 건국 25주년을 기념하여 홀로그램을 부착한 플라스틱제 지폐를 발행하였다. 그 후 많은 나라에서 홀로그램이 채용되었다. 일본에서는 2004년에 신 지폐의 발행과 함께 홀로그램이 부착되었다. 그림 10.13은 5,000엔 지폐에 부착된 홀로그램의 모습을 나타내고 있다.

안전성을 높이기 위해서는 보다 정교한 홀로그램이 필요해진다. 그 일례로써 그레이팅 이미지라고 이름 붙여진 것이 있다[23]. 이것은 그림 10.14에 나와 있는 것과 같이 미소

(微小)한 회절 격자로 구성된 도트를 평면상에 배열하여 화상을 형성하도록 되어 있는 것이다. 도트로부터 나온 회절광의 방향과 색은 회절 격자의 방향과 간격을 변화하는 방법으로 자유자재로 바꾸는 것이 가능하다.

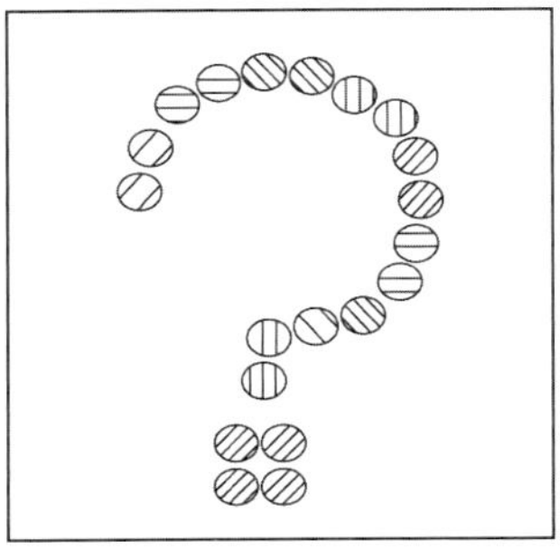

그림 10.14 그레이팅 이미지(grating Image)의 예

하나의 도트를 화상을 구성하는 최소 단위인 화소로써 간주한다. 각 도트의 회절 격자에 대한 방향과 간격을 바꾸어 좌우의 눈으로 독립된 화상을 보게 하면 입체시가 가능해진다. 회절 격자는 단순한 격자이기에 밝은 상을 얻을 수 있다. 또한 전자선 인쇄 장치를 사용하면 정교한 화상을 얻을 수 있게 된다.

이들은 기본적으로는 투과형 홀로그램이지만 반사형 홀로그램을 시큐리티에 사용한 예도 있다. 미국의 어떤 주는 포토폴리머에 기록된 투명한 홀로그램이 운전 면허증 전면을 뒤덮도록 붙여져 있다. 이를 임의의 방향에서 보게 되면 녹색의 패턴이 그 위에 떠오르게 된다. 반사형 홀로그램의 복제는 마스터 홀로그램 위에 기록 재료를 겹치고 여기에 빛을 비추어 간섭무늬를 다시 기록하는 형태로 이루어진다. 이 홀로그램의 특징은 두께가 변하면 재생 영상의 색이 변화한다는 것이다. 이를 이용하여 기록 후에 두께를 국소적으로 변화시켜 제작하면 복제는 사실상 불가능해 지기 때문에 위조를 막을 수 있다.

이미지 홀로그램의 경우를 제외하면 홀로그램에 어떠한 정보가 기록 되어있는지를 보는 것만으로는 전혀 알 수가 없다. 이를 이용하여 암호 연산을 위한 키로써 홀로그램을 사용한 새로운 시큐리티 카드시스템도 연구되고 있다[24).

10.6 홀로그래픽 디스플레이

홀로그래피의 가장 큰 특징은 3차원 영상의 기록, 재생이 가능하다는 것이다. 그 외에도 복제 홀로그램을 간단히 만들 수 있다는 것, 가공 물체의 입체 표시가 가능하다는 것, 그리고 백색광 재생이 가능하여 선명한 상을 얻을 수 있다는 것 등을 들 수 있다[25). 이러한 장점들을 가장 유용하게 살리는 응용 분야가 3차원 디스플레이라는 점은 명백한 사실이다.

3차원 디스플레이의 분야에서 홀로그래피 기술을 어떻게 활용하고 있는지에 대해 알아보자.

10.6.1 문화재의 기록 · 보존

세계 각지에는 수많은 귀중한 미술품, 공예품 등의 문화재가 있다. 이들이 만일 도난이나 화재 등의 경우를 당하게 되면 두 번 다시 우리들의 눈으로 볼 수 없게 될 것이다. 여기에서 홀로그래피의 기술이 매우 큰 역할을 한다. 그것은 첫 번째로, 박물관 등의 자료에 대한 기록 미디어로써 홀로그래피가 이용 가능하다는 것이다. 그 자료의 충실한 3차원 영상을 재현할 수 있다는 점에서 자료의 현재 상태를 기록하는 방법으로써 기대 받고 있다. 그 영상은 어떤 의미로는 실물과 동일한 가치의 존재이며 복제를 대신하는 것으로써 생각할 수 있다. 또한, 수많은 귀중한 문화재를 박물관 외부로 내놓는 것은 극히 드문 일이며 그곳에 직접 가지 않으면 볼 수 없는 경우가 대부분이다. 이러한 문화재를 홀로그램에 기록하여 희망하는 곳에 배포하게 되면 간단히 [실물]에 접하는 것이 가능해지고 실제의 문화재를 안전하게 보관하는 것이 가능해진다. 그런 의미로는 문화재의 보존에도 공헌이 크게 가능하다고 할 수 있다. 홀로그램을 국가 간에 교환하게 되면 문화 교류에 있어서도 큰 역할을 할 수 있다.

이러한 관점으로 홀로그램에 의한 문화재의 기록을 적극적으로 행하고 있는 곳은 러시아 공화국과 우크라이나 공화국이다. 우크라이나 공화국 과학 아카데미의 물리학 연구소 등에서는 귀중한 출토품이나 문화재를 홀로그램으로 기록한다. 그리고 홀로그램을 발견된 현지의 박물관이나 기념관에 전시하고 실물은 엘미타쥬 박물관 등에 보관한다. 또한 홀로그램을 버스 안에 전시하여 전국 각지를 순회하는 행사도 열고 있다.

문화재라고 해도 귀걸이와 같은 작은 물건, 건조물과 같이 큰 물건, 또는 금속같이 단단한 것, 천과 같이 부드러운 것 등 다양한 것들이 존재한다. 일반적으로 홀로그램의 기록에는 헬륨－네온 레이저나 크립톤 이온 레이저와 같은 연속 발진하는 레이저를 사용하는 경우가 많다. 그런데 기록 재료는 극히 높은 해상력이 필요하기 때문에 감도가 낮아 홀로그램의 노광 시간이 길어지게 된다. 노광 중에 물체 등이 움직여 버리면 간섭무늬를 형성할 수가 없다. 그렇기 때문에 기록 가능한 대상 문화재는 작고 단단한 것에 한정되어 버린다. 이 제한을 없애기 위해서는 제 5장에서 기술한 바 있는 홀로그래픽 스테레오그램 기술이나 펄스 레이저를 사용하면 된다.

(a) 뒷면

(b) 표면

그림 10.15 컬러 홀로그램에 의한 문화재의 기록 예

지금까지 기록되어 있는 문화재 홀로그램의 거의 대부분은 단색 레이저를 사용하여 기록한 것이다. 따라서 재생 영상은 모노크롬이 된다. 대상물의 형상에 흥미가 있다면 그래도 상관없겠지만 기록으로써의 가치를 높이기 위해서는 역시 자연스러운 색을 재현하지 않으면 안 된다. 이를 위해서는 제 6장에서 전술한 것과 같이 컬러 홀로그램으로써 기록하면 된다. 일례로써 그림 10.15에 나와 있는 것은 고대의 거울이다. 이 컬러 홀로그램은

그림 6.4에 나와 있는 광학계로 기록한 것이다. 표면과 뒷면의 홀로그램을 기록하는 것에 의해 화면의 상을 동시에 보는 것이 가능하다[26].

홀로그래피는 문화재의 비파괴 검사나 형태 측정에도 이용 가능하다. 비파괴 검사란 대상물에 접촉하지 않고도 내부의 결함 등을 검사하는 것을 말한다. 캔버스에 그려진 그림에서 유화 물감의 박리 부분을 간섭 계측의 원리를 써서 검출한 예도 있다[27].

10.6.2 교육 · 연구

어떤 하나의 입체 구조가 있다고 해도 그 구조를 몇 십장의 평면 사진을 통해 이해시키는 것과 실제 실물을 보여주는 것으로 이해시키는 것에는 백문과 일견의 차이가 있다. 따라서 입체 교재로써 홀로그램을 교육 분야에서 사용하는 것으로 효과를 올릴 수 있을 것이라고 생각한다.

예를 들어 건축, 토목에서의 건조물, 수학에서의 입체 도형, 물리, 화학, 생물에서의 결정 구조, 분자 모형, 동물, 식물의 표본 등 피사체가 될 수 있는 것들은 한없이 많다. 이들의 입체 구조를 홀로그램을 통해 파악하는 것으로 학습의 효과를 향상시키는 것이 가능하다. 이를 위해서는 홀로그램의 재생 방법에 대해 연구할 필요가 있다. 홀로그램은 대부분 먼저 조명 광원을 세팅하고 홀로그램의 각도를 바꿔가며 가장 잘 보이는 부분을 찾는다. 이러한 방식으로는 효과가 반감되고 만다. 어디에서라도 간단하게 최적의 조건으로 재생 영상이 보이게 하는 장치가 필요하다. 이에 대해서는 제 16장에서 논하도록 하겠다.

10.6.3 예술

홀로그래피는 광학 및 전기전자를 전문으로 하는 연구자의 학문이라는 느낌이 강하지만 한편으로는 예술가의 흥미의 대상이 되어 있다. 공간에 떠오르는 재생 상을 처음 봤을 때는 누구나가 감격한다. 홀로그래피의 매력에 빠진 예술가는 그들 특유의 센스를 통해 지금까지의 기존 개념을 타파하는 새로운 표현 미디어로써 홀로그램을 사용한다[28,29]. 실제로 홀로그램은 찬란한 빛의 색을 출현시켜 환상적인 공간을 창출해 낸다. 그 색과 형태는 보는 위치에 따라 미묘하게 변화한다. 이러한 특징을 능숙하게 표현하는 홀로그래피 아티스트라 불리는 사람들이 미국을 중심으로 활약을 하고 있다.

그림 10.16 [채희] 아트리움 연출 – 이사하야 시 건강복지 센터 센터

그림 10.16은 미술가 이시이 세츠코 씨의 작품 중 하나이며 이사하야 시 건강 복지 센터에 설치되어 있다.

10.6.4 선전 · 광고 · 장식

선전 · 광고 분야에서의 홀로그래피 이용도 큰 미래성을 가지고 있다. 이미 현재 점포 디스플레이, 쇼 윈도우 미디어 등에서 실용례를 볼 수 있다. 이 분야에서는 표현의 의외성이 요구된다. 홀로그래피는 이러한 의외성을 충분히 가지고 있는 기술이다. 뉴욕의 5번가에 있는 보석점의 쇼 윈도우에 장식된 [보석을 쥐고 있는 손]의 홀로그램은 매우 유명하다. 쇼 윈도우의 앞을 통행하는 사람들은 창문에서 튀어나와 있는 보석에 먼저 깜짝 놀라게 된다. 조심스레 손을 뻗어 그것을 잡으려 하지만 눈앞의 보석에 아무리 해도 닿을 수가 없다는 것을 알게 된다.

이와 같이 홀로그래피에서는 지금까지의 상식으로는 생각할 수 없었던 표현이 가능하기 때문에 아이디어 하나로 상품의 이미지를 강하게 각인시키는 것이 가능하다.

홀로그램은 상품의 패키지, CD의 재킷 등에 붙인다던지 상품의 프리미엄으로써 이용되는 등으로 그 사용 범위는 매우 넓다.

반사형 홀로그램을 이용한 펜던트가 발매된 지는 매우 오래 되었다. 홀로그램의 장신구 분야에서의 이용으로써는 그 외에도 반지, 팔찌, 시계의 문자반 등 몸에 걸치는 물품에 자주 사용되고 있다. 단순한 회절 격자만으로도 사용하기에 따라서는 상당한 효과를 주는 것이 가능하기 때문이다.

실내 장식에서도 다양한 이용법이 고안되어 왔지만 가장 일반적인 것은 그림처럼 벽에 걸어 감상하는 홀로그램이다. 조명도 극히 자연스럽게 만들 수 있어 보다 나은 분위기를 이끌어 내는 것이 가능하다. 또한 창유리를 홀로그램으로 하여 창 밖에 경치를 장식하는 것도 즐거울 것이다.

홀로그램은 또한 무대 장치의 일부로써, 야외 모뉴먼트로써, 또한 새로이 디자인되는 다리의 장식으로써의 이용도 이루어지고 있다.

10.6.5 인쇄

입체상이 보이는 인쇄물로써는 렌티큘러 판을 사용한 것이 있다. 이를 대신할 수 있는 가장 유력한 후보가 홀로그램이다. 하지만, 이 분야에 홀로그래피 기술이 보급되기 위해서는 대량의 홀로그램을 신속하고 저가에 제작 가능한 복제 기술이 필수 불가결하다. 레인보우 홀로그램은 세로 방향의 시차 정보를 희생하는 것으로 백색광 재생을 가능케 한 투과형 홀로그램이다. 간섭무늬의 간격은 비교적 엉성하지만 양산화가 쉽기 때문에 시큐리티나 광고·선전을 시작으로 다양한 분야에서 널리 사용되고 있다. 이것이 가능해진 것은 홀로그램의 양산화 기술이 확립되었기 때문이다. 위조, 변조 방지를 위해 신용카드에 홀로그램이 최초로 부착된 것은 1983년이다. 여기에 사용된 홀로그램은 엠보스 홀로그램이라고 불리며 형압을 사용하여 제작된다[30] 이 중에서도 전사박(transferfoil) 홀로그램은 두께가 수 μm 정도로 극히 얇아 인쇄물에 사용해도 위화감이 전혀 없다는 장점을 가진다. 이 홀로그램은 그림 10.17에서와 같은 구조로 되어 있다. 홀로그램 자신의 두께는 1~2 μm이다. 전사라는 것은 종이 등에 간접적인 수법, 즉 전사박이라고 불리는 것의 도움을 받아 전사 그림을 붙이는 방법을 말한다.

홀로그램을 전사하려면 전사박과 피전사물을 겹쳐 상하에서 열압(熱壓)을 가한다. 그러면 전사박의 최하층의 접착층이 녹아 피전사물에 접착된다. 이와 같이 전사는 과거의 전사박과 동일한 형태이며 전사기에 의해 전사하는 것이 가능하다. 지폐에 붙어 있는 홀

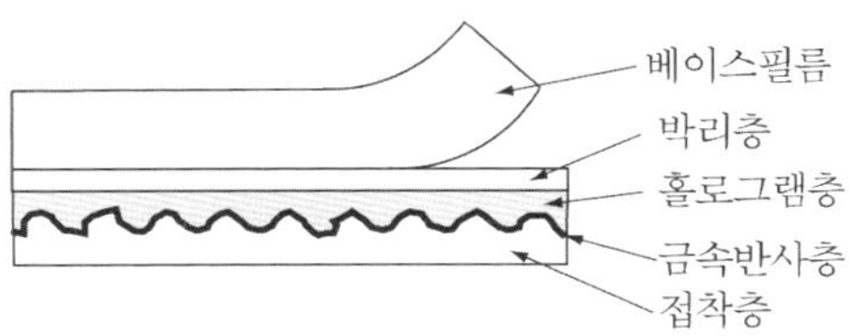

그림 10.17 전사박 홀로그램의 구조

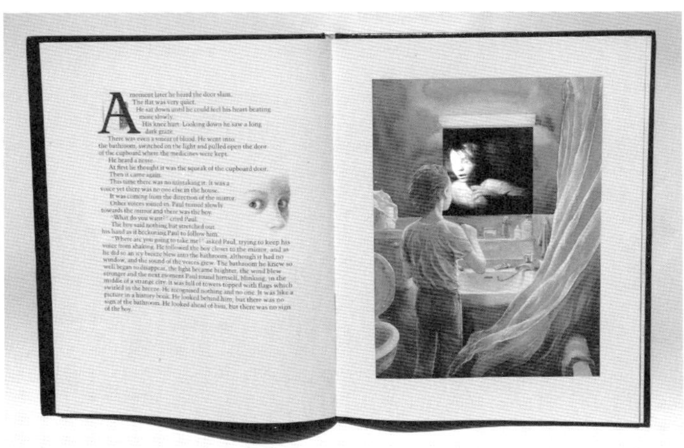

그림 10.18 홀로그램 동화책의 예(Palin, Lee and Seymour, 1986)

로그램도 이런 종류의 것이다. 1984년, 미국의 과학 잡지 내셔널 지오그래픽의 표지[31]에 이 종류의 홀로그램이 부착된 이래 수많은 책이나 팸플릿에 홀로그램이 사용되기 시작하였다. 그림 10.18은 영국에서 발행된 홀로그램 동화책으로써 부분적인 홀로그램이 효과적으로 이용되고 있다. 또한, 오스트레일리아, 미국, 핀란드 등에서는 홀로그램 티켓이 발행되고 있다. 그림 10.19는 핀란드에서 발행되고 있는 홀로그램 우표를 나타내고 있다.

한편, 반사형 홀로그램은 눈의 위치를 바꿔도 재생 영상의 색이 변화하지 않는 것이 장점이다. 은염유제, 포토폴리머 등을 사용한 컬러 홀로그램의 제작이 이루어지고 있다. 이 홀로그램은 투과형 홀로그램과 같은 장치에서는 복제가 불가능하다. 그림 10.20에 나와 있듯이 기록 재료를 마스터 홀로그램에 밀착시켜 간섭무늬를 다시 기록해야 한다.

그림 10.19 홀로그램 우표의 예(핀란드)

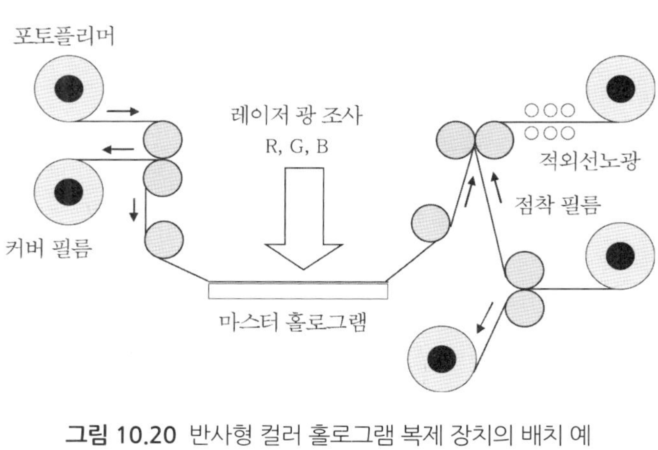

그림 10.20 반사형 컬러 홀로그램 복제 장치의 배치 예

양산화 기술의 확립에 의해 레인보우 홀로그램과 비교하여 보다 충실하고 리얼한 3차원 영상이 양산되어 시장에 나오고 있으며 디스플레이 분야에서 널리 쓰이고 있다. 이 홀로그램은 의장, 고도의 시큐리티 등 그 시각 특성을 이용한 다양한 용도로의 발전이 기대되고 있다.

10.6.6 기타

홀로그램에서 나오는 재생 영상이 3차원 영상이기 때문에 현재의 사진을 대신하여 홀로그램을 사용해 자신의 초상화를 남기고자 하는 아이디어가 당연히 떠오르고 있다. 간단한 방법으로는 루비 레이저를 사용하면 되며 현재의 기술로 충분히 실현 가능하다. 살아있는 사람 그대로를 기록하는 것이기 때문에 그 상은 매우 풍부한 진실감을 갖게 된다. 단, 자신과 같은 크기의 상에 [대면]하는 것은 왠지 기분 나쁜 것이기도 하다. 1/3 정도로 축소하면 그런 느낌은 사라지게 된다.

그림 10.21 홀로그램 초상화의 예

그림 10.21에 홀로그램 초상화의 일례를 나타내고 있다.

10.7 의학

홀로그래피의 의학에 대한 응용 가치는 극히 높다. 희귀한 병으로 인해 적출된 장기 등은 포르말린에 담가 보존하는 것이 통례이다. 이 표본을 홀로그램에 기록하여 각지의 병원, 대학 등에 배포하게 되면 사진에 비해 그 증상의 파악을 보다 정확하게 하는 것이 가능해진다.

의료용 영상의 입체시라는 문제는 생명이 걸려 있기에 특히 중요하다. X선 사진이나 CT 화상을 홀로그래피 기술을 통해 리얼 타임에 가까운 형태로 3차원 화 할 수 있다면 진단의 정확성을 높이는 것이 가능해진다. 이에 대해서는 5.1.2 절에서 기술하였다.

10.8 빛 이외의 홀로그래피 – 전자선 홀로그래피

빛 외의 전자파 예를 들어 전파 등을 사용해도 홀로그램은 만들 수 있다. 일반적으로는 보는 것이 불가능한 눈에 파묻힌 물체 등의 재생 영상을 얻는 것도 가능하다[32). 전자파는 아니지만 초음파에 의한 홀로그램으로는 태아의 영상도 얻을 수 있다. 의학 분야에서 이용되는 것 외에 비파괴 검사에서도 사용되고 있다. X선 레이저가 실용화 되면 그에 따라 홀로그램의 기록도 가능해질 것이다.

전자선을 사용하여 홀로그램을 제작하는 것도 가능하다. 전자가 부(−)에 대전한 입자라는 것은 잘 알려진 사실이며 양자론에 의해 파동으로써의 성질도 가지고 있다는 것 역시 밝혀져 있다. 전자는 원자를 구성하는 일원으로써 그 안에 갇혀 있으며 원자로부터 꺼낸 것을 잔뜩 모은 것이 바로 전자선이다. 전자선은 1/1,000 nm 정도의 극히 짧은 파장을 가지고 있기 때문에 이것으로 홀로그램을 기록하면 양자 역학의 세계를 보는 것이 가능하다. 전자선의 경우는 레이저 광과 같이 간섭성 좋은 파를 얻는 것이 극히 어렵다. 최근에는 히다치 제작소의 소토무라에 의해 전계 방사 전자총을 사용한 고품질 홀로그램의 제작이 가능하게 되었다. 빛에 의한 홀로그램에서 물체의 등고선이 얻어진다는 사실은 잘 알려져 있다. 전자총을 사용한 경우의 등고선은 자력선 그 자체를 나타낸다는 재미있는 결과가 나오고 있다. 전장이나 자장은 우리들에게 보이지 않는 것이기 때문에 이해하기 어려운 존재이지만 전자선 홀로그래피에 의해 전자장의 상황을 명확하게 알 수 있다[33),34)]. [자장이 없는 곳을 통과하는 전자선도 벡터 퍼텐셜의 영향을 받는다] 라는 양자 역학의 근간이 되는 아하라노프 봄(Aharanov－Bohm) 효과를 검증하기 위해 지금까지 다양한 실험이 이루어져 왔다. 그 실험 결과를 둘러싼 길고 긴 쟁론이 이어져 왔지만 소토무라의 획기적인 실험에 의해 아하라노프 봄 효과의 존재가 확인되었다.

PART Ⅲ

실제편

지금까지는 홀로그래피란 무엇인가 어떤 식으로 이용되고 있는가에 대해 기술하였다. 이것을 읽고 홀로그래피에 대해 흥미를 갖게 되어 실제로 홀로그램을 제작해보고 싶다고 생각하는 독자도 있을 것이라고 생각한다. 갖추어야만 할 장비, 부품 등이 있지만 홀로그램을 제작한다는 것은 결코 꿈이 아니다.

실제 편에서는 처음으로 홀로그램을 제작하는 사람을 위한 기본적인 실험장치, 광학 부품 및 레이저의 종류와 그 취급 방법, 광학계의 설치 방법, 홀로그램의 노광, 현상 처리의 방법 등에 대해 기술한다. 또한, 홀로그램을 재생하여 보기 위한 조명 광원에 대해서도 설명하도록 한다.

CHAPTER 11 실험 준비

이 장에서는 홀로그램을 제작하기 위한 준비로써 실험 설비와 실험 장치에 대해 기술한다. 또한, 사용하는 광학 부품의 종류와 그 취급 방법, 광원으로써 레이저의 종류와 특징, 레이저 광의 특성에 대해서도 설명하도록 한다.

11.1 실험실의 환경

홀로그램을 제작할 때에는 통상적으로 건판 홀더에 기록 재료를 붙여서 노광시키기 때문에 기록 재료가 노출되게 된다. 따라서 암실이 필요해진다. 방의 크기는 제작하고자 하는 홀로그램의 크기에 좌우된다. 실험 장치를 놓는 공간과 현상처리 공간은 따로 준비하고 입구로의 왕래가 가능하도록 인접하게 구성하는 것이 바람직하다.

실험 장치를 놓은 공간은 그 무게에 견딜 수 있는 바닥 구조이어야 하며 진동이 없는 조용한 환경이 바람직하다. 공간은 가능한 한 낮은 지역이 좋다. 높아질수록 건물 전체의 흔들림이 커져 바닥에서 전해지는 진동의 영향을 받기 쉬워지기 때문이다. 또한, 실험실 내부의 공기 흐름, 열원에서 나오는 열에 의한 공기의 흔들림 등 간섭무늬의 기록에 영향을 미치는 요소들을 제거할 필요가 있다. 특히 에어컨이 천장에 붙어있는 경우, 공기의 흐름이 간섭무늬의 안전도에 영향을 미칠 수 있기 때문에 에어컨은 실험실에서 독립적으로 컨트롤 하는 것이 바람직하다.

은염유제 등을 현상 표백 처리하는 공간은 넓을수록 좋다. 현상액이나 표백액 등을 처리하는 트레이는 플라스틱 용품이면서 처리의 진행 상황을 확인하며 작업할 수 있는 백색이 바람직하다. 처리 도중의 진행 상황을 알기 위해서는 안전광이 필요하다. 20 W 전구와 어두운 녹색의 팬크로매틱용 필터를 조합시킨 사진용 조명을 트레이에서 약 1 m 정도 떨어진 벽의 위쪽에 붙인다. 실내등을 끄면 이 필터를 통과하는 빛을 통해 잠시 동안 아무것도 보이지 않지만 시간이 지나면 눈이 익숙해져 볼 수 있게 된다. 두 종류의 필터가 회전에 의해 전환되는 세이프 라이트로 만들면 더 유용하다. 세이프 라이트는 정착 또는 표백 처리 도중에 필터를 통과하는 빛을 주황색의 인화지 현상용 가스라이트 필터로 바꾸므로 밝은 분위기에서 그 진행 상황을 보는 것이 가능하다. 현상 처리실은 물을 사용하기 때문에 습도가 높아지기 쉽고 몸에 유해한 약품도 다룰 가능성이 있다. 환기 팬 또는 드래프트의 설치가 불가결하다.

암실에서는 어둠 속에서의 작업이 많아 실내등을 끄고 켜는 일이 잦다. 스위치의 위치, 테이블의 각진 곳, 기타 필요한 목표물 등에 형광 테이프를 붙여두면 그 위치를 쉽게 확인할 수 있다.

11.2 제진대와 광학 테이블

바닥에서 나오는 진동을 흡수하여 광학 테이블(평평한 탁자)에 전달되지 않게 하기 위한 제진 장치를 갖추고 있는 것을 제진대라고 한다. 그리고 광학 부품을 배치하여 광학계를 설치하기 위해 제진대 위에 놓이는 평평한 테이블을 광학 테이블이라고 한다. 좋은 홀로그램을 만들기 위해서는 먼저 확실한 제진대를 준비할 필요가 있다. 밝은 재생 영상을 얻기 위해서는 노광 중 간섭무늬가 반드시 정지해 있어야 하며 이를 위해서는 광학 테이블이 안정되어있어야 하기 때문이다. 밝은 영상을 얻지 못한 경우, 그 원인이 어디에 있는지 검토할 필요가 있다. 제진대가 확실하게 설치되어 있는 경우 그 원인을 다른 곳에서 찾을 수가 있으므로 필요 없는 노력을 줄일 수가 있다. 또한 어느 정도 밝은 상을 얻는다 하여도 그것이 최고의 안정 상태에서 만들어진 것인지 아닌지를 판단하는 것은 어렵다. 보다 안정된 분위기에서 노광할 수 있다면 보다 밝은 상을 얻을 수 있게 된다. 따라서 제진대에는 충분히 주의를 기울일 가치가 있다. 광학 테이블 위에 설치한 광학계가 안정되어있는지 어떤지는 14.2 절에 나올 간단한 간섭계를 설치하고 간섭무늬의 흔들림을 관찰하는 것에 의해 체크할 수 있다.

간단히 설치 가능한 제진 방법으로써 승용차용 타이어의 튜브를 사용하고 그 위에 철 또는 스테인리스로 만들어진 테이블을 탑재한 것이 있다[1)]. 튜브가 쿠션이 되어 바닥에서 나오는 진동을 어느 정도 흡수해주게 된다. 추천할만한 제진대로는 공기압으로 테이블을 띄우는 공기 스프링 방식이 있다. 광학 테이블은 알루미늄 재질의 허니컴(honeycomb) 구조를 가진 수 mm 두께의 스테인리스 판으로 덮여져 있다. 이 장치에 의해 수직방향의 높은 주파수에 대한 진동은 거의 완전하게 제거 가능하다. 보다 고성능의 제진대는 수직방향과 동시에 수평방향의 진동도 흡수하는 구조로 되어 있으며 높은 층에서 사용하는 경우에 매우 유용하다. 본격적으로 홀로그램을 제작하고자 하는 경우에는 공기 스프링 방식의 제진대를 사용하는 것이 바람직하다.

그림 11.1 공기 스프링 방식 제진대와 광학 테이블 및 실험에 사용하는 주요 광학 부품

광학테이블 위에는 광학 부품 외에 레이저 등의 장치를 올려놓기 때문에 그 사이즈는 여유를 두고 가능한 한 큰 편이 좋다. 홀로그램의 크기가 4×5 인치라면 1.2 m×1m 정도, 8×10인치라면 2.4 m×1.2 m 정도가 필요해진다. 노광 중 공기의 흔들림 등을 막기 위해 장치 전체에 커버를 설치하기도 한다. 투과형 홀로그램의 경우에는 반드시 필요한

것은 아니지만 반사형 홀로그램을 제작하는 경우에는 이 커버가 필요해진다. 광학테이블 위에 틀을 짜고 커튼을 덮던가 아크릴 판 또는 내측을 검게 도장한 발포 스티로폼으로 감싼다. 진동이나 공기의 흔들림 등의 영향에 따른 테이블 위에서의 간섭무늬에 대한 안정도는 후에 기술할 간섭계를 설치해 체크하는 것이 가능하다.

광학계를 설치할 때 레이저에서 나오는 빛(레이저 빔)의 높이에도 유의할 필요가 있다. 실수로 빔이 눈에 들어가지 않도록 광학 테이블 및 광학계의 높이에 주의하여야 한다. 빔이 눈높이보다 낮아지도록 하는 것이 바람직하다. 그림 11.1에서 공기 스프링 식 제진대와 광학 테이블 및 홀로그램 제작에 사용하는 레이저, 광학 부품 등을 볼 수 있다.

11.3 광학 부품

홀로그램 제작을 위해 필요한 부품은 거울, 빔 스플리터, 대물렌즈, 핀 홀, 집광(collimator) 렌즈, 또는 구면경, 포물면경, 건판 홀더 등이 있다. 이들 부품에 대한 역할, 사용상의 유의점에 대해 기술해본다[2)]. 사용하지 않을 때에는 비닐 주머니 등을 씌워서 먼지가 쌓이지 않도록 주의할 필요가 있다.

11.3.1 거울

레이저 빔의 방향을 반사에 의해 바꾸기 위한 것으로 유리 기판의 표면에 알루미늄을 증착 한 표면경이 사용된다. 일반적으로 시판되고 있는 거울은 앞부분이 유리면으로 되어있는 이면경(裏面鏡)이다. 여기에 빔이 닿으면 증착 면으로부터의 반사와 유리 표면으로부터의 반사가 겹쳐지게 되어 이중상이나 간섭무늬가 발생하기 때문에 좋지 못하다. 시판되는 표면경은 증착 면을 보호하기 위해 플루오르화 마그네슘 등의 얇은 막이 증착되어 있다. 알루미늄 증착의 경우 반사율은 가시광의 범위에서 80% 정도이며 사용하게 되면 표면이 지저분해지기 때문에 반사율이 떨어진다. 거울의 사이즈는 여러 종류가 있

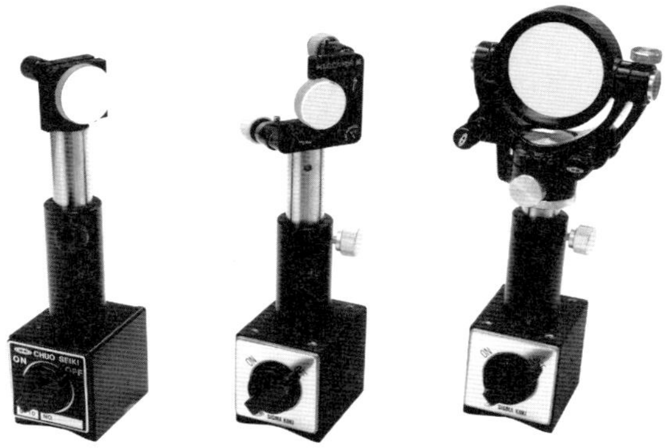

그림 11.2 미러 홀더의 예

지만 빔을 확산시키지 않고 사용하는 경우 직경이 30 mm 에서 50 mm 정도가 좋다. 유리 기판의 면은 광학 연마되어 있다. 그 평면 정밀도는 용도에 따라 1 파장에서 1/10 파장까지가 있다. 정밀도가 1/10 파장이라는 것은 그 거울의 사이즈 전면에 대해 요철이 1/10 파장 정도라는 것을 의미한다. 간섭계를 설치해 측정하기 위해서는 고정밀도의 것이 필요하지만 빔을 확산시키지 않고 사용하는 경우는 낮은 정밀도로도 충분하다.

알루미늄을 증착한 거울의 경우 몇 번이고 반사를 거듭하면 빛의 감쇄가 발생하게 된다. 반사율이 높은 거울로써는 유전체 다층막 거울이 있다. 거울 표면에 수직으로 45°입사할 때 지정된 파장의 빛에 대해서는 거의 100%의 반사율을 보인다. 흡수가 거의 없기 때문에 특히 고출력 레이저 광을 다루는 경우에는 필수적인 부품이다. 광대역을 커버하는 거울로써 거의 가시광 전역에 대해 수직 입사에서 45° 입사까지 99% 이상의 반사율을 가지는 거울도 시판되고 있다. 이는 컬러 홀로그램을 제작하는 경우처럼 파장이 다른 복수의 빛을 사용하는 경우에 편리하다. 이러한 미러를 지탱하기 위한 장치로써는 미러 홀더가 있다. 그림 11.2에서는 그 일례를 보여주고 있다. 우측 끝은 거울의 상하 이동은 물론 좌우 회전과 각도의 미세 조절이 가능한 장치이다. 좌측의 2개는 간이 미러 홀더이다. 이 장치들은 자석(magnet) 스탠드를 사용하여 광학 테이블에 고정 가능하도록 되어 있다.

11.3.2 빔 스플리터와 1/2 파장판

레이저 빔을 참조광 부분과 물체광 부분으로 나누고자 할 때 또는 물체를 복수의 방향으로 조명할 경우에 빔을 분할하기 위해 사용하는 장치이다. 아무것도 증착하지 않은 유리 기판도 투과형의 프레넬 홀로그램을 제작할 때의 빔 스플리터로써 이용할 수 있다. 표면에서의 반사광은 수% 이다. 이것을 참조광으로 90% 정도의 투과광을 물체광으로써 사용한다. 강도 비율은 레이저 광의 편광 방향에도 의존하지만 입사각을 변경하는 것에 의해 일정 범위로 바꾸는 것이 가능하다.

효과적인 빔 스플리터로써는 유리 기판에 크롬을 증착한 것이 사용된다. 바람직한 반사광과 투과광의 강도 비율이 상황에 따라 달라지기 때문에 비율이 다른 몇몇 종류의 빔 스플리터를 준비해두면 매우 편리하다. 크롬 증착의 양을 연속으로 변화시킨 원형의 가변형 빔 스플리터도 있다. 이는 정확한 강도비의 컨트롤이 필요한 경우에 사용된다. 반사광이 증착의 표면과 기판의 뒷면에서 2개가 발생하지만 표면의 반사광 쪽을 사용한다. 기판의 두께가 수 mm 정도인 관계로 빔의 구경이 큰 경우에는 2개의 반사광이 같은 방향이기 때문에 서로의 분리가 불가능해져서 겹쳐지고 만다. 그림 11.3에 나와 있듯이 기판의 표면과 뒷면이 평행이 아니라 쐐기(wedge) 형으로 되어 있으면 이를 피하는 것이 가능하다. 단, 2개로 반사광이 분리되기 위해서는 쐐기의 각도만이 아니라 어느 정도의 거리가 필요하다. 또한, 미러 홀더에 이것을 설치할 때 주의할 점은 쐐기 형태로 되어 있는

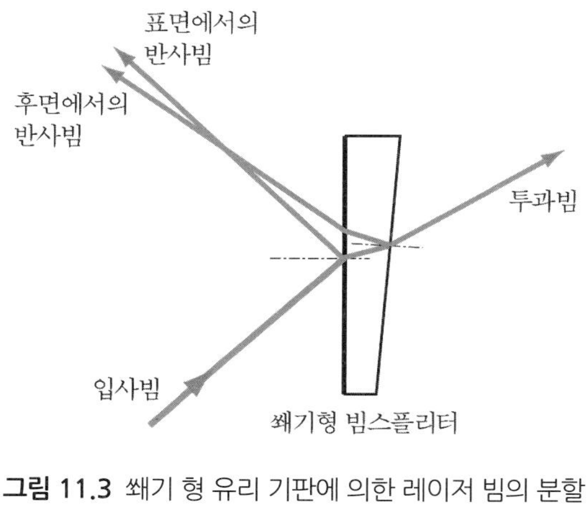

그림 11.3 쐐기 형 유리 기판에 의한 레이저 빔의 분할

가장 얇은 부분과 두꺼운 부분을 연결하는 선이 광학 테이블에 수평이 되도록 하는 것이다. 이것은 광학계를 설치할 때 빔이 일반적으로 광학 테이블에 수평이 되도록 구성하기 때문이다. 미러 홀더를 빔 안에 삽입하더라도 반사광 및 투과광의 방향이 상하로 어긋나지 않고 수평이 유지된다.

이러한 종류의 빔 스플리터는 저가이며 일반적인 사용에는 문제없다. 단점은 크롬에 의해 빛이 흡수되어 버린다는 점이다. 이 때문에 흡수된 양만큼 빛이 감쇄된다. 더욱이, 크롬 증착 등과 같이 빛을 흡수하는 타입의 빔 스플리터는 셔터를 연 순간에 열팽창을 일으켜 변형할 가능성이 높다. 그 때문에 참조광과 물체광의 광로 길이가 상대적으로 변해버려 간섭무늬가 움직이게 된다. 따라서 고출력 레이저를 사용해 홀로그램을 제작하는 경우에는 유전체 다층막의 빔 스플리터를 사용하는 것이 필요하다. 광대역의 제품도 있지만 빔의 입사각, 파장에 의한 투과와 반사의 비율이 달라지기 때문에 주의가 필요하다.

흡수에 의한 손실이 없고 강도비를 연속적으로 바꿀 수 있는 가변 빔 스플리터 장치가 시판되고 있다. 그 중 하나는 그림 11.4에서처럼 편광 빔 스플리터와 2장의 1/2 파장 판을 조합한 것이다. 편광 빔 스플리터는 2장의 직각 프리즘을 붙인 면에 유전체 다층막이 부착된 구조를 하고 있다. 반사광의 편광 방향은 입사각에 수직, 투과광은 수평이 되는 특징을 가진다. 입사측의 1/2 파장 판을 회전시키면 입사 빔을 회전시켜 직선 편광의 각도가 회전각의 2배 만큼 회전하게 된다. 따라서 편광 빔 스플리터에서의 반사광과 투과광의 강도비를 임의로 바꾸는 것이 가능하다. 출력 쪽의 1/2 파장 판은 편광 빔 스플리터를

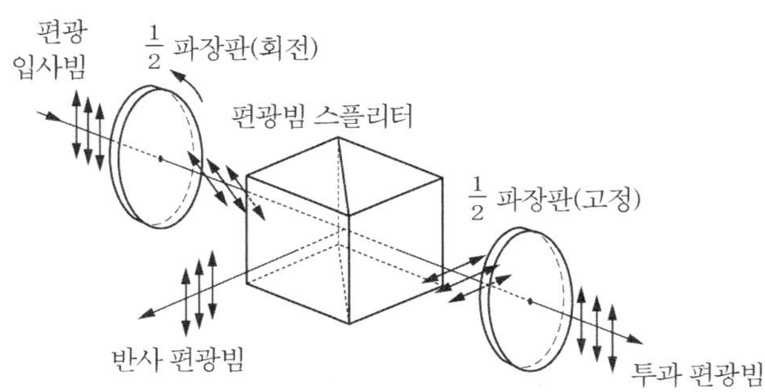

그림 11.4 편광 빔 스플리터와 1/2 파장 판을 사용한 가변 빔 스플리터 구성의 예

투과한 빔의 편향 방향을 90°회전시켜 반사 빔의 편광 방향에 맞추기 위한 것이다. 1/2 파장 판은 사용 파장이 지정되어 있으며 그 파장에 맞는 것을 사용할 필요가 있다.

11.3.3 대물렌즈와 핀 홀의 조합에 의한 공간(spatial) 필터링

레이저 빔을 발산광(구면파)으로써 확산시키기 위해 초점 거리가 짧은 렌즈가 필요하다. 일반적으로 현미경용 대물렌즈를 사용하지만 레이저 빔 전용의 저가 대물렌즈도 시판되고 있다. 대물렌즈의 나사가 잘려있는 쪽을 레이저 측으로 향하게 하여 사용한다. 빔을 어느 정도 각도로 확산시킬 것인가에 맞추어 대물렌즈의 배율을 고른다. 10배, 20배, 40배가 자주 사용된다. 배율이 높아질수록 확산은 커지게 된다. 같은 배율이라도 입사하는 빔의 구경이 작으면 확산은 작아진다. 특별히 큰 확산이 필요한 경우에는 60배를 쓰기도 한다. 대물렌즈를 통과한 빔은 렌즈 끝단 표면 부분에서 얼마 안 되는 곳에 초점이 맺혀진다. 따라서 렌즈 끝단의 표면에 약간의 상처나 먼지가 있어도 그 회절상이 확대되어 노이즈가 겹쳐진 파면이 되어버린다. 이 부분에 상처가 생기지 않도록 특히 주의를 기울여야한다. 먼지 등이 붙은 경우에는 티끌 등이 생기지 않도록 부드러운 전용 종이에 알코올을 묻혀 렌즈 표면을 살짝 닦아주도록 한다.

광학 부품을 사용하다 보면 상처나 먼지가 붙는 것을 피할 수 없다. 거울이나 렌즈에 상처나 먼지가 붙은 경우 거기에 빔이 닿으면 회절이 발생하게 된다.

그림 11.5 공간 필터링 장치의 예

레이저에서 대물렌즈에 이를 때까지 이 같은 잡음의 영향을 받은 빔을 대물렌즈로 확산하면 회절상도 확대되어 노이즈가 많은 지저분한 파면이 된다. 노이즈가 적고 깔끔한 재생 영상을 얻기 위해서는 참조광이 깔끔한 파면을 가지고 있어야 한다. 대물렌즈에 의해 집광된 위치에 핀 홀을 삽입하여 먼지 등의 회절상을 차단하는 것을 공간(spatial) 필터링이라고 한다. 노이즈가 적은 깔끔한 재생 영상을 얻기 위해 필요한 작업이다. 적절한 핀 홀의 직경은 주로 대물렌즈의 배율에 의해 결정된다. 일반적으로 10배 대물렌즈의 경우는 20 μm, 20~40 배 일 때는 10 μm 정도의 것이 사용된다.

스페셜 필터링의 조작은 다소 경험이 필요하다. 핀 홀 판과 대물렌즈를 조합한 장치가 여러 종류 시판되고 있고 이를 사용하면 편리하다. 그림 11.5는 그 예를 나타내고 있다. 장치로써는 핀 홀 판을 이동시켜 조정하는 타입과 대물렌즈를 이동시켜 조정하는 타입이 있지만 광학계의 조정이라는 점을 고려하면 전자가 편리하다. 스페셜 필터링의 조작은 대물렌즈의 위치를 조정한 뒤에 행하지만 후자의 장치에서는 대물렌즈를 이동시켜 핀 홀의 위치로 초점을 가지고 오도록 조정한다. 따라서 핀 홀을 빠져나온 빛은 최초로 조정한 방향에서 어긋나버릴 가능성이 있다. 아래는 핀 홀 판과 대물렌즈 조합 장치를 사용하여 스페셜 필터링을 수행할 때에 대한 순서를 기술한 것이다.

① 먼저 장치를 배치해야 할 위치에서 레이저와 반대 측으로 15~30 cm 정도 떨어진 곳에 백색의 두꺼운 종이로 칸막이를 세워 빔의 위치를 표시 해둔다.

② 핀 홀을 넣지 않은 상태로 장치에 대물렌즈를 붙여 빔을 확산시킨다. 이 때, 확산된 빔의 중심이 확산되기 전 빔의 위치가 되도록 대물렌즈의 위치를 상하 좌우로 움직이며 조정한다. 단, 이런 조정만으로는 대물렌즈의 축에 빔이 일치하지 않을 가능성이 있으며 그 경우 수차가 발생해버린다. 대물렌즈의 축에 빔을 일치시키기 위해서는 대물렌즈에 의한 반사 또는 그 홀더의 단면을 이용한다. 대물렌즈의 면에서 반사된 빔은 조금 확산되며 돌아오지만 정확히 원래의 방향으로 돌아오도록 대물렌즈의 기울기 및 상하 좌우의 위치를 조정한다. 대물렌즈 홀더의 단면이 대물렌즈의 빛축에 거의 수직이라는 것을 이용하여 이 단면에 얇은 유리판을 댄 채로 그 반사 빔을

보면 조정이 쉬워진다. 단 이 경우, 반사 빔이 정확히 원래의 방향으로 돌아가는 것과 확산된 빔의 중심이 ①의 빔의 위치가 되도록 동시에 조정할 필요가 있다.

③ 핀 홀 판을 세팅 한다. 핀 홀의 위치를 상하 좌우로 움직여서 작은 링 상태의 빛(핀홀의 회절상)이 칸막이에 나타나도록 한다. 빛을 찾기 어려운 경우, 핀 홀 판을 대물렌즈에서 멀어지는 방향으로 조금 이동시킨다. 그래도 보이지 않는 경우에는 대물렌즈를 조금 멀리 이동시킨 상태로 핀 홀의 위치를 상하 좌우로 움직이면 나타나게 될 것이다. 빛이 나타나면 이것이 가장 밝아지도록 그림 11.6(a)와 같이 핀 홀의 위치를 상하 좌우로 움직이며 재조절한다.

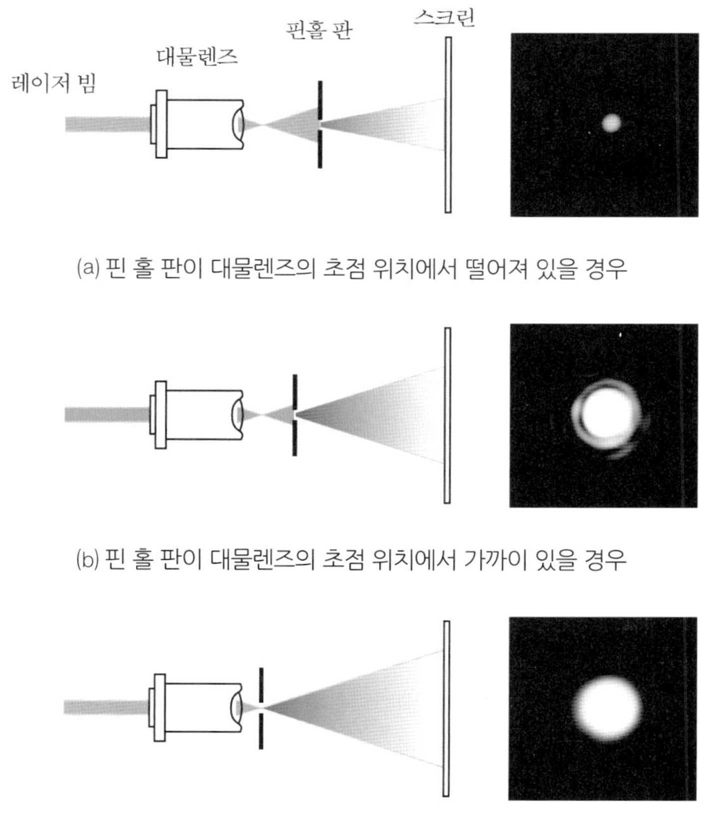

(a) 핀 홀 판이 대물렌즈의 초점 위치에서 떨어져 있을 경우

(b) 핀 홀 판이 대물렌즈의 초점 위치에서 가까이 있을 경우

(c) 핀 홀 판이 대물렌즈의 초점 위치와 일치할 경우

그림 11.6 공간 필터링의 조작 순서

④ 핀 홀 판을 살짝 대물렌즈 쪽으로 움직인다. 이 때 빛의 위치가 어긋나 어두워지게 된다. 이 빛이 가장 밝아지도록 핀 홀을 상하 좌우로 움직인다. 이 조정을 반복하다 보면 그림 11.6(b)처럼 링이 점점 커지게 된다. 이 링이 사라지고 일정한 빛이 되는 위치가 목표 위치가 되며 그림 11.6(c)에서와 같이 파면이 깔끔하게 되어 있을 것이다. 이 위치를 넘어서 핀 홀이 대물렌즈에 접근하게 되면 다시 링이 나타나게 된다. 마지막으로 확대된 빛의 중심이 핀 홀을 넣지 않았을 때의 빔의 위치와 일치하는 것을 확인한다.

11.3.4 콜리메이터(collimator) 렌즈와 광축 일치

콜리메이터 렌즈는 대물렌즈와 조합하여 큰 구경의 평행광을 얻기 위한 렌즈이다. 참조 광으로써 평행 광을 사용하는 경우 필요해진다. 필요로 하는 렌즈의 직경은 홀로그램의 크기에 비례한다. 4 × 5인치에서는 12 cm 정도, 8 × 10인치에서는 30 cm 정도가 필요하다. 2장의 렌즈를 붙이는 것이 아니라 양면 또는 단면 볼록렌즈를 이용하면 된다. 어느 쪽도 구면 수차가 있지만 수차를 작게 하기 위한 렌즈는 양면의 곡률이 조금 다르며 곡률 반경이 보다 작은(볼록한)면을 평행광 측으로 향하게 하여 사용한다. 이를 역으로 배치하면 구면 수차가 발생해버리기 때문에 잘못 배치하지 않는 것이 중요하다. 렌즈의 양면에는 반사 방지막을 붙이는 것이 바람직하다. 이것이 붙어있지 않으면 뒷면, 그리고 다음에 표면에서 반사되어 형성되는 발산 광이 평행광과 같은 축에서 겹쳐진다. 따라서 피할 수 없는 또 하나의 참조광이 되어버리는 경우가 발생한다. 이 영향은 재생 영상을 관찰하고 있을 때 임의의 위치에 조명 광원의 상이 재생 영상에 중첩되어 보이는 현상이 되어 나타난다. 이 영향은 렌즈와 홀로그램 사이의 거리를 충분히 멀게 하는 것으로 실제적으로 제거하는 것이 가능하다.

평행광을 얻기 위해서는 대물렌즈의 초점 위치에서 콜리메이터 렌즈까지의 거리가 콜리메이터 렌즈의 초점거리가 되도록 맞춰야 한다. 이 조정을 실행하기 전에 필요한 것은 렌즈의 광축과 레이저 빔의 축을 일치시키는 것이다. 이들이 일치하지 않으면 평행광에 수차가 발생할 가능성이 있다. 양 축을 확실히 일치시키는 간편한 방법은 아래와 같다. 먼저 콜리메이터 렌즈를 배치할 위치를 정하고 거의 그 중심에 빔이 통과하도록 렌즈를 세팅한다. 그림 11.7에서와 같이 빔이 통과할 정도의 구멍을 낸 칸막이를 콜리메이터 렌즈에서 떨어진 곳에 배치하고 렌즈 양면에서 나오는 반사광이 어디로 돌아가는가를 관찰한다.

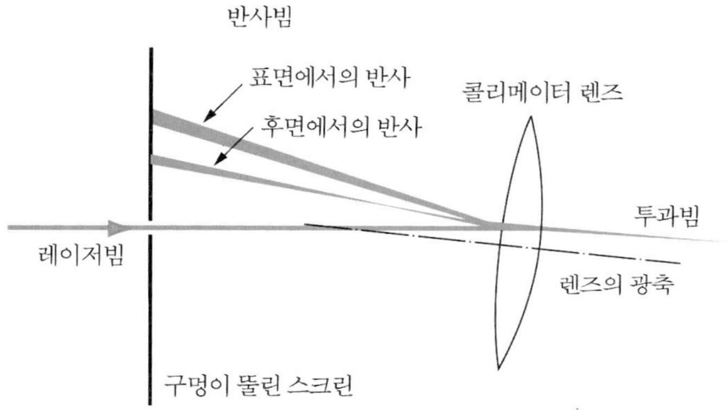

그림 11.7 렌즈의 광축을 레이저 빔에 일치시키기 위한 조정

칸막이 위에서는 렌즈의 표면과 뒷면에서의 반사광에 의한 2개의 스폿이 관찰된다. 그림 11.7과 같이 콜리메이터 렌즈의 광축과 빔의 축이 일치되지 않으면 이들 스폿은 구멍의 위치에서 벗어난 곳에 생긴다. 렌즈를 상하 좌우로 움직여 2개의 스폿이 정확히 구멍의 위치에 겹쳐질 때가 양축이 정확히 일치할 때이다. 2 혹은 3개의 파장에 대한 구면 수차를 없애는 아크로매틱 렌즈나 아포크로매틱 렌즈는 1장의 렌즈가 아니라 여러 개를 붙여 맞춘 렌즈로 되어 있다. 이 렌즈의 경우 붙여 맞춘 면으로부터의 반사광은 간섭을 동반하며 발생한다. 따라서 실제로는 3개의 스폿이 관찰되지만 렌즈의 축이 빔의 축에 일치했을 때 이들 스폿은 동일한 위치에 겹치게 된다. 여기서도 조정을 할 때 렌즈를 넣기 전에 조금 떨어진 위치에 칸막이를 세우고 빔이 닿는 위치에 표시를 해둔다. 렌즈의 축 조절이 제대로 이루어졌다면 렌즈를 통과한 빔은 표시한 위치에 정확히 닿게 될 것이다.

렌즈 대신에 오목면 거울이 자주 쓰이기도 한다. 오목면 거울을 사용하면 크게 제작하기 쉬우며 또한 렌즈를 사용할 때 발생하는 뒷면의 빛도 발생하지 않는다. 수차를 고려하면 광축에서 벗어나는 포물면 거울이 이상적이다. 깔끔한 참조광을 얻기 위해서는 거울의 면에 먼지 등이 앉지 않도록 주의하여야 한다. 사용하지 않을 때는 커버로 완전히 가려두는 등의 주의가 필요하다.

11.3.5 평행광의 제작법

이와 같은 방법으로 조정한 콜리메이터 렌즈의 앞에 대물렌즈를 배치하여 평행광을 만든다. 제대로 평행광이 되어 있는지 아닌지를 확인하기 위해서는 간단히 렌즈에서 떨어진 위치에서 평행광의 직경을 측정하면 된다. 직경이 콜리메이터 렌즈 직후의 직경과 동일하면 평행광인 것이다. 본격적으로 정확한 평행광을 얻기 위한 조정법으로써 오토 콜리메이션 또는 쉐어링 간섭법의 원리를 사용한 방법이 있다. 오토 콜리메이션 방법은 그림 11.8에 나와 있는 바와 같이 콜리메이터 렌즈의 후방에 거울을 배치하고 여기에서 나오는 반사광의 스폿을 대물렌즈의 초점 위치에 놓은 칸막이에서 관찰하는 것이다. 콜리메이터 렌즈는 곡률 반경이 보다 작은 면을 평행광 측으로 향하게 배치해야 한다고 앞서 기술하였다. 정확히 평행광이 되어 있다면 거울에서 나오는 반사광은 칸막이 위에서 초점이 맺힐 것이다. 콜리메이터 렌즈 또는 대물렌즈를 움직여서 반사광이 가장 작은 스폿이 되도록 조정한다. 실제로 대물렌즈는 핀 홀 판과 조합하여 장치에 붙어있는 경우가 많기 때문에 칸막이를 원하는 위치에 삽입할 수 없는 경우가 있다. 이 경우에도 대물렌즈의 단면 또는 핀 홀의 중심에서 조금 떨어진 곳에 반사광의 스폿이 오도록 하는 방법으로 오

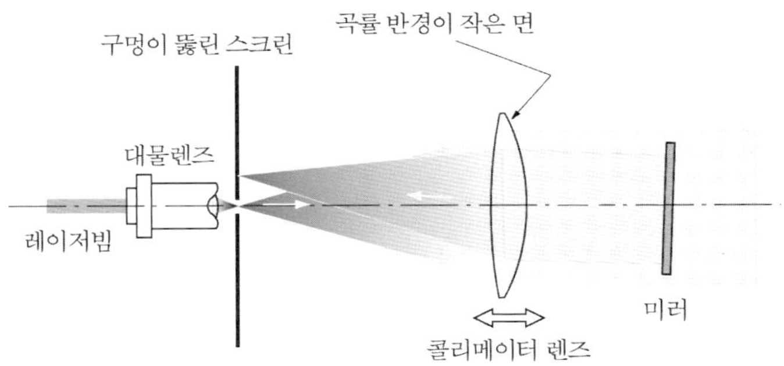

그림 11.8 오토 콜리메이션 방법에 의한 평행광의 제작 방식

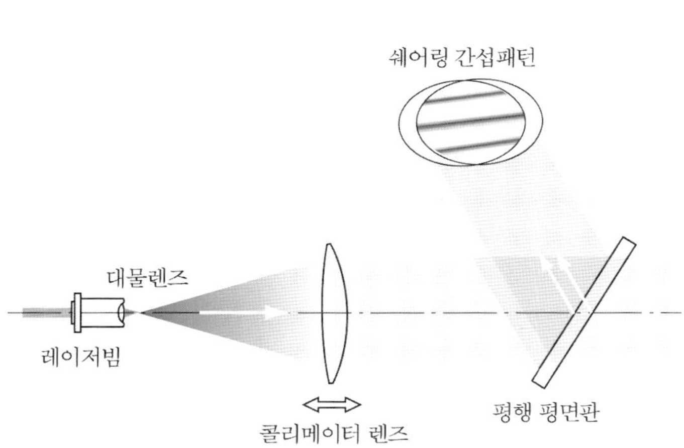

그림 11.9 쉐어링 간섭법에 의한 평행광 제작 방식

토 콜리메이션의 원리를 활용하는 것이 가능하다.

쉐어링 간섭법의 원리를 사용한 것도 있다. 그림 11.9에서와 같이 만들고 싶은 평행광 안에 두께 10 mm 정도의 평행 평면 판을 대각선으로 삽입하여 평면판의 표면과 뒷면에서 나오는 반사광을 칸막이에 투영시킨다. 2개의 반사광은 조금 가로 방향으로 어긋나며 간섭한다. 대물렌즈 또는 콜리메이터 렌즈를 광축의 방향으로 움직여서 출력되는 빛이 평행광에 가까워지면 겹쳐진 부분에 세밀한 간섭무늬가 나오게 된다. 거기서 더 움직이면 간섭무늬가 엉성해지다가 그 후 다시 세밀해지는 것을 관찰할 수 있다. 간섭무늬가 가장 엉성해지고 겹쳐진 부분 전면이 균일한 밝기(이것을 원 컬러라고 한다)가 되었을 때가 평행광이 된 시점이다. 이 때 2개의 반사광 파면은 평면이며 그것이 옆으로는 어긋나 있지만 평행으로 겹쳐지기 때문에 전면이 균일한 밝기가 되는 것이다. 단, 실제로는 렌즈의 수차 등에 의해 원 컬러로 만드는 것이 어렵기 때문에 가장 엉성할 때에도 무늬가 몇 개 남는 것이 보통이다. 렌즈를 광축 방향으로 움직여서 이 상태가 되도록 조정하는 방법으로 평행광을 만든다. 이 방법에서는 평행 평면 판이 필요하기 때문에 하나 준비해두면 편리해진다. 거의 평행인 경우와 구면 수차를 동반한 경우의 사진을 표시 하였다. 평행 평면 판이 아니라 쐐기 형태인 것을 사용하면 평행광이 되었을 때에도 간섭무늬가 발생한다. 이를 이용하면 그 휜 정도를 통해 렌즈 주변 부분의 수차의 상황을 파악하는 것이 가능하다.

11.3.6 건판 홀더

건판 홀더는 기록 소재인 건판 및 필름을 고정하기 위한 것으로써 필름이 노광 중에 움직이지 않게 할 필요가 있다. 시판되고 있는 것으로는 좌우 양측을 스프링으로 고정하는 방식이 있다. 이 방식은 건판을 간단히 부착 및 탈착할 수 있다는 이점이 있다. 반사형 홀로그램의 경우 간섭무늬의 방향은 건판 면에 대해 거의 수직이다. 따라서 노광 중에 건판이 수직 방향으로 0.1μm 라도 움직이면 간섭무늬의 기록이 불가능해져 재생 영상을 얻을 수 없게 된다. 이 방향으로 움직이게 되는 원인으로써는 건판 부근의 공기의 작용에 의해 습도 또는 온도가 변동하게 되고 그 결과 건판이 바이메탈 효과를 일으켜 구부러지기 때문이라고 생각된다.

그림 11.10 3곳에 핀을 배치한 건판 홀더의 예

이러한 영향을 최대한 줄이기 위해서는 그림 11.10에 나와 있듯이 건판의 가장자리 전부를 고정하는 건판 홀더가 적당하다. 고정 판은 나사로 고정하지만 너무 단단히 조이지 않도록 주의한다. 건판이 균일하게 고정되어 있는지 아닌지는 건판의 유리 측 주변을 손톱으로 살짝 두들겨보면 알 수 있다. 고정되어 있다면 딱딱한 소리가 나지만 그렇지 않으면 부스럭거리는 소리가 나게 된다.

필름의 경우는 노광 중에 움직이기 쉽기 때문에 2 장의 유리판 사이에 끼운다. 이 경우 유리 표면에서 나오는 반사광의 간섭 등에 의해 홀로그램에 불필요한 무늬가 들어가 버리게 된다. 이 현상을 없애기 위해서는 유리나 필름과 거의 동등한 굴절률을 가진 액체, 예를 들면 크실렌(xylene) 등으로 필름과 유리 사이를 채운다. 좀 더 간단하고 효과 있는 방법은 반사 방지막을 붙인 유리판을 사용하는 것이다.

이 건판 홀더에는 건판의 위치 결정을 위한 핀이 3개 있다. 아래의 두개로 수평을 잡고 남은 하나로 좌우 위치를 정한다. 이것을 사용하면 홀로그램의 재현이 잘되도록 세팅할 수 있기 때문에 컬러 홀로그램을 제작하는 경우나 실시간 홀로그래피 간섭에 대한 실험을 할 때 편리하다.

11.4 레이저

레이저(laser)는 light amplification by stimulated emission of radiation(방사 유도 방출에 의한 광 증폭)의 머리글자를 딴 것으로써 유도 방출을 이용하여 빛의 증폭과 발진을 수행하는 장치이다. 홀로그램의 기록에는 간섭성이 좋은 광원이 필요하며 이를 위해 레이저는 필수 불가결한 존재이다. 여기에서는 레이저 광의 특성과 홀로그램을 제작하기 위해 사용되는 주요 레이저에 대해 기술하도록 한다[3].

11.4.1 레이저 광의 특성

레이저 광은 일반적으로 뛰어난 단색성과 지향성을 가지고 있어 코히어런스(coherence)가 우수하다. 코히어런스라는 것은 그 빛이 얼마나 간섭성이 좋은가를 나타내는 단어로 시간적 코히어런스와 공간적 코히어런스의 2 종류가 있다[4]. 시간적 코히어런스는 발진 파장 폭 즉, 바꿔 말하면 단색성에 관계된다. 참조광과 물체광의 광로차가 어디까지 허용되는가에 대한 기준이 되는 코히어런스 길이는 발진 파장의 폭에 반비례하며 그것은 레이저의 종류와 구조에 의존한다. 한편, 공간적 코히어런스는 빛의 파면의 평행성, 즉 지향성에 관계되는 것이다. 레이저에서 나오는 빛은 일반적으로 가느다란 빔이며 그 파면은 거의 평행이 되어 있어 거의 원거리에 있는 점 광원에서 나온 빛과 같아 보인다. 따라서 수차가 없는 렌즈로 집광하면 매우 작은 점으로 집광이 가능하다. 그 빔을 직경 1 m로 넓혀 38만 km 떨어져있는 달을 향해 발사하면 달의 표면에 겨우 수백 m 정도의 직경으로 확대되어 있는 것을 확인할 수 있다. 레이저 빔의 단면 강도는 싱글 모드에서 발진하고 있는 경우 가우시안 분포라고 불리는 분포를 보여준다. 그림 11.11에서와 같이 중심이 강하고 주변이 될수록 약해진다. 이 빔을 대물렌즈 등으로 확대해도 그 분포는 그대로 유지된다. 따라서 균일한 농도의 홀로그램을 제작하려면 참조광을 적당히 넓혀 그 중심부를 사용해야 한다.

다음으로 홀로그램의 제작에 자주 사용되는 레이저에 대해 기술한다.

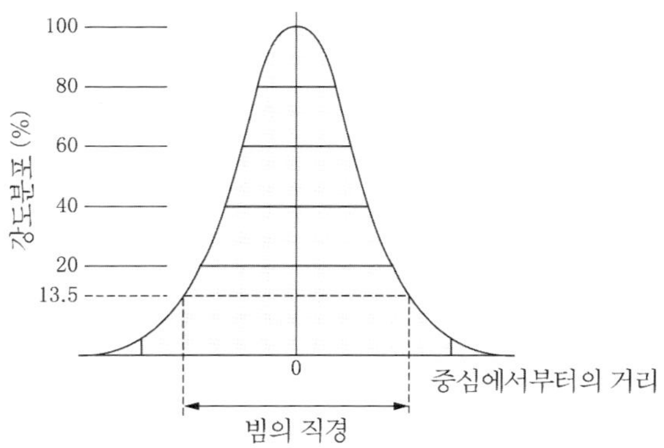

그림 11.11 싱글 모드 발진 레이저 빔의 단면 강도 분포(가우시안 분포)

11.4.2 홀로그램의 제작에 사용되는 주요 레이저

(a) 헬륨－네온 레이저

기체 레이저 중에서는 최초로 발진한 레이저이며 안정된 출력을 얻을 수 있고 수명이 길기 때문에 자주 사용된다. 연속 발진하는 붉은 빛을 얻을 수 있으며 파장은 632.8 nm

이다. 출력은 작은 것이 0.5 mW 큰 것은 75 mW정도이다. 코히어런스 길이는 공진기의 길이에 따라 다르지만 20 cm 정도가 된다. 출력이 큰 레이저는 외부 미러 형이며 출력광은 직선 편광을 하고 있다. 레이저의 발진관은 유리 또는 용융된 석영으로 만들어진 관이며 미러를 붙이는 방식에 따라 내부 미러형과 외부 미러형으로 나뉜다. 내부 미러형은 발진관의 양 끝에 직접 미러를 융착 접합 하는 것으로써 소형 레이저가 많다. 이와 달리 외부 미러형은 그림 11.12에서와 같이 레이저 발진관의 양 끝에 브루스터(Brewster) 각이 되도록 브루스터 창이라 불리는 유리판을 융착시킨 것이다. 브루스터 각으로 유리판에 입사된 빛의 경우, 지면(紙面)에 수직인 편광 성분은 일부가 유리판에서 반사되지만 평행 성분은 반사의 손실이 없어 모두 투과하는 성질을 가진다[5)]. 이를 이용하여 미러1 과 미러2 로 구성되는 광 공진기 사이를 수 없이 반사되고 증폭되어 나오는 빛은 지면에 대해 평행 성분만 남게 되어 직선 편광된 빛을 얻을 수 있다. 내부 거울형의 경우는 특정한 방향으로는 편광하지 않는 비편광 특성을 갖는다.

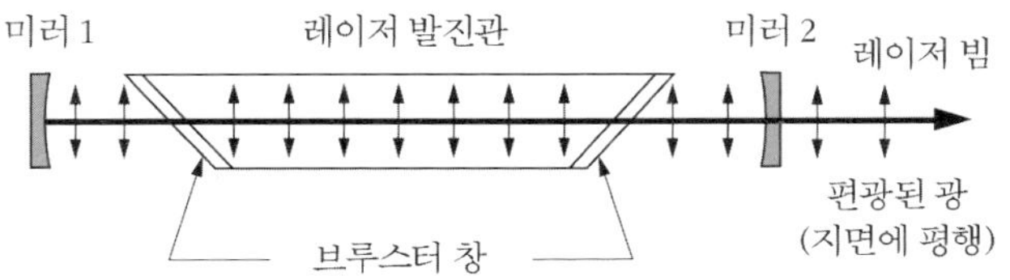

그림 11.12 외부 미러형 레이저에서 빔의 편광 특성

(b) 아르곤 이온 레이저, 크립톤 이온 레이저

아르곤 이온 레이저는 녹색에서 청색에 걸쳐 몇 개의 발진 선을 가진다. 특히 514.5 nm과 488.0 nm의 2개가 강하다. 레이저 관에 흐르는 방전 전류가 크기 때문에 이를 식힐 필요가 있다. 모든 발진 선을 합친 총 출력은 공랭식일 때는 수십 mW, 수랭식일 때는 1 W에서 수 W 정도로 강하다. 파장의 선택은 광 공진기 안에 프리즘을 넣어 그 각도를 바꾸는 방법을 이용한다. 코히어런스 길이가 수 cm 정도로 짧기 때문에 홀로그램의 기록에 사용하기 위해서는 광 공진기의 내부에 에탈론(etalon)이라 불리는 또 한조의 짧은 광 공진기를 삽입 할 필요가 있다. 에탈론을 삽입하는 것에 의해 출력은 반 정도로 감소하지만

코히어런스 길이를 수 m 정도로 늘리는 것이 가능하다. 크립튼 이온 레이저는 구조적으로 아르곤 이온 레이저와 거의 동일하다. 발진 선이 몇 개 있지만 647.1 nm가 가장 강하기 때문에 통상적으로 이 파장의 빛을 사용한다. 에탈론이 필요한 것은 아르곤 이온 레이저의 경우와 동일하다.

(c) 헬륨－카드뮴 레이저

포토레지스트 등 단파장에서만 감도를 갖는 기록 재료에 이용된다. 발진 파장은 441.6 nm 또는 325 nm이며 코히어런스 길이는 수 cm 정도로 짧다. 적색에서 청색까지 몇 개의 발진선이 동시에 나오는 백색 레이저도 개발되어 있다. 팬에 의한 공랭식이기 때문에 그 진동이 광학 테이블에 전달되기 쉬워 주의가 필요하다.

(d) Nd : YAG 레이저, Nd : YBO_4 레이저

아르곤 이온 레이저의 514.5 nm 빛을 대신하는 것으로써 최근에는 반도체 레이저 여기(勵起)의 고체 레이저인 Nd : YAG 레이저 또는 Nd : YBO_4 레이저가 녹색의 광원으로써 광범위하게 사용되고 있다. 파장은 532 nm, 출력은 10 mW에서 10 W 정도까지 있다. 아르곤 이온 레이저의 경우와는 달리 물로 냉각할 필요가 없다. 또한 링 형태의 광 공진기로 구현하기 때문에 코히어런스 길이가 150 m 정도로 길다. 연속 발진하는 레이저 외에 펄스 발진하는 것도 있다. 최근에는 청색의 빛으로 발진하는 소형 경량의 레이저가 실용화 되고 있다. 이는 아르곤 이온 레이저의 488 nm 및 476.5 nm 빛을 대신하는 것으로 이용된다.

(e) 반도체 레이저

반도체 레이저는 구조적으로 다른 레이저와는 매우 다르며 초소형 · 경량이라는 장점에 높은 출력까지 갖추고 있다. P형 반도체와 N형 반도체의 접합에 순방향의 전류를 흘린다. 활성층이라 불리는 면에 정공과 전자가 서로 끌어당겨 결합할 때 유도 방출이 일어난다. 활성층은 수 μm로 얇으며 그 굴절률은 인접한 층의 굴절률보다 조금 높게 되어있어 그 내부를 빛이 전반사 하며 왕복하게 된다. 반도체의 양 단면은 완전한 평면이 되어 있어 광 공진기의 역할을 하며 이 단면에서 레이저 광이 나오게 된다. 모양은 장축과 단축의 비가 5 : 1 정도인 긴 타원 형태를 하고 있으며 장축 방향으로 편광하고 있다. 프리즘을 통과시켜 형태를 원형으로 형성하는 것이 가능하다. 발진 파장은 반도체의 성분에 따라 결정되며 발진은 시판 초기에 적외선이었지만 현재는 635 nm 부근의 것도 있다. 이는 헬륨－네온 레이저의 파장과 거의 동일한 것이다. 더욱 더 단파장으로의 개발이 진행되어 청색 반도체 레이저도 실용화 되고 있다. 반도체 레이저의 종류에 따라서 1 m 이상의 코히어런스 길이를 갖는 것도 있다. 이 레이저의 특징은 흘리는 전류의 크기나 온도가 변하면 발진 파장이 변한다는 것이다. 이를 이용하면 2개의 파장을 사용한 홀로그램을 기록하여 물체의 등고선을 얻는 것이 가능하다.

(f) 펄스 레이저

펄스 레이저는 순간적으로 강력한 레이저 광을 발산하는 레이저이다. 루비 레이저는 고체 레이저의 일종으로 1960년에 세계에서 처음으로 발진했다. 인조 루비의 단결정을 레이저 매체로 하는 것이다. 여기에 강한 크세논(xenon) 램프의 빛을 조사하여 여기(勵起) 하는 것에 의해 파장 694.3 nm 펄스 상태의 빛을 얻을 수 있다. 루비 단결정은 다수의 불균일성을 가지기 때문에 핀 홀을 넣어 발진 위치를 조정한다. 또한 몇 개의 불규칙한 발진선이 있기 때문에 에틸렌(ethylene)을 넣어서 사용할 필요가 있다. 이에 따라 코히어런스 길이가 수 m 나 된다. KDP 등의 광 변조기를 광 공진기 내부에 끼워 넣고 고속으로 투과율을 변화시켜 단시간 동안만 빛을 통과시키는 [Q 스위칭 법]에 의해 피크 출력이 수 MW, 펄스 폭이 10~20 ns 정도인 높은 출력의 짧은 펄스광을 얻을 수 있다. 이 레이저 광을 사용하면 사람이나 동물에 대한 홀로그램의 제작이 가능할 뿐 아니라 운동하고 있는 물체도 쉽게 기록 할 수 있다.

더 짧은 시간 동안 발진하는 초단(超短) 펄스 레이저로써 피코(pico) 초 레이저, 펨토(femto) 초 레이저가 있다. 150 fs의 펄스광은 공기 중에서 길이가 겨우 45 μm인 폭의 빛이며 코히어런스 길이도 극히 짧다. 이는 홀로그램의 기록에서 물체광과 참조광의 펄스가 시간 및 공간적으로 일치했을 때에만 간섭무늬가 형성된다는 말이 된다. 이 특징을 이용하여 홀로그램을 기록하면 제 9 장에서 기술한 바와 같이 펄스광의 전파 상태를 가시화하는 것이 가능하다.

11.4.3 레이저 광의 편광과 간섭

레이저 발진관의 구조 및 레이저의 종류에 따라 출력되는 빛의 편광 상태가 결정된다는 것은 이미 기술하였다. 참조광과 물체광의 간섭에 의한 간섭무늬가 콘트라스트가 좋은 상태로 형성되기 위해서는 두 빔이 같은 방향으로 편광 되어야 할 필요가 있다. 따라서 홀로그램을 제작할 때의 레이저는 그 빔이 직선 편광 되어 있는 것이 바람직하다. 또한 그 방향은 광학 테이블의 면에 대해 수직 또는 평행하게 맞춘다. 이것은 테이블의 면에 대해서 평행으로 나온 빔을 복수의 거울 등을 사용해 그 방향을 바꿀 때, 빔이 언제나 테이블의 면에 대해서 평행이 유지 되도록 평면적으로 광학계를 설치하는 한 편광 방향은 유지되기 때문이다. 하지만 입체적으로 광학계를 설치했을 때는 편광 방향에 주의할 필요가 있다. 대각선 위쪽 또는 대각선 아래쪽에서 빔을 반사시키면 일반적으로 직선 편광이 아니라 타원 편광이 되어버린다. 그 결과, 참조광과 물체광의 편광 상태가 홀로그램 면에서 서로 달라져 간섭무늬의 콘트라스트가 떨어질 가능성이 있다. 마스터 홀로그램을 재생하여 이미지 홀로그램을 제작하는 경우에는 특히 이 부분에 유의할 필요가 있다. 확산 물체를 기록하는 경우에는 이 영향을 그다지 받지 않는다. 이는 직선 편광된 빛으로 확산 물체를 조명하는 경우에 물체 표면의 구조에도 의존하지만 그 반사광은 거의 비편광, 즉 편광이 해소되어 어느 진동 방향에 대해서도 균일한 강도가 되어버리기 때문이다.

각각의 광학 부품을 테이블의 면에 따라 배치하여 건판 홀더의 면을 테이블의 면에 대해 수직으로 하는 통상적인 광학배치를 고려해보자. 이 경우 형성되는 간섭무늬의 콘트라스트에 대해 말하자면 편광 방향은 수직(s 편광)인 쪽이 보다 바람직하다. 특히 참조광, 물체광 모두 평행광인 경우는 s 편광을 사용한다. 단, 확산 물체에서 참조광 및 물체광의 입사각이 홀로그램 면에 수직인 방향에 대하여 그다지 크지 않은 경우, 즉 일반적인 홀로그램을 제작하는 경우에는 전술한 이유에 의해 거의 차이가 없다.

기록 재료로 필름을 사용하는 경우에는 간단한 고정 방법으로 두 장의 유리판에 필름을 끼우는 방법이 있다. 이 때, 유리의 표면에서 나오는 반사광을 줄이기 위해 액침(液浸)하는 방법이 있다는 것을 기술했었다. 다른 방법으로는 편광 방향을 수평(p 편광)으로 하여 기록하는 방법을 통해서도 반사광을 경감시키는 것이 가능하다. 특히 참조광의 각도가 큰 경우 유효한 방법이다.

편광 방향을 체크하기 위해서는 편광판을 사용하는 것이 편리하다. 간단한 것으로는 얇은 플라스틱 시트 등에 요오드를 배향시켜 흡착시킨 편광판이 시판되고 있다.

표면이 매끈거리는 반사면을 가진 물체의 경우를 생각해보자, 예를 들어 손목시계를 대상으로 하여 홀로그램을 기록할 때, 표면의 유리판에서 나오는 정반사광 및 금속 부분에서 나오는 강한 반사광의 편광 상태는 거의 보존되어 참조광의 편광 방향과 거의 동일하다. 그 때문에 이 부분의 재생 영상은 확산된 부분보다 밝아진다. 이 홀로그램을 마스터 홀로그램으로 하여 이미지 홀로그램을 기록하는 경우, 물체광의 장소에 따라서 강도의 극단적인 차이가 발생할 경우가 있어 깔끔한 홀로그램을 작성하는 것이 어렵다. 이와 같은 경우, 편광판을 사용해 물체를 조명하는 빛의 편광 방향을 참조광의 그것에서 적당히 회전시키는 것에 의해 재생 영상에 극단적인 밝기의 차이를 줄이는 것이 가능하다. 어떤 밝기의 분포를 가진 재생 영상을 얻을 수 있는가를 편광판을 사용해 미리 아는 것도 가능하다. 건판 홀더의 위치에서 편광판을 통해 물체를 들여다 보았을 때 물체광의 편광 상태가 물체의 위치에 의해 달라지는 경우, 편광판을 회전시키면 물체의 밝기가 장소에 따라 달라진다. 특히 정반사광의 부분이 달라진다. 편광판을 통과한 빛의 편광 방향을 참조광의 편광 방향과 일치시켰을 때 물체의 보이는 모습은 재생 영상과 거의 일치한다.

11.4.4 레이저 광에 대한 안전성

레이저 광은 지향성이 뛰어나며 에너지 밀도가 높기 때문에 취급에 충분한 주의가 필요하다. 레이저 광의 안전 기준에 대해서는 일본 공업 규격의 [레이저 제품의 안전 기준]으로써 다양한 클래스로 나뉘어 규정되어 있으며 2005년에 개정되었다[6]. 홀로그램의 제작은 어두운 방에서 행해지는 경우가 많아 실험자의 동공이 커져있는 상태이기 때문에 눈의 안전에 특히 주의하지 않으면 안 된다. 비교적 약한 레이저 광이라도 직접 빔을 들여다보는 것은 피해야만 한다. 강한 레이저에 대해서는 특히 안전에 신경을 써야한다. 눈에 들어간 레이저 광은 망막 위에 집광되어 마치 용접되는 것처럼 단백질의 열 응고가 발생하기 때문에 망막 조직의 파괴 및 손상이 일어날 위험이 있다. 따라서 필요에 따라서는 보호 안경의 착용이 의무화 되어 있다. 특히 아르곤이온 레이저 등에서 나오는 청색 빛은 망막에서의 흡수가 매우 크기 때문에 강한 레이저 광이 직접 눈에 들어가는 것은 매우 위험하다. 광학 부품의 금속부분에서 발생하는 반사광에도 주의가 필요하다. 빔을 직접 피부에 조사하는 것도 위험하다.

CHAPTER 12 은염유제의 처리법

본 장에서는 실제로 홀로그램을 제작하기 위한 은염유제의 처리 방법에 대해서 기술한다. 은염유제의 경우 현상하여 만들어진 홀로그램은 진폭 형이지만 현상 후 표백 처리에 의해서 위상 형으로 변환된다. 이 경우 정착은 행하지 않는다. 표백 처리에 의해 60 퍼센트 정도의 회절 효율을 얻을 수 있다. 현상액으로써 D－19, 보이트러－씨, CW－C1, CW－C2 등을 사용하고 표백액으로써는 철 EDTA, PBQ－1, PBQ－2 등이 사용된다. 홀로그램은 진폭형의 경우 일반적인 사진 처리와 같이 현상과 정착 처리를 행한다. 위상형의 경우는 정착을 행하지 않고 표백 처리를 한다. 밝으며 노이즈가 적은 재생 상을 얻기 위해서 다양한 수단의 처리 방법이 보고되고 있다[1).

12.1 현상(Developing)

노광에 의해서 간섭 줄무늬의 강도 분포에 대응한 할로겐화 은의 잠상(潛像, latent image)이 형성된다. 그것을 금속 은으로 변환하여 투과율 분포로 변환하는 것이 현상이다. 홀로그래피에 있어서 현상된 은 입자는 구형으로 생겨져 있는 만큼 미립자인 것이 바람직하다. 현상은 그 구성에 의해서 3 가지로 분류된다[2).

화학 현상은 현상핵을 가진 할로겐화 은 입자가 현상 유제에 의해서 직접 환원되어 금속 은으로 바뀌는 것이다. 현상에 주로 사용되는 약품으로써는 메톨(metol) 또는 페니돈(phenidon)과 하이드로 퀴논(hydroquinone)이 있다. 대표적인 것으로써 D－19, 보이트러－씨 등의 현상액이 있다. D－19는 경조현상액이며 현상력이 강하기 때문에 적은 노광 양으로도 가능하다. 그러나 참조광 중심부와 주변부 강도의 차이가 큰 경우에는 중심부만이 검게 되어 얼룩이 큰 홀로그램이 되어 버린다. 이러한 현상을 피하기 위해서는 참조광을 충분히 넓혀서 그 강도가 홀로그램 면과 균일하게 될 수 있도록 세팅 할 필요가 있다. 보이트러－씨 현상액은 고선명도 현상액이라고 불린다. 현상력은 약하지만 중심부와 주변부 강도의 차이가 어느 정도 크더라도 얼룩이 적은 홀로그램을 만들 수 있다.

용해 물리 현상은 현상액으로 주로 사용되는 약품과 비교하여 다량의 할로겐 은 용제(티오시안산암모늄 등)를 현상액에 포함하고 있는 경우 발생한다. 이것은 우선 은염 입자를 녹여 발생한 은 이온이 현상액에 의해 현상핵을 가지는 은염 입자 부분에서 환원되는 것이다. 대표적인 것으로써 러시아에서 개발된 GP－2, GP－8 등이 있다. 은 입자는 작으며 또한 현상 처리만으로 적당한 위상 변조가 생기기 때문에 밝은 반사형 홀로그램을 만들 수 있는 것으로 알려져 있다.

탄닝(tanning) 현상은 카테콜(catechol), 피로갈롤(pyrogallol) 등의 주요 현상액을 포함하여 아황산염이 적은 현상액에 의한 현상으로 산화 생성물인 젤라틴에 대한 경화 작용이 강하다. 현상된 은의 주변에 있는 젤라틴 분자의 가교(架橋) 역할을 하고 젤라틴을 국소적으로 경화시켜 노광부와 미노광부 사이의 굴절율 차이를 증대시킨다. 이것이 다음으로 이어지는 표백 처리에 의해서 위상 변조를 더욱 증대시키게 되므로 회절 효율이 높은 홀로그램을 얻을 수 있다. 대표적인 것으로써 CW－C2 현상액이 있다. 이것과 PBQ－2 표백액과의 조합으로 회절 효율이 높은 홀로그램을 얻을 수 있다. CW－C1 도 자주 사용된다.

정착하는 경우의 용액은 일반적으로 산성 경막의 정착액을 사용한다. 자주 사용되는 것은 코닥 래피드 픽서(Kodak Rapid Fixer), 슈퍼 후지 픽서, 후지 픽서 등이 있다.

12.2 표백(Bleaching)

위에서 설명한 현상액을 사용하여 만들 수 있는 홀로그램은 일반적으로 진폭 홀로그램이며 얻을 수 있는 회절 효율은 잘해야 몇 % 밖에 얻을 수 없다. 회절 효율을 올려 밝은 재생 상을 얻기 위해서는 위상 홀로그램을 만드는 것이 바람직하다. 표백은 그것을 위한 처리 과정이다. 현상 은이 다시 한 번 투명한 할로겐화 은으로 변환되어, 할로겐화 은이 많은 부분과 젤라틴이 많은 부분의 굴절률 차이에 의해서 위상 홀로그램이 생긴다. 대표적인 표백액으로써 취소(臭素) 표백액, PBQ－2 표백액, 철 EDTA 표백액 등이 있다. 취소 표백은 시판하고 있는 취소수를 몇 퍼센트 정도로 옅게 하여 그 안에 홀로그램을 담근다. 일반적으로 표백 된 홀로그램은 빛에 대하여 불안정하다. 장시간 빛을 받지 않으면 할로겐화은이 차차 은으로 변환되어 착색 되는 소출(燒出) 효과라고 불리는 현상이 생기기 쉽다. 취소 표백은 빛에 안정적이며 소출 효과가 없고 또한 회절 효과가 높아지는 특징이 있다. 표백 전의 홀로그램 농도가 높은 경우 표백 된 홀로그램은 부옇게 흐려(白濁) 산란이 많아지는 경향이 있다. 또한 취소수로부터 나오는 가스는 점막 등에 나쁜 영향을 주기 때문에 배기구의 환기가 잘되는 곳에서 처리하여야 한다. PBQ－2 표백액에서는 독성이 있는 약품을 사용하기 때문에 장갑을 끼는 등 취급에 주의할 필요가 있다.

12.3 현상 · 표백 처리 순서

여기서는 홀로그램의 표준적인 현상, 표백 처리의 순서에 대해서 설명한다. 좀 더 구체적인 처리에 대해서는 제 13장, 제 14장에서 다루고 있다. 먼저 각각의 처리를 위해 백색 플라스틱의 납작한 용기에 각 처리액 등을 넣어 둔다.

우선, 진폭 홀로그램을 제작하기 위한 순서는 다음과 같다.

① 현상 : 사용하는 현상액의 사양에 따라서 주어진 시간으로 진행한다.
② 물로 씻기 : 흐르는 물 안에 30초 동안 헹군다.
③ 정착 : 사용하는 정착액의 사양에 따라서 주어진 시간으로 진행한다.
④ 물로 씻기 : 흐르는 물속에 5분 동안 헹군다.
⑤ 드라이 웰(dry well) 등 활성제가 들어간 물에 30초 동안 담가 놓는다.
⑥ 건조 : 세로로 둔 채 건조 시킨다.

물로 씻은 후 메탄올(methanol)에 담가 건조시키는 방법도 있다. 이렇게 하면 좀 더 빠르고 균일하게 건조시킬 수 있다.

정착이 종료되기 까지는 안전한 빛 아래에서 처리를 진행하며 그 이후는 밝은 곳에서 진행하여도 된다. 정착 처리를 수행한 홀로그램은 빛이 닿지 않은 부분의 할로겐화 은이 제거되기 때문에 홀로그램 두께가 노광 때보다 10~15 % 수축된다. 따라서 반사형 홀로그램의 경우 재생 파장이 기록 파장보다 짧은 파장 쪽으로 벗어난다. 이러한 현상은 컬러 홀로그램에서 문제가 된다. 홀로그램 두께를 원래 상태와 동일하게 만들고자 할 때에는 건조 후의 홀로그램을 6% 전후의 트리에탄올아민(triethanolamine) 또는 D－소르비톨(sorbitol) 수용액에 5분 정도 담구면 팽윤(膨潤)한다[3]. 정착 처리를 생략한다면 홀로그램은 거의 기록 때의 두께를 유지한다. 그러나 빛이 닿지 않은 부분의 할로겐화 은이 그대로 남아있기 때문에 이 부분으로부터의 산란에 의해 노이즈가 많아지는 경향이 있다.

다음으로 위상 홀로그램을 제작하기 위한 표준적인 순서를 설명한다.

① 현상 : 사용하는 현상액의 사양에 따라서 주어진 시간으로 진행한다.
② 물로 씻기 : 흐르는 물에 30초간 헹군다.
③ 표백 : 홀로그램이 투명해질 때까지 진행한다.
④ 물로 씻기 : 흐르는 물에 5분간 헹군다.
⑤ 드라이 웰 등 계면활성제가 들어간 물에 30초 동안 담가 놓는다.

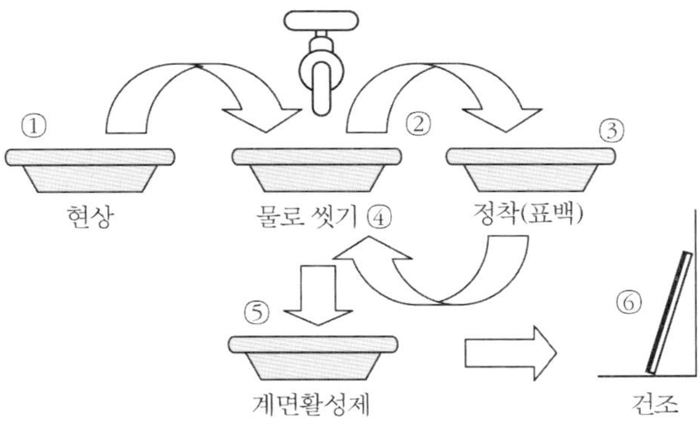

그림12.1 현상 · 표백 처리 순서

⑥ 건조 : 세로로 둔 채 건조시킨다.

건조 방법은 진폭 홀로그램의 경우와 같다. 그림 12.1은 현상・표백의 처리 순서를 보여준다.

12.4 각종 현상액과 표백액

홀로그램 용 현상액, 표백액의 대부분은 스스로 제조해야만 한다. 아래에 대표적인 현상액, 표백액의 조합 방법에 대해서 설명하도록 한다.

12.4.1 진폭 홀로그램을 위한 현상액

(a) D－19 현상액

조합된 분말제가 시판되고 있다. 개인적으로 조합하는 경우에는 다음과 같이 약품을 순서에 따라서 녹이도록 한다.

메톨(metol)	2g
무수 아황산나트륨(sodium sulphite anhydrous)	90g
하이드로키논(Hydroquinone)	8g
탄산나트륨 1수화물(sodium carbonate monohydrate)	52.5g
취화칼륨(臭化 Kalium, Brom化 Kalium)	5g

증류수를 더하여 1,000 cc 로 한다. 현상시간은 20도에서 5분이다.

(b) 보이트러－씨 현상액

A액	메톨(metol)	10g
	무수 아황산나트륨(sodium sulphite anhydrous)	50g

증류수를 더하여 1,000 cc 로 한다.

B액	무수 탄산나트륨(sodium carbonate anhydrous)	50g

증류수를 더하여 1,000 cc 로 한다.

이들을 보존액으로 하여 A액 1 : 증류수 10 : B액 1 의 비율로 혼합하여 사용한다. 현상시간은 20도에서 4~5분이다.

12.4.2 위상 홀로그램을 위한 현상액과 표백액의 조합

(a) CS－C1 현상액 + 철 EDTA 표백액

■ **CW－C1 현상액**

카테콜(catechol)	10g
무수 아황산나트륨(sodium sulphite anhydrous)	10g
무수 탄산나트륨(sodium carbonate anhydrous)	30g

증류수를 더하여 1,000 cc 로 한다. 현상시간은 20도에서 3~5분이다.

수명은 일주일 정도이다. 짙은 액(5배 정도)으로 만들면 1개월은 보존 가능하다. 카테콜, 무수 아황산나트륨 액, 무수 탄산나트륨 액을 따로 따로 보존해 두어도 1개월 이상은 보존할 수 있다. 카테콜 대신 하이드로키논(5g)을 사용하여도 좋다. 하이드로키논은 독성이 없으며 안심하고 사용할 수 있다. 이 때 무수 아황산나트륨은 5g을 사용한다.

■ **철 EDTA 표백액**

철 EDTA(Ferric sodium－EDTA)	30g
취화칼륨	30g

증류수를 더하여 1,000 cc 로 한다.

구연산(citric acid) 10g 정도를 더하면 처리능력이 강해져 시간이 단축되지만 수명이 짧아진다.

투과형 홀로그램과 반사형 홀로그램 모두 이 조합을 가장 권장한다. 이 방법으로 처리한 반사형 홀로그램은 다소 수축한다. 그 양은 8E75HD의 경우 25%, 러시아산 유제로는 5% 정도이다.

(b) CW－C2 현상액 + PBQ－2 표백액

■ **CW－C2 현상액**

카테콜	10g
L－아스코르빈산(ascorbic acid)	5g
무수 아황산나트륨	5g
요소(CO_2)	50g
무수 탄산나트륨	30g

증류수를 더하여 1,000 cc 로 한다. 현상시간은 20도에서 2분이다.

■ **PBQ－2 표백액**

파라벤조퀴논(parabenzoquinone)	2g
구연산	15g
취화칼륨	50g

증류수를 더하여 1,000 cc 로 한다.

(c) PFG－03M 및 BB 시리즈의 처리법 (JD－4 처리)

■ **현상액**

A액

메톨	4g
L－아스코르빈산	25g

증류수를 더하여 1,000 cc 로 한다.

B액

무수 탄산나트륨	70g
(탄산나트륨 1수화물의 경우는 81.9g)	
수산화나트륨	15g

증류수를 더하여 1,000cc로 한다.

사용 직전에 A액과 B액을 1 : 1로 혼합한다. 현상시간은 20도에서 2분 정도이다.

■ **표백액**

황산구리 5수화물	5g
(무수 황산구리의 경우는 22.4g)	
취화칼륨	100g
유산 수소 나트륨 1수화물	5g

증류수를 더하여 1,000 cc 로 한다.

12.4.3 표백하지 않고 위상 홀로그램을 얻기 위한 현상액

(a) GP－8 현상액

페니던	0.2g
하이드로키넌	5g

무수아황산 나트륨	100g
수산화 칼륨	10.6g
티오시안산암모늄	24g

증류수를 더하여 1,000 cc 로 한다.

이것을 보존액으로 하여, 60 cc 의 보존액에 400 cc 증류수를 더하여 사용한다. 현상시간은 20도에서 6분이다.

(b) GP－2 현상액

페니던	0.2g
하이드로키넌	5g
무수아황산 나트륨	100g
수산화칼륨	5g
티오시안산암모늄	12g

증류수를 더하여 1,000 cc 로 한다.

이것을 보존액으로 하여 15 cc 보존액에 400 cc의 증류수를 더하여 사용한다. 현상 중에는 교반(攪拌, agitation)하지 않는다. 현상시간은 20도에서 12분이다.

위와 같은 처리는 PFG 등의 초밀입자 유제에 대하여 유용하게 작용한다. 여기서 처리된 홀로그램은 짙은 다갈색(茶褐色)이 되는 것이 특징이다. PFG 유제는 딱딱하게 굳지 않으며 여름 등 수온이 높은 상태에서 처리하면 막이 녹아버린다. 따라서 현상에서 물로 씻기까지 처리 온도를 저온(18도 이하)으로 유지하던지 현상 전에 막이 굳어지도록 처리할 필요가 있다.

CHAPTER 13 가장 간단한 홀로그램의 제작

처음으로 홀로그램을 만들어보려고 하는 분들을 위해 가장 간단한 2종류의 홀로그램을 소개한다. 한 가지는 투과형 홀로그램이며 또 다른 한 가지는 데니슈크 홀로그램이라고 불리는 반사형 홀로그램이다. 후자는 백색광으로 재생할 수 있는 홀로그램이다. 두 가지 모두 레이저 광을 넓히는 것에 의한 단순한 광학계로 제작 가능하다. 그 제작 방법을 구체적으로 설명하도록 한다.

13.1 제작에 있어서 주의할 사항

- 레이저광을 직접 들여 다 보지 않는다.
- 미러, 빔 스플리터, 렌즈 등의 표면은 절대 만지지 않는다.
  또한, 먼지나 쓰레기 등이 묻어있지 않도록 주의한다. 불순물이 붙어있는 경우는 블로어 브러시(blower brush)로 떼어낸다. 표면이 더럽혀지면 거기서부터 빛의 굴절이 발생하여 노이즈가 많은 재생 영상이 만들어진다.
- 기록 재료나 홀로그램에 대해서도 동일한 주의가 필요하며 손으로 잡을 때는 그림 13.3에서와 같이 가장자리 부분을 잡도록 한다.

13.2 사용 부품

홀로그램을 제작하기 위해 필요한 부품은 광원으로써의 레이저 이외에 빔을 넓히기 위해서 사용하는 40배 대물렌즈와 그 홀더 그리고 건판 홀더가 있다. 물체를 올리는 받침대도 있으면 좋다. 여기서는 5 mW 의 헬륨 네온 레이저와 적색에 감광되며 비교적 구하기 쉬운 감광 재료로써 Slavich사의 PFG－03M 건판을 사용하는 경우를 예로 설명한다. 건판 사이즈는 4 × 5인치를 사용한다. 작은 물체를 사용하면 작은 사이즈 건판(2.5 × 2.5 인치)을 사용할 수도 있다. 홀로그램은 광학테이블 위에서 제작한다. 다음은 제작 순서를 설명한다. 광학계의 구성은 밝은 방에서 수행한다.

13.3 투과형 홀로그램의 제작

13.3.1 광학계 구성

(1) 광학계 배치를 그림 13.1에 나타내었으며 그 구성에 대한 사진은 그림 13.2와 같다. 우선, 레이저를 광학테이블 위에 배치하여 레이저 빔이 광학테이블 면에 거의 평행하도록 조정한다. 또한 그 높이는 건판 홀더에 세팅하는 건판 중심 부근에 놓일 수 있도록 한다. 레이저는 그것을 고정하는 홀더를 사용하는 것이 이상적이지만 적당한 높이의 받침대 위에 올려서 사용하는 것도 가능하다. 레이저로부터 1 m 정도 떨어진 위치에 하얀색 판자를 세워 빔의 위치를 표시해 둔다.

(2) 레이저로부터 몇 cm 떨어진 곳에 40배의 대물렌즈를 놓고 빔을 넓혀 그 중심이 원래 빔의 위치에 있을 수 있도록 조절한다. 대물렌즈 중심이 빔의 높이와 같다면 넓힌 빔 중심이 원래 빔의 높이가 될 것이다. 넓혀진 빔 중심이 원래 빔의 높이보다 위에 있는 경우는 대물렌즈 쪽이 빔 보다 높아져 있는 것이다. 따라서 그 경우는 대물렌즈를 조금 내린다. 반대로 밑으로 내려간 경우는 올린다. 같은 요령으로 좌우의 벌어짐을 조정한다.

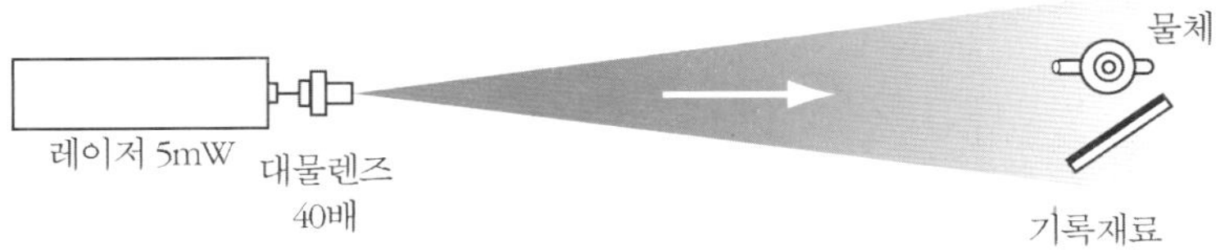

그림 13.1 간단한 투과형 홀로그램 제작용 광학계

그림 13.2 간단한 투과형 홀로그램 제작 광학계의 사진
오른쪽의 흰 판자는 넓어진 레이저 빔이 건판 홀더의 어느 부분에 도달하고 있는지 확인하기 위해 놓은 것이다.

(3) 레이저로부터 70 cm 정도인 곳의 빔 내부에 건판 홀더와 물체를 세팅한다. 건판 홀더의 방향은 홀로그램 면이 빔 방향에 대해서 45도 정도가 되도록 한다. 물체는 딱딱하고 반사가 좋은 것으로 선택한다. 도자기로 된 장식품 등이 이상적이다. 안정되게 세팅 되어져 있는지 아닌지를 확인한다. 넓혀진 빔의 거의 1/2 에 해당하는 부분이 직접 건판에 닿을 수 있도록 하고 남은 1/2 이 물체를 조명할 수 있도록 한다. 물체는 될 수 있는 한 건판 홀더에 가깝게 한다. 그러나 물체에 의해 건판을 조명하는 빛이 차단되지 않도록 한다. 또한 건판 홀더를 통해 물체를 보았을 때 될 수 있는 한 물체의 많은 부분에 빛이 닿을 수 있도록 물체 위치나 방향을 조절한다. 이것으로 광학계 구조는 마무리된다.

(4) 검은 판자를 레이저 앞에 세우고 빔을 차단한다. 이것을 셔터로써 사용할 것이다. 방의 조명을 끄고 어두운 상태로 만든다. 잠시 후면 눈이 익숙해져 주위가 보이게 된다. 검은 종이에 빔이 닿아 반사된 빛이 흘러나오는데 이 정도의 빛은 신경 쓰지 않아도

된다. 오히려 아주 적은 빛이 있는 편이 작업하기 쉽다. 레이저 종류에 따라서는 열을 방출하기 위한 상부의 틈새가 있어 거기로부터 상당한 빛이 흘러나온다. 이 경우는 상부에 조그마한 공간을 남기고 검은 종이 또는 알루미늄 판 등으로 덮는다.

건판 홀더에 건판을 세팅한 후 검은 종이에 손이 닿는 정도로 광학테이블로부터 떨어져서 2~3분 정도 조용히 기다린다. 건판은 유리 판 위에 유제가 발라져 있는 것이다. 유제면 쪽을 물체 측으로 향하게 한다. 어느 쪽이 유제면 인가를 알기 위해서는 익숙해 지지 않으면 어렵다. 못 등의 뾰족한 것을 준비해 두어 건판 끝을 가볍게 긁어보면 알 수 있다. 유리면의 경우는 그저 미끄러질 뿐이지만 유제면 에서는 저항이 있어 표면에 상처를 입히게 된다. 건판을 강하게 누르거나 조이지 말고 가볍게 설치한다. 안정되게 세팅해져 있는지 손가락으로 건판 끝을 가볍게 두드려 본다. 안정되어져 있으면 딱딱한 소리가 나고 안정되어 있지 않는 경우는 바삭바삭한 소리가 난다.

(5) 검은 종이를 들어 올려 건판을 노광한다. 이 제작 예에서는 건판 면의 중심에서 레이저 광의 강도는 $80\mu J/cm^2$ 정도가 되어 있을 것이며 노광시간은 6초 정도이다. 검은 종이가 레이저나 광학 부품, 광학테이블 등에 닿지 않도록 주의한다. 또한, 물체 및 건판에 빛이 닿고 있는지 않은지를 확인한다. 노광 후, 검은 종이로 빔을 다시 한 번 덮고 건판을 떼어내어 빛이 들어오지 않는 상자에 넣는다. 수평으로 상자에 넣는 경우에는 유제면이 위로 향하도록 한다.

13.3.2 현상 처리

현상 처리 작업은 일반적인 사진 처리의 경우와 거의 같으며 넓적한 용기를 사용하여 현상을 한다. 건판이 들어가는 크기의 넓은 트레이를 3개 늘어놓고 현상액, 물, 표백제를 각각 넣는다. 물에 씻기 위한 트레이는 조금 큰 것을 사용하는 것이 좋다. 실내조명을 끄고 안전광을 킨다. 모든 처리는 이 안전광 조건 하에서 수행한다. 11.1절에서 설명한 것과 같이 안전광은 20 W 전구와 어두운 녹색의 팬크로매틱용 필터를 조합한 사진용 세이프 라이트가 적합하다. 안전광이 없는 경우는 어두운 상태에서 현상처리를 행한다, 어두움에 눈이 익숙해 져서 조금 주변이 보이는 정도의 밝기는 상관없다. 건판을 상자로부터 가지고 나와 유제면이 위에 향하도록 하여 아래와 같은 처리를 수행한다. 유제면을 아래쪽으로 향하게 하면 처리가 일정치 않게 되어버리거나 유제면에 상처가 생길 위험이 있다. 사용 처리액은 12.4.2 절 c)의 JD－4를 사용한다. 구체적인 처리 순서는 12.3절에서 서술하였다. 구체적인 진행 순서는 다음과 같다.

① 현상 : 시간은 20도에서 2분 정도이다. 현상 중에 넓적한 트레이를 가끔씩 움직여 액을 교반한다. 현상액 속에 넣어 조금 있으면 건판의 노광된 부분이 점점 검게 된다. 2분이 지나도 별로 검게 되지 않는 경우는 그대로 현상을 계속한다. 두 배인 4분까지도 가능하다.

② 물에 씻기 : 흘러가는 물속에 30초 정도 담가 헹군다.

③ 표백 : 홀로그램이 투명해 질 때 까지 진행 한다.
표백 중에는 트레이를 가끔씩 움직여 액을 교반한다. 표백이 끝나면 전등을 켜도 좋다.

④ 물에 씻기 : 5분정도 흐르는 물속에 둔다.

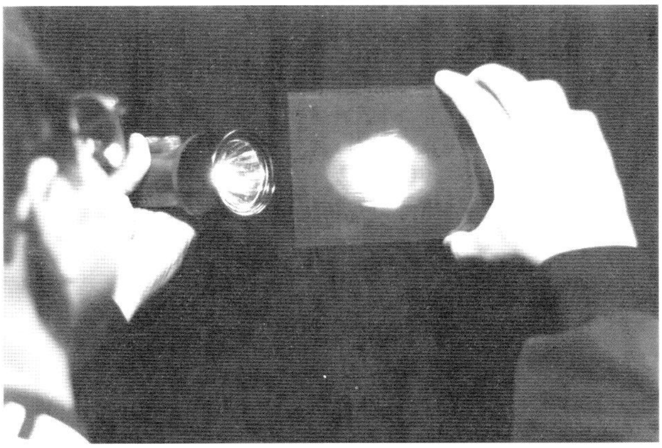

그림 13.3 손전등에 의한 홀로그램의 확인
무지개 같은 것이 보이면 홀로그램이 만들어져 있다고 생각해도 된다.

⑤ 건조 : 시중에서 판매하는 계면 활성제(드라이 웰, 포토프로 등) 수용액에 30분 정도 담근 후 홀로그램을 수직 위치로 두어 건조 시킨다. 계면활성제가 반드시 필요한 것은 아니다. 메탄올에 담가도 좋다. 결과를 빨리 보고 싶은 경우는 헤어드라이어의 냉풍을 이용하여 건조시킨다.

건조된 홀로그램에 손전등 등의 빛을 대각선 방향으로부터 비추어 홀로그램을 들여다보자. 비추는 방향은 레이저 광이 건판에 들어오는 방향과 거의 같다. 그림 13.3에서 보는 바와 같이 무지개와 같은 것이 보인다면 홀로그램이 생겼다고 생각해도 좋다. 레이저를 사용하여 재생한다면 제대로 된 상을 보는 것이 가능하다. 어떻게 해서도 무지개가 보이지 않는 경우는 홀로그램이 생겨져 있지 않을 가능성이 높다. 어쨌든 레이저 광을 비추어 재생해 보자.

13.3.3 재생 영상의 관찰

건조된 홀로그램을 건판 홀더에 올려 레이저 광을 비춘다. 이 때, 노광하기 위해 건판을 설치한 것과 같은 방향으로 세팅할 필요가 있다. 상하, 표면과 뒷면의 위치가 다르다면 재생 영상을 보는 것은 불가능하다. 바르게 세팅하였다고 하고 홀로그램에 얼굴을 가까이 대고 들여다보자. 홀로그램 속에 무엇이 보인다고 생각하면 이 상태에서는 물체 그 자체가 보이는 것이다. 거기에 검은 천 등으로 물체를 덮어보자. 물체가 있던 위치에 그 상이 보이는 것은 아닐까? 보인다면 그것이 바로 홀로그램으로부터 나온 재생 영상을 보고 있는 것이다. 홀로그램을 옆으로 조금씩 움직이면 그것에 따라서 상도 이동할 것이다. 이와 같이 처음으로 홀로그램을 자신의 손으로 만들 수 있다.

13.3.4 재생 영상이 보이지 않는 경우의 원인과 대책

영상이 아무것도 보이지 않는 경우는 아마 홀로그램이 바르게 세팅되어있지 않을지도 모른다. 상하 좌우, 전후를 표시한 후 다시 홀더에 넣어 보자. 그래도 보이지 않고 손전등으로 비추어도 무지개 같은 것이 보이지 않는 때는 아쉽지만 실패이다. 영상이 간신히 보이긴 하지만 상당히 어두운 경우도 포함하여 실패의 원인을 몇 가지 정도 생각할 수 있다. 가능성이 높은 쪽으로부터 열거하여 그 대책을 표시하면 다음과 같다.

1. 건판에 빛이 닿지 않았다.
   무엇인가 때문에 빔이 차단되는 경우가 있다. 이것은 노광할 때에 확인할 수 있는 일이다. 이 경우 현상을 하더라도 전혀 검게 되지 않는다. → 광학계를 한 번 더 체크한다.

2. 노광 중 진동 등에 의해 간섭무늬가 기록되지 않았다.
   이것을 확인하는 것은 현 단계에서 어렵다. 셔터로써 사용한 검은색 종이가 노광 중에 광학 부품 등에 닿지 않았던 것은 아닐까? 그렇지 않다고 한다면 광학테이블을 사용하고 있지 않는 경우 진동이 영향을 미치고 있다는 것을 충분히 생각할 수 있다. 다음 장에서 간섭무늬의 안정도를 체크하기 위한 방법을 설명한다. → 가능하면 조용한 상태에서 노광한다.

3. 건판에 이미 다른 빛이 노출되어 있었다.
   이것은 현상 할 때 알 수 있다. 건판을 현상액에 넣으면 바로 검게 되고 지정 시간 후에는 아주 새까맣게 되어져 버린다. 건판 홀더로 눌린 부분과 같이 빛이 닿지 않은 부분까지 검게 된다. 이러한 건판이 있다면 이것을 보관하고 있는 상자에 들어있는 다른 건판도 빛이 닿았을 가능성이 높다. 이것을 체크하기 위해서는 보관하고 있는 건판의 일부를 잘라내어 현상해 보면 알 수 있다. → 새로운 건판을 사용한다.

4. 레이저 출력이 충분하지 않았다.

이 경우는 노광이 부족하여 현상 때 건판이 충분히 검게 되지 않았다. → 출력을 측정하여 적정한 노광량을 부여한다. 측정 장치가 없는 경우는 노광 시간을 길게 해 본다.

5. 현상액이 달랐거나 오래되었다.

현상액이라고 생각했던 것이 표백제였거나 정착액이었거나 하는 경우가 있다. 이 경우는 1 의 원인과 같이 전혀 검게 되지 않는다. 현상액이 오래된 경우도 전혀 검게 되지 않는다. 오래됨의 정도에 따라서 충분히 검게 되지 않는 경우도 있다. 현상액의 종류에 따라서 수명이 짧은 것도 있기 때문에 주의가 필요하다. → 현상액을 확인한다. 새로운 현상액을 사용한다.

6. 건판이 오래되었다.

구입한 홀로그래피 용 건판은 냉장고에 보관한다. 일반적으로 몇 년이 지나도 사용할 수 있는 경우가 많다. 오래되면 감도가 낮아져서 건판이 흐려지는 현상이 생겨난다. 노광 시에 건판 홀더로 누르고 있던 주변부는 빛이 닿지 않았기 때문에 현상처리를 하여도 검게 되지 않고 투명해야 한다. 건판이 흐려지는 현상이 생기면 이 부분도 차차 검게 되어져 3의 경우와 같이 노광된 부분과의 차이가 없어지게 된다. → 새로운 건판을 사용한다.

이정도의 원인을 점검하고 그 대책을 세워서 다시 한 번 도전해 보자.

13.4 데니슈크(Denisyuk) 홀로그램의 제작

백색광에서 재생 할 수 있는 가장 간단한 홀로그램을 제작 해 보자.

13.4.1 제작 광학계와 현상 처리

앞에서 설명한 투과형 홀로그램을 제작하기 위해 넓힌 빔을 그대로 사용한다. 광학계 배치를 그림 13.4에 나타내었으며 그 사진을 그림 13.5에 표시하였다. 빔의 한 가운데에 건판 홀더를 두고 바로 뒤에 물체를 세팅한다. 대물렌즈와 건판 홀더 사이의 거리는 70 cm 정도로 한다. 건판 홀더는 빔의 방향이 홀로그램 면에 수직한 방향에 대해서 30~45도 정도가 되도록 세팅한다. 이 홀로그램은 반사형 홀로그램이며 기록 된 간섭 줄무늬의 간격이 상당히 좁다. 따라서 진동이나 광학계 주변 공기의 흔들림에 영향을 받기 쉽기 때문에 건판과 물체를 일체화하여 고정하는 것과 같은 방안을 생각 하는 것이 좋다. 또한, 건판을 통과한 빛으로 물체가 조명되기 때문에 가능한 한 반사가 좋은 물체를 고르는 것도 필요하다. 이 홀로그램의 경우는 노광 시간을 8초로 한다. 노광할 때의 주의할 사항과 현상 처리 과정은 앞에서 서술한 홀로그램의 경우와 같다. 반사형 홀로그램의 경우에는 건조함에 따라서 주변부로부터 서서히 상이 나타나는 것이 보인다. 상이 보이게 되면 제작은 성공이다.

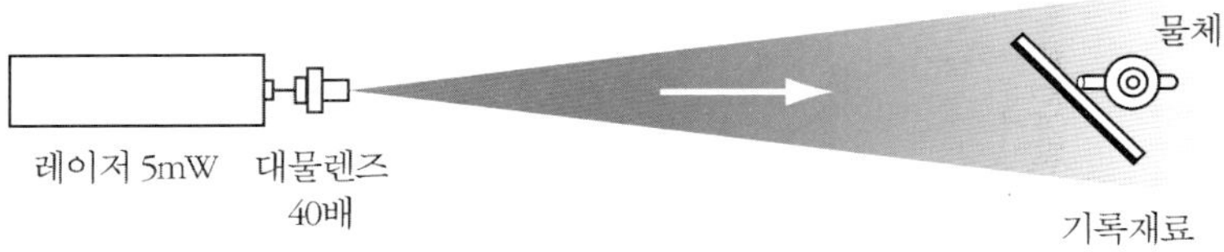

그림 13.4 데니슈크(Denisyuk) 홀로그램의 제작 광학계

그림 13.5 데니슈크(Denisyuk) 홀로그램 제작 광학계 사진

13.4.2 재생 영상의 관찰

충분히 건조 했다면 손전등과 같은 스포트라이트로 재생 영상을 관찰하자. 물론 태양광이어도 좋다. 작은 광원을 갖는 빛으로 재생 할수록 상은 선명해 진다.

반사형 홀로그램의 경우 상이 전혀 보이지 않는다던지 어두운 경우 원인이 될 수 있는 가장 주된 요인은 간섭무늬가 노광 중에 움직이는 것이다. 그것은 진동으로 인해 건판과 물체의 상대 위치가 변화하거나 건판 주변의 공기 흔들림 때문에 건판 스스로가 바이메탈과 같이 만곡(湾曲)하여 움직여버리기 때문이다[1]. 건판 지지체는 유리이고 만곡(湾曲)하기 힘들지만 필름을 사용하여 홀로그램을 기록하는 경우에는 이 영향이 현저하게 나타난다. 노광 중에 필름이 움직이면 그 부분의 간섭무늬를 기록할 수 없기 때문에 재생 영상을 전혀 얻을 수 없거나 일부가 어두워 져 버린다. 필름이 안정되어도 물체가 노광 중에 움직이는 경우에는 같은 영향이 나타난다.

이러한 경우의 대책으로써 우선 진동의 원인을 제거하는 것이 필요하다. 또한 건판과 물체 주변을 상자 또는 검은 판자, 발포 스티로폼 판과 같은 것으로 감싸면 공기의 흔들림을 적게 하는 효과가 있다. 이러한 대책을 강구하여 다시 한 번 도전 해 보자.

CHAPTER 14 기본적인 홀로그램의 제작

13장에서 처음으로 홀로그램을 만드는 분들을 위한 기본적인 방법을 설명하였다. 여기서는 좀 더 수준 높은 실험을 통해서 간섭무늬의 흔들림을 체크하기 위한 간섭계 구성과 레이저 빔을 2개로 나누어 본격적인 홀로그램을 제작하기 위한 기본적인 순서에 대해서 설명한다. 또한, 실제로 슈도스코픽(pseudoscopic)한 상을 포함하는 재생 영상을 관찰하여 어떠한 현상을 볼 수 있는지를 체험할 수 있도록 한다.

14.1 실험에 사용되는 부품과 장비

레이저는 출력 5 mW 정도, 기록 재료는 4 × 5인치 정도 크기의 것을 사용한다. 필요한 광학 부품은 미러, 빔 스플리터, 현미경 대물렌즈(20배, 40배), 렌즈(f = 30 cm), 건판 홀더 등이다. 이러한 것들을 광학테이블 위에 구성하여 실험을 수행하게 된다. 그 외에 길이를 재는 줄자, 셔터, 릴리즈(셔터 용), 시계(암실 시계, 스톱워치), 전등, 먼지를 털어내는 에어브러시, 칸막이로써 사용하는 하얀색 판지, 반투명유리(frosted glass) 등이 있다.

14.2 간섭계에 의한 간섭무늬의 안정도 체크

홀로그램을 제작하기 전에 간섭무늬가 어느 정도 안정한지를 체크해 두자. 이 체크를 한번은 해 둘 필요가 있다. 왜냐하면 홀로그램을 만들었지만 상이 보이지 않거나 보이기는 하지만 별로 밝지 않은 경우가 있다. 그때 우선 고려해야 하는 것이 노광 중 간섭무늬가 안정되어 있었는가 하는 것이다. 촬영하는 광학계가 안정되어 있다는 것을 알고 있다면 원인을 따로 찾을 수 있어 여분의 노력을 줄일 수 있다.

이와 같은 광학계의 안정도를 확인하기 위해서 간섭계를 구성할 수 있다. 간섭계를 사용하여 광파가 간섭하는 것을 실제로 관찰하는 것도 가능하다. 이를 위해 필요한 광학 부품은 미러와 빔 스플리터 그리고 대물렌즈이다. 보조 부품으로써 렌즈가 있으면 더욱 좋다. 미러 등은 좌우의 회전과 미세한 원근감 조절, 미세한 움직임이 가능하도록 미러 홀더에 들어가 있는 것이 바람직하다. 홀로그램 제작을 위해서 이러한 미러 홀더가 반드시 필요한 것은 아니지만 간섭계로 줄무늬를 관찰하는 경우에는 빔 방향을 미세하게 조정할 필요가 있다. 다음절에서는 미러 등을 정밀하게 조절할 수 있는 부품을 사용하여 광학테이블 상에서 간섭계를 구성하는 방법을 순차적으로 설명한다. 이것은 홀로그램을 제작하기 위해 광학계를 배치 할 때에도 도움이 된다.

14.2.1 간단한 간섭계의 구성

여기서 구성하는 간섭계는 간단한 간섭계이다. 필요한 부품으로써는 미러 2개와 빔 스플리터 1개 그리고 20배 정도의 대물렌즈 1개이다.

우선, 레이저를 놓고 그 빔이 광학테이블의 면에 평행하도록 조절한다. 이 때, 광학테이블로부터 미러, 빔 스플리터의 중심 높이가 거의 일치하도록 한다. 얇고 긴 판자에 빔의 높이를 기록한 것을 사용하면 편리하다.

① 미러, 빔 스플리터의 면 부분이 빔에 거의 수직이 되도록 대략적인 조정을 해 둔다. 그것을 구성하기 위해서는 빔을 미러 및 빔 스플리터에 반사시키고 그 반사 빔이 레이저로부터 나온 직후의 빔 높이가 되도록 한다. 미러는 레이저로부터 어느 정도 떨어진 곳에 위치하도록 조절한다.

② 빔 스플리터 BS, 미러 M_1, M_2를 그림 14.1에 표시한 것과 같이 배치한다. BS는 증착되어져 있는 면을 레이저 방향으로 향하게 한다. BS와 M_1, M_2 사이의 거리는

20~50 cm 정도로 하여 거의 같은 거리가 되도록 한다.

③ BS 표면의 P점에서 반사한 빔을 M_1에 의해 반사시켜 정확하게 P점으로 되돌린다. 이 위치에서 빔의 일부는 반사되어 레이저 측으로 돌아가게 되고 일부는 투과한다. 이 투과 빔을 B_1이라고 한다. 한 편, 레이저로부터 나와 P점을 지나 BS를 투과한 빔을 M_2에 의해 반사시킨 후, BS를 투과시켜 정확히 P점으로 돌린다. 이 위치에서 빔의 일부는 투과하여 레이저 측에 돌아가고 일부는 반사한다. 이 반사 빔을 B_2로 한다. M_1, M_2에서 반사한 빔이 정확하게 P점으로 돌아갈지 아닐지는 그 점을 주시하면서 각각의 빔을 상호 차단해 보면 알 수 있다.

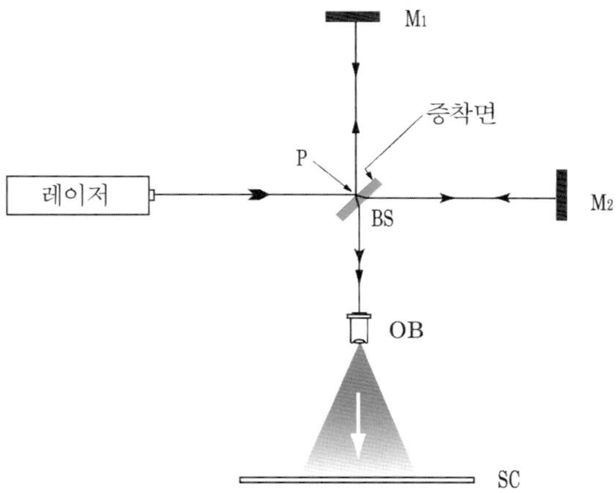

그림 14.1 간섭무늬의 안정도를 체크하기 위한 간섭계
BS : 빔 스플리터, M_1, M_2 : 미러, OB : 대물렌즈, SC : 스크린

④ 이러한 조절에 의해 2개의 빔 B_1과 B_2는 겹쳐서 같은 방향으로 나아간다. 빔 안에 10배 정도의 대물렌즈를 집어넣어 빔을 확장 한다. 그러면 미세한 줄무늬가 보이게 된다. 이 간섭무늬의 방향과 간격은 BS의 기울기를 바꾸는 것에 의해 변형시킬 수 있다. 확장된 빔 속에 몇 개의 줄무늬가 나타나도록 조절한다. 필요하다면 M_1, M_2의 방향을 바꾼다. 그림 14.2는 간섭계 전체의 구성을 나타낸 사진이다.

⑤ 대물렌즈에서 빔을 넓혀도 줄무늬가 보이지 않는 경우는 ③과 ④의 과정을 다시 반복한다. 줄무늬를 표출하기 위한 포인트는 2개 미러로 부터의 반사 빔을 BS P점의 위치에서 일치시키도록 하는 것이다. 정확하게 일치시키려면 BS가 평행 평면판 이던 쐐기모양 이던 간에 빔 B_1과 B_2는 겹쳐서 같은 방향으로 나아가야 한다.

간섭 줄무늬가 관측될 수 있게 되었을 때 유의해야 할 점은 M_1, M_2로부터의 반사 빔이 BS를 경유한 다음 그 강도의 반은 광원인 레이저 쪽으로 거의 정확하게 돌려 보내야 하는 것이다. 반도체 레이저를 광원으로 하는 경우 이와 같이 되돌아간 광이 광 공진기로 들어가게 된다. 이 경우 발진이 불안정하게 되어 주파수가 진동하며 간섭무늬가 불규칙하게 흔들린다. 이러한 경우에 의해서 소자가 망가져 버리는 경우도 있다. 따라서 돌아가는 빛을 차단하는 광 아이솔레이터 등이 필요 하게 된다. 헬륨 네온 레이저의 경우도 이러한 현상이 생긴다. 광 아이솔레이터를 사용하여 간단히 이 현상을 피할 수 있다. 또한 미러의 방향을 일부러 조금 바꿔서 광공진기에 빛이 되돌아가는 것을 피할 수 있다. 간섭무늬가 미세하게 되는 경우에는 다른 한편의 미러를 조절하여 몇 개의 선이 나타나도록 한다.

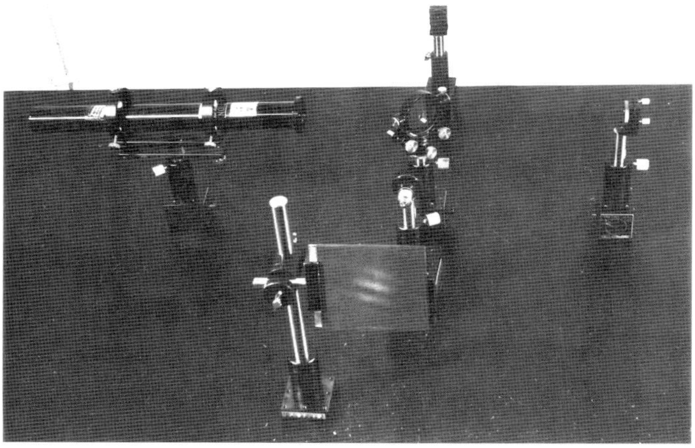

그림 14.2 간섭계의 구성과 관찰되는 간섭무늬

안정도의 체크를 위해서라면 여기까지의 조절로 충분하다. 다음 간섭계의 바로 앞에서 대물렌즈와 콜리메이터(collimator) 렌즈를 사용하여 폭이 넓은 평행 빔을 만든다면 2개의 겹쳐진 빔 속에 간섭 줄무늬가 보일 것이다. 그 간격이나 방향은 M_1이나 M_2 또는 BS의 방향을 조절하는 것에 의해 바꿀 수 있다. 간섭무늬가 관찰 되지 않는 경우는 간섭무늬가 너무 얇아서 보이지 않는 경우가 많다. 이러한 때는 초점거리 20 ~ 30 cm 정도의 렌즈 중심에 빔을 위치시키면 2개 빔의 작은 스폿이 렌즈의 초점에 위치할 수 있다. 그것들이 일치될 수 있도록 BS의 방향을 세밀하게 조절하면 간섭무늬가 나타나게 된다.

14.2.2 간섭무늬의 관찰

이상에서와 같이 간섭계를 구성하고 간섭계를 이용하여 광학계의 안정도를 조사할 수 있다. 우선, 광학테이블로부터 약간 떨어진 다음 조용한 상태에서 줄무늬의 움직임에 주목한다. 시간이 경과해서도 줄무늬가 움직이지 않고 안정되어 있다면 홀로그램 제작의 조건이 좋다고 생각해도 된다. 그러나 줄무늬가 흔들흔들 움직이는 경우는 그 원인을 찾아내야 한다. 이 간섭계에서 줄무늬가 한 줄무늬 정도를 움직였다는 것은 BS 와 M_1 및 BS와 M_2 사이의 광로 길이에 대한 차이가 파장의 반은 생겼다고 할 수 있다. 광로 길이라는 것은 실제 거리에 굴절률을 곱한 것이다. 공기 중의 굴절률이 1이므로 광로 길이를 거리 그 자체로 생각하면 된다. 구체적으로 헬륨 네온 레이저를 사용한 경우는 0.3 μm 정도의 차이가 있다. 이 원인은 몇 가지 있다. 광학테이블이 휘거나 불안정하게 움직인다. 미러가 불안정하거나 공기의 대류 등에 의해 부분적으로 굴절률이 변화한다는 등의 요인이다. 투과형 홀로그램에서는 노광 시간 중에 이 정도 움직인다면 재생 영상을 얻을 수 없다. 반사형 홀로그램의 경우는 좀 더 엄격하여 불과 0.1μm의 차이가 있어도 홀로그램을 만들 수 없다. 미러가 불안정한지 아닌지를 알아보기 위해서는 미러 홀더를 손톱 끝으로 살짝 두드려보면 알 수 있다. 두드린 순간은 줄무늬가 흔들리지만 곧바로 안정된다면 괜찮다. 공기의 대류에 의해 줄무늬가 쉽게 움직이는 것은 BS 와 M_1 또는 BS 와 M_2 사이의 빔 아래에 손을 놓아보면 잘 알 수 있다. 노광 중 광학계 바로 옆에 사람이 있는 것은 좋지 않다는 것도 이 이유에서 비롯된 것이다. 공기 움직임의 영향을 줄이기 위해서는 광학계 전체를 커튼 등으로 커버하는 것이 유용하다. 실제로 커버를 설치하여 그 효과를 확인해 보자.

바닥으로부터 진동이 영향을 주고 있는지 아닌지는 광학테이블의 옆의 바닥을 걷던지 차보면 알 수 있다. 바닥으로부터의 진동은 건물의 구조, 주변의 환경에 크게 영향을 받는다. 낮에는 진동이 많지만 밤에는 조용하게 되는 경우도 있다.

기계식의 셔터는 개폐할 때 진동을 일으킬 가능성이 있다. 이것이 줄무늬를 불안정하게 하는 원인이 될 수 있는지 아닌지도 이 간섭계를 통해 알 수 있다. 셔터를 레이저 바로 뒤에 두고 열린 순간의 줄무늬 변화를 관찰한다. 사용하는 릴리즈가 광학테이블에 닿은 경우 등의 안전성도 체크한다. 줄무늬에 어떠한 변화도 발생하지 않는다면 문제가 없는 것이다. 열린 순간에 줄무늬가 움직이지만 바로 안정되는 경우에도 홀로그램의 노광 시간이 길다면 문제없다.

광원으로 아르곤이온 레이저 등 큰 출력의 레이저를 사용하는 경우는 빔 스플리터에 주의해야 한다는 것을 서술하였다. 크롬 증착 등 빛을 흡수하는 형태의 빔 스플리터는 셔터를 연 순간에 열팽창을 일으켜 변형될 가능성이 높다. 결과적으로 광로 길이가 바뀌게 되어 줄무늬가 움직이는 경우도 있다. 이러한 현상이 관찰되는 경우에는 유전체 다층막의 빔 스플리터를 사용할 필요가 있다.

구성된 간섭계를 통해 레이저 광이 간섭하는 거리가 어느 정도인가를 조사해 보자. 이를 위해 한 쪽의 미러 예를 들면 M_2의 위치를 조금 움직여 줄무늬의 콘트라스트(contrast)를 관찰 해 보자. 처음에는 BS 에서 M_1 과 BS 에서 M_2 사이에 대한 거리의 차가 없기 때문에 콘트라스트가 높다. 이 차이가 커질수록 콘트라스트는 낮아진다. 콘트라스트가 낮아져서 줄무늬가 보이지 않아졌을 때가 거리 차이의 2배가 간섭하는 거리이다. 코히어런스 거리인 것이다. 다만, 더욱 거리 차이를 늘려 줄무늬를 관찰하면 다시 한 번 콘트라스트가 조금 낮아진다. 이것은 레이저 공진기 구조에 의한 것이다.

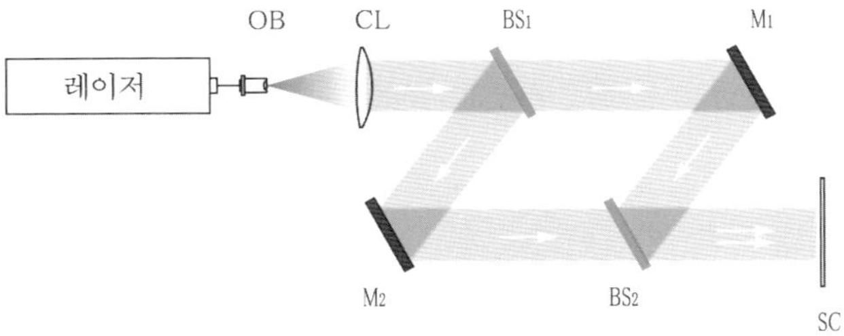

그림 14.3 마하젠더(Mach－Zehnder) 간섭계 구성의 예
OB : 대물렌즈, CL : 콜리메이터 렌즈, BS_1, BS_2 : 빔 스플리터, M_1, M_2 : 미러, SC : 스크린

레이저와 BS의 사이에 대물렌즈와 콜리메이터 렌즈를 넣어 확대된 평행 빔을 사용한 것이 트와이먼－그린(Twyman－Green) 간섭계라고 불리는 것이다[1)]. 이것은 렌즈의 수차, 유리판 내부의 진동 등의 검사에 사용된다. 검사하고자 하는 대상을 BS와 M_2 사이의 광 경로 안에 위치시킨다.

트와이먼－그린 간섭계와 함께 잘 알려진 또 한 가지의 간섭계로써 마하젠더 간섭계가 있다. 그림 14.3은 마하젠더 간섭계 구성의 한 예를 표시한 것으로써 홀로그램을 기록하기 위한 광학계와 많이 유사하다. 빔 스플리터를 한 개 더 사용하지만 조정하는 방법은 거의 같다. 미러의 크기가 제한되어 있는 경우에는 BS_1및 BS_2의 반사 각도를 작게 하여 간섭 줄무늬를 관찰 할 수 있는 면적을 넓힐 수 있다.

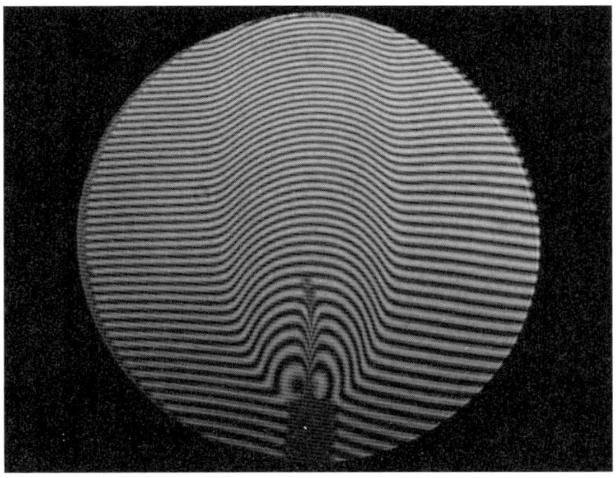

그림 14.4 촛불의 간섭 패턴

단지 줄무늬를 관찰하는 것만으로는 무언가 부족하기 때문에 흥미 있는 실험을 한 가지 해 보자. 우선 줄무늬의 방향을 수평으로 만들고 그 간격을 미세하게 만든다. 줄무늬가 기울어져 있어도 신경 쓰지 말자. 이 뒤틀림은 미러 등의 평면성이 안 좋을 때, 콜리메이터 렌즈의 수차, 또는 빔이 대물렌즈 축으로부터 빗나가 있을 때 등에 기인한다.

줄무늬가 거의 수평이 되었다면 M_2 와 BS_2 사이의 BS_2에 가까운 빔 안에 양초의 불빛을 넣어 보자. 그림 14.4에서와 같은 줄무늬가 관찰 될 것이다. 이것은 불빛 주변의 공기 굴절률이 열 때문에 변화되고 있는 모습이 표시되어 있는 것이다. 불빛을 끄면 아무 일도 없었던 것처럼 평행 줄무늬로 돌아온다. 양초를 사용하는 것이 위험한 경우는 납땜인두를 사용해도 된다.

이 줄무늬는 양초를 집어넣은 쪽의 빔을 물체광, M_2 측의 빔을 참조광으로 한 홀로그램 간섭무늬 그 자체이다. 다만, 물체광과 참조광 사이의 각도가 너무 작아서 이 줄무늬를 기록하여도 일반적인 홀로그램처럼 재생 영상을 분리 할 수는 없다.

14.3 프레넬 홀로그램 (Fresnel hologram)의 제작

14.3.1 광학계의 구조

이제는 홀로그램을 제작하여 재생 영상을 관찰해 보자. 2.3.1 절에서 설명했던 바와 같이 재생 영상 안에서의 공액상은 현실에서는 있을 수 없는 흥미로운 특징을 가지고 있다. 홀로그램에서 이 공액상을 관찰할 수 있도록 참조광을 평행 광으로 사용해보자. 기록된 영상(원본과 동일한 영상)을 관찰하는 것뿐이라면 평행광으로 할 필요는 없다. 제작에 필요한 광학 부품은 다음과 같다.

- 미러 : 2개
- 빔 스플리터 : 1개(여기서는 증착하지 않은 쐐기 형태의 유리 기판 사용)

- 대물렌즈 : 2개
- 콜리메이터 렌즈 : 1개
- 건판 홀더 : 1개
- 기타 : 셔터, 핀 홀, 물체를 올려놓을 받침대, 스크린

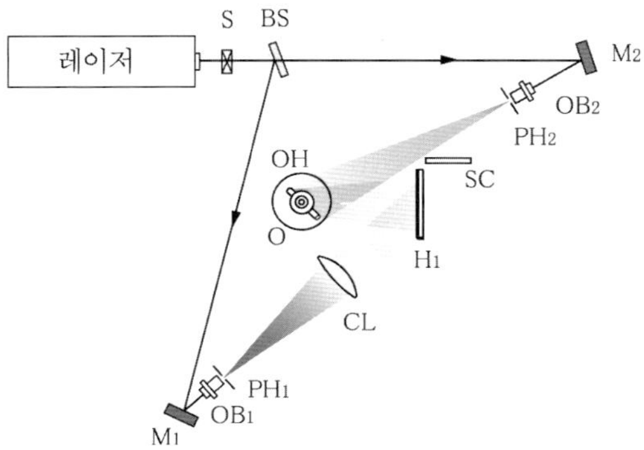

그림 14.5 전형적인 프레넬 홀로그램 제작을 위한 광학계
S : 셔터, BS : 빔 스플리터, M_1, M_2 : 미러, OB_1, OB_2 : 대물렌즈, CL : 콜리메이터렌즈,
PH_1, PH_2 : 핀홀, O : 물체, OH : 물체 홀더, H_1 : 기록재료(건판홀더), SC : 스크린

전형적인 배치에 대한 예를 그림 14.5에 나타내었다. 처음에는 이와 같은 배치를 참고하여 구성해보자. 홀로그램 사이즈에 맞추어 배치의 상대적인 크기를 바꾼다. 익숙해진다면 자신이 좋아하는 대로 배치하여도 좋다.

광학계 구성은 아래와 같은 순서로 진행한다. 레이저 빔의 광로를 보기 좋게 하기 위하여 홀로그램 기록실은 조금 어둡게 유지하는 편이 좋다.

① 빔 높이를 각 광학 부품 중심의 높이와 같게 한다. 이는 14.2.1 절에서 기술한 내용과 같다.

② 빔 스플리터 BS, 미러 M_1 및 M_2, 물체를 올려놓을 받침대 OH, 건판 홀더 H_1을 배치한다. H_1에는 건판과 같은 크기의 판자를 우선 넣어 둔다. 건판 중심 위치에 표시를 해 두는 것이 좋다. 참조광 측의 광로 BS－M_1－H_1의 길이와 물체광 측 광로 BS－

M_2 – OH – H_1의 길이가 거의 동일하게 되도록 위치를 조정한다. 물체광은 H_1 면과 거의 수직으로 입사될 수 있도록 한다.

③ 참조광 측 광로의 조절 : BS 및 M_1을 반사한 빔이 H_1 중심에 닿을 수 있도록 M_1을 조절한다. BS가 쐐기 형태 유리판이기 때문에 표면과 뒷면에서 두 개의 반사광이 생긴다. 표면으로부터의 반사광을 참조광으로 사용한다. H_1 으로 향하는 빔의 입사각은 수직 방향에 대해서 거의 45도를 유지한다. 다음 콜리메이터 렌즈 CL을 광로 안에 집어넣어 빔이 CL과 H_1 중심에 닿을 수 있도록 CL을 조절한다. 대물렌즈 OB_1을 광로 속에 넣어서 빔을 넓히고 CL을 나온 빛과 평행이 될 수 있도록 한다. 또한 H_1 면에서 그 밝기가 거의 같게 될 수 있도록 조절한다. 11.3.3 절에서 기술한 공간 필터링이 반드시 필요한 것은 아니지만 핀 홀 PH를 사용하여 필터링을 수행한다면 노이즈가 적은 홀로그램을 얻을 수 있다.

④ 물체광 측의 광로 조절 : 물체 O를 OH 위에 세팅한다. BS를 투과하여 M_2를 반사한 빔이 O의 중심에 닿도록 M_2를 조절한다. 대물렌즈 OB_2를 광로 안에 넣어서 빔을 넓히고 물체 전체를 조명할 수 있도록 구성한다.

⑤ 각각의 부품이 마그넷으로 고정되어 있는지를 확인한다. 참조광 측, 물체광 측의 빛을 번갈아 막아가며 각각의 빛이 H_1에 도달해 있는지를 확인한다. OB_2로 넓혀진 빛이 건판의 뒤편으로 들어가지 않도록 OB_2와 H_1 사이에 칸막이용 스크린 판

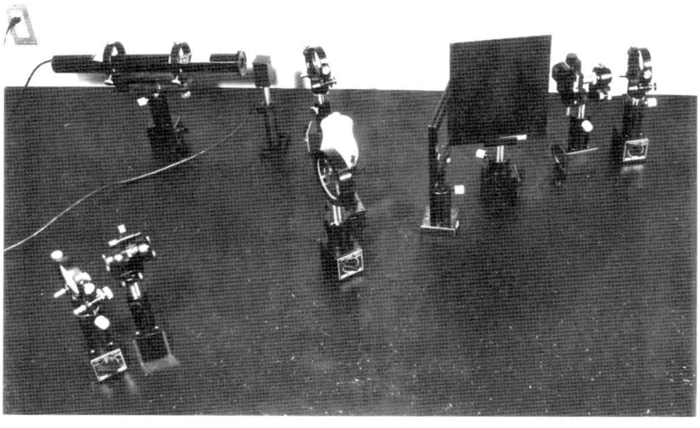

그림 14.6 프레넬 홀로그램의 제작을 위한 광학계

SC를 놓는다.

⑥ 셔터 S를 세팅한다. 노광 시간이 몇 초 이상 걸리는 경우에는 기계식 또는 전자식 셔터가 반드시 필요하지 않으며 종이 등으로 빔을 차단하여도 좋다. 그러나 안정된 간섭무늬를 기록하기 위해서는 사람이 될 수 있는 한 광학테이블로 부터 떨어져 있을 필요가 있다. 따라서 셔터를 사용하는 편이 좋다. 기계식인 경우에는 긴 릴리즈를 사용한다. 이상으로 세팅을 마무리 할 수 있다. 마지막으로 셔터를 닫는다. 그림 14.6은 광학계의 구성 사진이다.

이 이후 현상 처리 까지는 전등을 켜지 않고 안전광 아래에서 진행한다.

14.3.2 노광

① 유제면이 물체 쪽으로 향하도록 하여 건판을 건판 홀더 H_1에 세팅한다. 세팅한 후 안정시키기 위해서 잠시 동안 기다린다. (2~3분 정도)

② 셔터를 열어 노광한다. 이 때 광학테이블에 진동이 전해져 오지 않도록 릴리즈는 느슨한 상태를 유지한다. 노광 중에는 광학테이블에서 떨어져 조용히 있어야 한다.

14.3.3 현상 처리

위상 홀로그램으로 만들기 위해서는 11.3절에서 기술한 순서와 같이 진행하면 된다. 여기서는, 노이즈가 적은 진폭 홀로그램을 만들기 위한 1가지의 진행 순서를 제시하였다. 또한, 처리 온도는 20도를 표준으로 하였다.

① 현상(보이트러－씨 현상액) : 5분

5분이 표준이지만 홀로그램의 농도가 0.6 ~ 0.8 정도, 투과율이 20% 정도가 될 수 있도록 현상 시간을 조절한다. 실제에서는 이 정도 농도가 될 수 있도록 노광 시간을 조절해 주어야 한다. 이 농도의 샘플을 옆에 두고 가끔씩 안정광으로 비추어 비교해보면 된다. 그러나 10분 이상은 현상하지 않도록 한다. 진폭 홀로그램의 경우 농도가 너무 높으면 상이 어두워져 버린다. 너무 진해지지 않도록 주의한다. 현상 중에는 넓적한 플레이트를 가끔씩 움직여 액을 교반하도록 한다.

② 물에 씻기 : 30초 정도

③ 정착(후지 픽스 등 산성 경화 정착액) : 5분
정착이 끝나면 전등을 켜도 좋다.
이 이후 처리는 4.3.2 절의 경우와 같지만 좀 더 깨끗한 홀로그램을 제작하기 위해서는 이하의 항목도 진행한다.

④ 물에 씻기 : 5분
물에 씻을 때 손가락이 부드러운 부분 또는 부드러운 모포로 유제면을 쓰다듬는 듯이 물속에서 살짝 닦아낸다. 이와 같은 방법으로 표면에 묻어있는 미세한 유리 조각이나 먼지 등을 제거할 수 있다. 물론, 기름기가 없는 깨끗한 손이나 모포로 진행해야 한다.

⑤ 건조
빠르고 균일하게 건조하기 위해서 메탄올에 2분 집어넣은 후 건조한다. 메탄올에 담글 때 홀로그램 끝 부분으로부터 빠르게 넣는다. 담가두는 시간은 2분 정도가 적당하다. 메탄올에서 꺼내기 전에 그 액 속에서 부드러운 모포로 유제면을 살짝 닦아낸다. 액은 더러워지기 쉽기 때문에 반복하여 사용하는 경우는 가제 등으로 투과시켜 깨끗하게 한다. 건판 종류에 따라서는 메탄올에 담글 때 색소가 녹아들어 홀로그램이 투명하게 된다. 건조할 때 주의해야 할 점은 메탄올이 잠시 홀로그램의 아랫면에 고이고 그것이 다시 한 번 위를 향해 넓어지는 도중에 건조되는 경우가 있다. 이러한 현상이 발생하면 건조를 제대로 할 수 없게 된다. 이것을 피하기 위해서 아래쪽에 메탄올이 고이지 않도록 건조 초기에는 주의해야 한다.

14.3.4 재생 영상의 관찰

(a) 촬영된 영상과 동일한 영상(허상)의 관찰

건조되면 홀로그램을 건판 홀더에 세팅하고 셔터를 열어 재생 영상을 관찰한다. 이 때 적당히 어둡게 하면 보기 쉽다. 홀로그램은 기록할 때와 표면, 상하, 좌우가 같은 상태가 되도록 세팅한다.

물체광 측 빛을 차단했을 때 물체와 같은 위치에 상이 보인다면 실험은 성공이고 그렇지 않다면 실패이다. 실패의 경우는 그 원인을 유추하고 적당한 변경을 한 후 다시 한 번 도전하도록 한다.

실험에 성공했다면 물체를 제거하는 것을 조금 유보하고 한가지의 실험 －간섭계측－에 도전해 보자. 홀로그램이 재현되기 용이하게 세팅할 수 있는 건판 홀더를 사용한다면 비교적 간단하게 할 수 있는 실시간 간섭 실험이다. 홀로그램을 건판 홀더로 되돌려 놓고 홀로그램을 조금 움직이는 것이 가능할 정도로 가볍게 고정한다. 재생 영상을 보면서 상과 물체가 겹쳐질 수 있도록 홀로그램의 위치를 미세하게 조정한다. 양자가 거의 일치했을 때 상에 줄무늬가 나타난다. 처음에는 줄무늬가 미세하여 눈에는 보이지 않을 지도 모른다. 일단 줄무늬가 발견되면 그 간격이 넓어지는 방향으로 홀로그램을 조금 움직인다. 이러한 조정을 반복해 나가면 상 전체에 드문드문한 선이 나타난다. 이 줄무늬는 물체로부터 직접 반사해 오는 물체광과 홀로그램으로부터 오는 재생광의 간섭에 의한 간섭무늬이다. 한 쪽 빛을 차단한다면 줄무늬는 없어진다. 두 영상이 완전하게 일치하여 겹쳐진다면 줄무늬는 넓혀져서 하나의 선이 된다. 보통은 아무리 열심히 해도 몇 개의 줄무늬 정도 이하로 만드는 것은 어렵다. 대강의 줄무늬가 나타난다면 성공인 것이다.

다음 이 상태에서 물체 일부에 열을 가해보자. 물론 물체가 움직이지 않도록 주의하여야만 한다. 물체가 석고와 같이 딱딱한 것이라면 편리하다. 예를 들면 납땜인두를 데운 후 그 끝 부분에 물체에 잠시 접촉한 후 줄무늬의 변화를 살펴보자. 그 부분에 미세한 줄무늬가 생길 것이다. 이 줄무늬는 물체가 열에 의해 부분적으로 변형되었기 때문에 생겨난 것이다. 1 줄무늬가 파장의 거의 1/2 즉, 관찰 방향에 대한 0.3 μm 정도의 변화에 해당한다. 이 줄무늬 정보만으로는 그 부분이 툭 튀어져 나와 있는 것인지 움푹 들어가 있는 것인지를 알 수 없다. 그러나 생겨난 줄무늬 수와 형태로부터 물체가 어떠한 방식으로 변형한 것인지를 추측하는 것은 가능하다.

재생 영상이 보이는 것을 확인하고자 한다면 BS 를 미러로 바꾸어 참조광 측으로 모든 빛이 향하도록 한다. 그러나 이것에 의해 광로가 벗어난 경우에는 미러 방향을 조정하여 홀로그램 전체 면에 빛이 닿을 수 있도록 한다. 또한 물체도 제거한다. 보는 위치를 바꾸면 상이 보이는 방향도 달라진다. 이 방법으로 재생 영상이 3차원적으로 만들어져 있다는 것을 확인할 수 있다. 잘 보면 영상의 표면이 매끄럽지 못하고 꺼끌꺼끌하다는 것을 알 수 있다. 이 꺼끌꺼끌함은 스페클(speckle) 패턴이라고 불리며 레이저 광이 간섭성이 좋기 때문에 생기는 것이라 할 수 있다. 사실은 물체를 레이저 광으로 조명할 때에 이미 생긴 것을 알 수 있을 것이다. 물체 표면이 확산상태가 되고 각점에서 반사한 빛이 서로 간섭하게 된다. 그림 14.7에서와 같이 미세하고 얼룩얼룩한 반점이 나타날 것이다. 반사한 광을 받아들이는 각도가 작을수록 굵은 반점이 된다. 따라서 눈을 가늘게 하거나 크게 열거나 하면 반점이 커지거나 작아지게 될 것이다. 홀로그램에 다가가서 관찰하면 좀 더 매끈하고 깨끗한 상이 보이게 되는 것은 이 이유에서이다. 백색광으로 재생하는 홀로그램에는 상의 꺼끌꺼끌함을 느낄 수 없다.

(b) 공액상의 관찰

홀로그램을 수직 축에 대해 180도 회전하여 세팅한다. 이렇게 하는 것은 홀로그램을 조명광과는 공액인 파면에서 재생하는 것이 된다. 즉, 그림 14.8에서와 같이 공액상이 홀로그램 바로 앞쪽에 생긴다. 조금 떨어진 곳으로부터 홀로그램을 들여다보면 공중에 상이 떠있는 것 같이 보인다. 불투명한 유리 또는 하얀색 판자에 재생 영상을 투영하여 전후로 움직이면 초점이 맞는 위치가 바뀌게 된다. 그러나 실제 물체와는 전후 관계가 반대 되어버리는 기묘한 상이 나타난다. 이것이 슈도스코픽 한 영상이다.

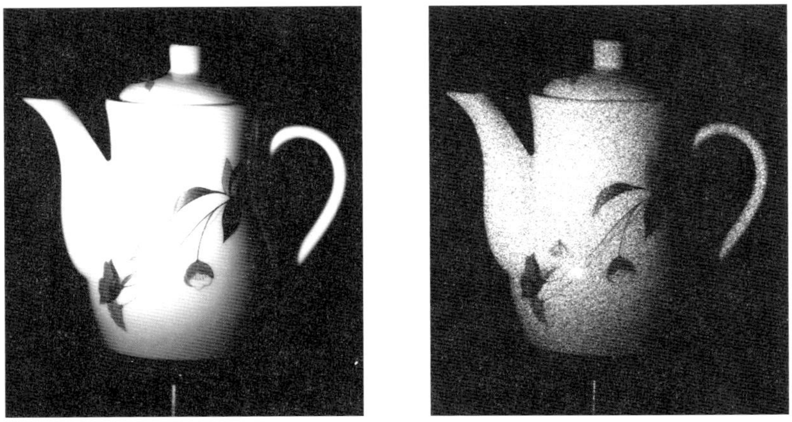

(a) 조리개를 넓게 열어서 촬영한 경우 (b) 조리개를 좁게 하여 촬영한 경우

그림 14.7 레이저 광으로 조명되어 있는 물체를 카메라로 촬영한 경우의 스페클 패턴

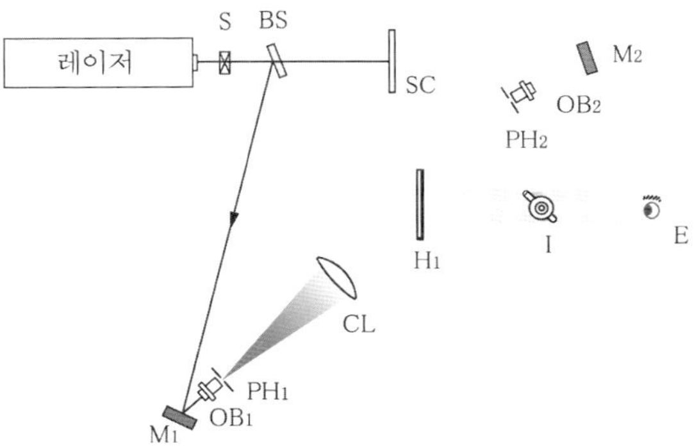

그림 14.8 공액상의 관찰

홀로그램은 기록시의 배치에 대하여 수직으로 180도 회전된 건판 홀더에 세팅

S : 셔터, BS : 빔 스플리터, M_1, M_2 : 미러, OB_1, OB_2 : 대물렌즈, CL : 콜리메이터렌즈, PH_1, PH_2 : 핀홀, I : 공역 재생 영상(실상), H_1 : 홀로그램, SC : 스크린, E : 관찰자

다음으로 OB_1, PH_1, CL을 떼어내고 폭이 좁은 레이저 빔을 직접 홀로그램 일부에만 적용해보자. 이 경우에도 상 전체가 재생된다. 빔 위치를 바꾼다면, 그 방향에 따라서 재생 영상이 변화한다. 이것은 물체의 각점 정보가 홀로그램 전면에 기록되어 있음을 의미한다. 또한 반대로 홀로그램 각점에는 물체의 모든 정보가 기록되어 있는 것을 의미하고 있다. 따라서 홀로그램 일부로부터도 완전한 상을 재생할 수 있다. 이러한 것을 리던던시(redundancy)가 높다고 한다. 빔을 빠르게 움직이면 영상이 움직이고 있는 것처럼 보인다.

하얀색 판자에 비치는 상은 홀로그램 가까이에서도 멀리서도 거의 초점이 맞은 상태이다. 그러나 홀로그램 전체를 조명한 경우와 달리 상당히 꺼끌꺼끌한 느낌의 상이 되어있는 것을 볼 수 있을 것이다. 이것은, 사진에 있어서 카메라 조리개를 작게 열어 촬영하는 경우 피사체 심도가 증가해 피사체 전후도 샤프하게 비추어지지만 너무 작게 연다면 반대로 상이 나빠져 버리는 것과 동일하다.

CHAPTER 15 백색광 재생 홀로그램의 제작

여기서는 백색광으로 재생할 수 있는 레인보우 홀로그램 및 이미지형의 반사형 홀로그램을 제작하기 위한 구체적인 방법에 대해서 설명한다. 백색광 재생 홀로그램을 제작하기 위한 제 1단계로써 우선 마스터 홀로그램이 되는 프레넬 홀로그램을 제작한다. 다음 제 2단계로써 이것을 공액 재생하여 각각의 홀로그램을 제작한다. 또한, 컬러 홀로그램 제작에 있어서의 유의점에 대해서도 설명한다.

15.1 마스터 홀로그램의 제작

광학계를 그림 15.1에 나타낸다. 기본적으로는 그림 14.5에서와 같다. 다른 것은 물체 홀더에 단순히 올려놓는 것이 아니라 옆으로 세팅 시키는 것이다. 왜냐하면 레인보우 홀로그램, 반사형 홀로그램은 비스듬히 위쪽 방향으로부터 조명하여 재생 영상을 보는 것이 보통이다. 그런데 광학계는 일반적으로 광학테이블의 위에서 평면적으로 구성한다. 때문에 물체를 옆으로 세팅하는 것은 의외로 힘든 일이다. 따라서 물체를 금속 또는 유리판 등으로 고정한다.

그림 15.2에서는 클램프 등으로 스탠드에 고정한 상태를 보여준다. 물체의 머리 부분이 무거운 경우 불안정하기 때문에 주의가 필요하다. 접착하는 경우에는 본드나 순간접착제 등을 사용하면 편리해 진다. 물체 이외의 것이 찍히지 않도록 무 반사 검은 천 등으로 감싼다.

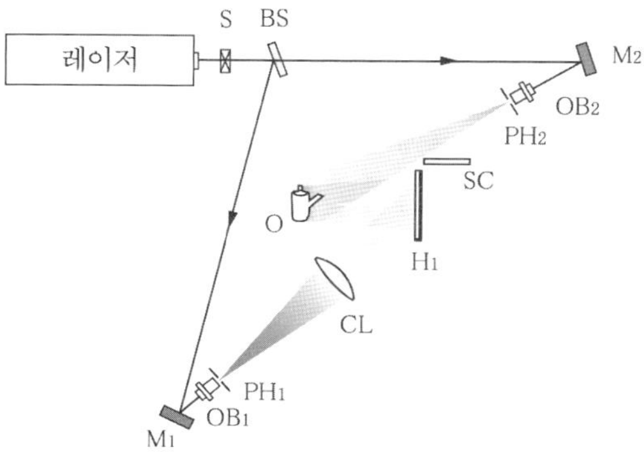

그림 15.1 마스터 홀로그램 제작 광학계의 예
S : 셔터, BS : 빔 스플리터, M_1, M_2 : 미러, OB_1, OB_2 : 대물렌즈, CL : 콜리메이터렌즈, PH_1, PH_2 : 핀홀, O : 물체, H_1 : 기록재료(건판홀더), SC : 스크린

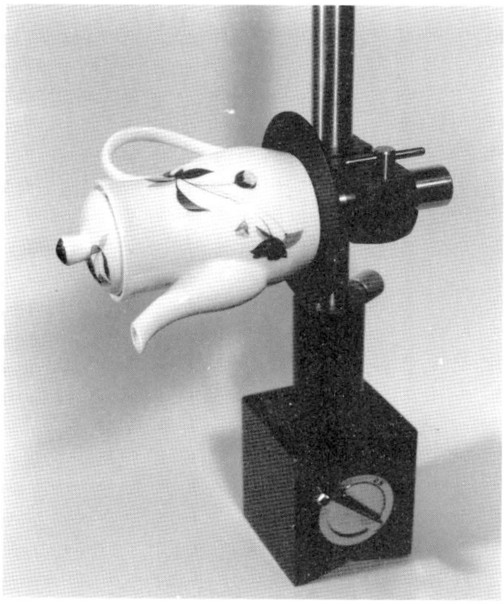

그림 15.2 물체의 설치

이 홀로그램은 투과형이며 이것을 공액 재생하기 위한 참조광은 평행광을 사용한다. 평행광을 얻기 위해서는 콜리메이터 렌즈 또는 오목 거울을 사용하며 그 구경은 홀로그램의 크기를 커버할 수 있을 정도의 것이어야만 한다. 4×5인치의 크기를 위해서는 10 cm, 8×10인치를 위해서는 30 cm 정도의 직경이 필요하다. 물체와 홀로그램 사이의 거리는 거의 홀로그램의 크기 정도가 적당하다. 물체가 너무 멀면 재생 영상을 볼 수 있는

시역이 좁아진다. 반대로 너무 가까우면 참조광의 일부가 물체에 차단되거나 제 2단계에 있어서 마스터 홀로그램을 조명하는 빛이 건판에 닿는 경우가 있다. 이러한 사항을 고려한다면 마스터 홀로그램의 참조광 입사각은 45도 정도가 적당하다. 또한 건판으로써 4×5인치 또는 8×10인치 등과 같이 얇고 긴 것을 사용하는 경우 세로로 길게 세팅한다. 그 이유는 세로의 시역보다 가로의 시역이 넓어지기 때문이다.

참조광과 물체광의 강도비는 홀로그램 면에서 5 : 1 부터 10 : 1이 적당하다. 물체는 일반적으로 확산면에 의해 전달되므로 기록 재료의 표면에 도착하는 물체광이 약하다. 따라서 투과율 가변 빔 스프리터를 사용할 경우 물체를 조명하는 쪽으로 대부분의 빛이 전달 될 수 있도록 빔 스프리터의 투광・반사 비율을 조절한다. 투과율 가변 빔 스플리터가 없는 경우는 크롬을 증착하지 않는 쐐기 형태의 유리 기판을 사용하는 것이 좋다. 노이즈가 적은 상을 얻기 위해서는 진폭 홀로그램으로 제작하는 편이 좋다. 그러나 진폭 홀로그램의 경우 위상 홀로그램에 비해 상이 어둡기 때문에 제 2단계에서의 노광 시간이 길어진다. 레이저의 파워가 크지 않을 경우는 위상 홀로그램으로 제작하는 편이 좋다.

15.2 레인보우 홀로그램의 제작

마스터 홀로그램을 공액 재생하여 레인보우 홀로그램을 제작해보자. 전형적인 광학계를 그림 15.3에 나타내었다. 마스터 홀로그램의 재생에 관한 부분은 제작할 때의 광학계와 같다. 마스터 홀로그램을 공액 재생하여 실상을 형성시키기 위해서 홀로그램은 수직축에 180도 회전시킨 후 건판 홀더에 세팅한다. 실상이 나타나는 거의 중앙에 건판 홀더를 세팅한다. 건판 홀더에 종이 또는 간유리를 넣어서 상을 본다면 어떠한 위치가 홀로그램 면에 닿는지를 알 수 있다.

다음 마스터 홀로그램 면에 세로로 긴 슬릿을 겹쳐서 좁은 부분 만에서의 재생을 한다. 슬릿의 폭은 3 mm 부터 1 cm 정도이다. 이 부분을 제외하고 나머지 부분은 검은 종이로 막은 후 홀로그램을 제작하면 된다. 폭을 좀 더 좁게 하면 홀로그램으로부터 떨어진 위치에서

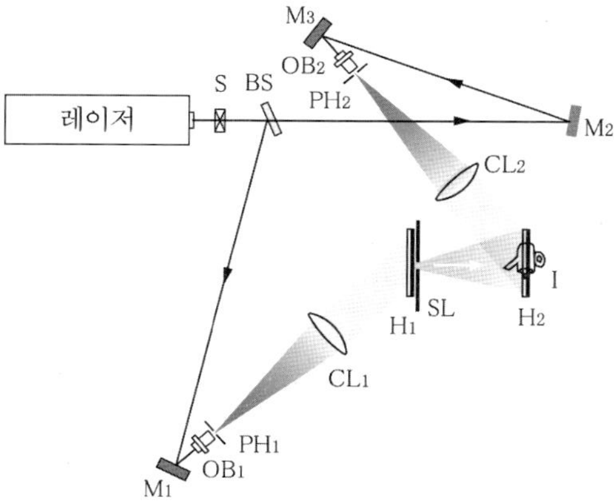

그림 15.3 레인보우 홀로그램 제작 광학계의 예
S : 셔터, BS : 빔 스플리터, M_1 ~ M_3 : 미러, OB_1, OB_2 : 대물렌즈, PH_1, PH_2 : 핀홀, CL_1, CL_2 : 콜리메이터렌즈, I : 공역 재생 영상(실상), H_1 : 홀로그램, H_2 : 건판홀더(기록재료), SL : 슬릿

의 재생 영상이 좀 더 선명하게 보이지만 스페클(speckle) 때문에 영상의 질이 저하한다.

슬릿부분을 제외하고 검은 것으로 덮기 때문에 재생되는 면적이 작아지고 재생 영상이 어두워진다. 레인보우 홀로그램의 경우 참조광과 물체광의 가장 밝은 부분에 대한 강도 비율은 5 : 1 로부터 10 : 1 정도이다. 따라서 마스터 홀로그램을 조명하는 쪽으로 대부분의 빛이 가도록 빔 스플리터를 조절한다. 쐐기형의 유리 기판을 사용하는 경우는 마스터 홀로그램의 재생에 대부분의 빛이 가도록 광학계를 약간 바꿀 필요가 있다. 마스터 홀로그램을 효율 좋게 조명하기 위해서 대물렌즈와 콜리메이터 렌즈 대신에 그림 15.4에서와 같이 실린더형의 렌즈를 사용하여 가는 밴드 형태의 빔을 구성하는 방법도 있다. 이 경우

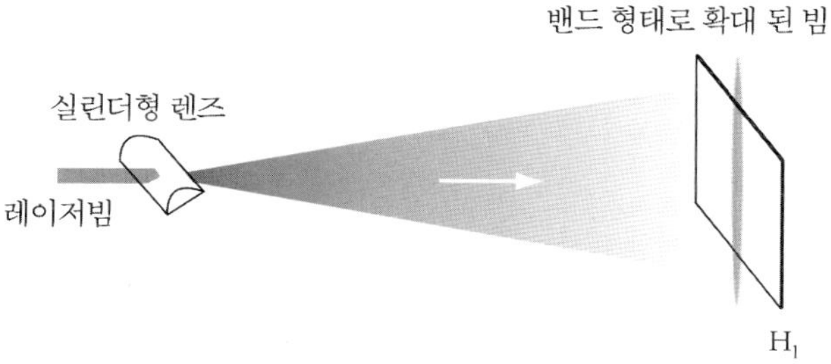

그림 15.4 실린더 형 렌즈를 사용한 마스터 홀로그램의 재생

평행광으로 되지 않고 세로 방향이 넓어지지만 실린더형 렌즈와 마스터 홀로그램 사이의 거리를 충분히 길게 잡으면 문제없다.

참조광의 각도는 45도 정도로 한다. 이 각도가 작으면 파장에 의한 빛의 분산이 작아져서 세로 방향의 시역이 좁아진다.

마스터 홀로그램을 제작하는 그림 15.1의 광학계에 있어서의 물체 세팅 방식과 그림 15.3의 참조광 방향에 주의한다. 레인보우 홀로그램은 비스듬한 위쪽 방향으로부터 조명하여 보는 것을 고려하고 있다. 따라서 물체의 방향을 그림 15.1과 같이 세팅한다면 그림 15.3에 표시하는 것과 같은 방향으로부터 참조광을 조사할 경우 재생 영상은 상하가 올바르게 보인다. 왜냐하면 이 홀로그램은 참조광과는 반대 방향에서 백생광으로 재생하여 상을 보기 때문이다.

15.3 반사형 홀로그램 (리프만 홀로그램)

반사형의 이미지 홀로그램 제작 광학계를 그림 15.5에 나타내었다. 마스터 홀로그램을 공액 재생하는 부분의 광학계는 레인보우 홀로그램의 경우와 같지만 슬릿은 사용하지 않는다. 재생 영상의 중심 부근에 새로운 기록 재료 H_2를 둔다. 물체를 지지하는 면이 아니라 감광층 면(은염 간판이라면 유제 면)이 마스터 홀로그램 쪽을 향하게 세팅한다. 참조광의 각도는 홀로그램 면의 수직 방향에 대해 30 ~ 45도로 맞추는 것이 적당하다. 상의 흐림에 대한 관점에서 말하자면 각도가 작은 편이 좀 더 선명한 상이 된다.

참조광과 물체광의 가장 밝은 부분에 대한 강도비는 3 : 1 정도로 한다. 이것은 완성된 위상 홀로그램에 물체 상의 형태가 약간 하얗게 보이는 정도이다.

이 홀로그램을 재생하기 위해서는 참조광의 방향과는 반대 방향으로부터 재생하면 된다. 왜곡이 없는 영상을 얻기 위해서는 참조광과 공액인 파면을 가진 빛으로 재생해야 한다. 그림 15.5와 같은 배치로 제작된 반사형 홀로그램을 발산광으로 재생할 경우 상의 세

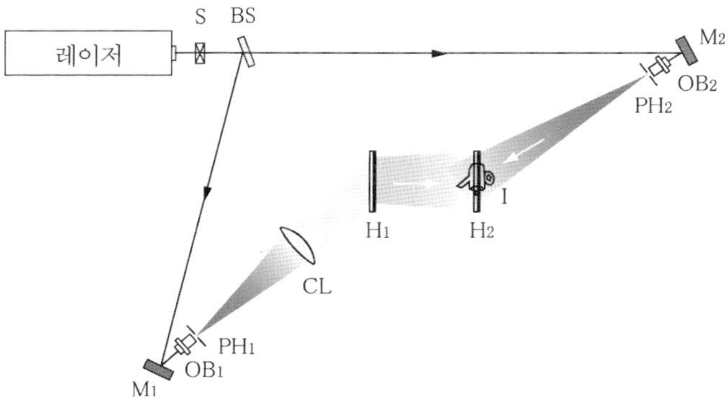

그림 15.5 반사형 이미지 홀로그램 제작 광학계의 예
S : 셔터, BS : 빔 스플리터, M_1, M_2 : 미러, OB_1, OB_2 : 대물렌즈, PH_1, PH_2 : 핀홀,
CL : 콜리메이터렌즈, H_1 : 홀로그램, H_2 : 기록재료(건판홀더), I : 공역 재생 영상(실상)

로 배율이 1보다 크게 되어 상이 홀로그램 면으로부터 떨어져 있다면 깊이가 강조된다. 따라서 참조광으로써는 그림 15.5에서와 같은 OB_2로부터의 발산광이 아니라 평행광 또는 수렴광을 이용하는 것이 바람직하다.

그러나 이를 위해서는 대 구경의 렌즈 등을 사용해야만 한다. 일반적인 디스플레이 홀로그램의 경우는 OB_2와 H_2 사이의 거리를 아주 길게 하지 않는다면 발산광으로 재생해도 뒤틀어짐이 눈에 띄지는 않는다. 이와 같은 주의를 한다면 마스터 홀로그램을 제작하기 위한 참조광을 발산광으로 하여도 좋고 대 구경 렌즈가 반드시 필요한 것은 아니다. 이것은 레인보우 홀로그램의 경우도 같다.

위상 홀로그램은 투명하며 홀로그램 양면으로부터의 반사에 의해 상의 콘트라스트가 낮아진다. 따라서 홀로그램의 유제면에 흑색 도료를 발라 그 면으로부터의 반사를 제거한다면 콘트라스트가 좋은 재생 영상을 얻을 수 있다. 간단한 방법으로는 시중에서 판매하는 흑색 스프레이를 사용하는 것이 좋다. 유리면에 도료가 묻지 않도록 그 면을 커버한 다음 스프레이를 뿌린다.

15.4 물체를 조명하는 방법의 연구

지금까지의 예는 한가지의 빔으로 물체를 조명하였다. 이 경우 움푹 들어간 부분 또는 그림자가 되는 부분은 조명을 받지 못한다. 또한 레이저광의 코히어런스 길이가 제한되기 때문에 폭이 넓은 물체 또는 깊이가 깊은 물체를 기록하기 위해서는 연구가 필요하다. 여기서는 그러한 물체의 조명 방법에 대해서 생각해본다.

헬륨 네온 레이저 광의 코히어런스 길이는 20 cm 정도이다. 따라서 물체광과 참조광 사이의 광로차가 이 길이 이내라면 간섭한다고 생각하여도 된다. 그러나 밝은 재생 영상을 얻기 위해서는 광로차를 될 수 있는 한 0 으로 해 두는 것이 좋다. 폭이 넓은 물체에 대해서 이 조건을 만족시키기 위해서는 물체를 회전 타원체의 회전면 위를 따라 배치하고, 물체를 조명하는 광원과 건판의 중심 위치를 2개의 초점 위치에 두는 것이 좋다. 타원의 성질에서 알 수 있듯이 조명광 원점으로부터 나와 물체에서 반사하여 건판의 중심으로 향하는 빛은 물체의 어떤 점에서 반사하여도 광로 길이가 같기 때문이다.

물체를 조명하기 위한 빔을 분할하여 2개 또는 3개의 방향으로부터 조명하는 방법도 있다. 그 예를 그림 15.6에 보여준다. 이 경우에 주의해야 할 점은 2개 물체광의 광로 길이가 참조광의 길이와 같도록 미러를 배치하는 것이다. 빔 스플리터의 반사율을 바꾸어 1개의 빔을 주 조명광으로 사용하고, 기타 것을 부 조명광으로 하여 조명에 콘트라스트를 할당하는 방법도 있다. 이 방법은 깊이가 깊은 물체를 조명하는 경우에도 이용할 수 있다.

대물렌즈로 빔을 넓혀 물체를 조명한 경우 음영 부분이 명확하고 그림자 부분이 뚜렷한 깊이 있는 재생 영상이 된다. 한편, 대물렌즈로 넓힌 빛을 확산판을 통하여 조명한다면 부드러운 느낌의 재생 영상이 된다. 확산 판으로써는 불투명 유리가 사용된다. 대물렌즈로 넓히지 않고 빛을 직접 불투명 유리에 비추면 스페클 패턴이 커져 꺼슬꺼슬한 느낌의 조명이 되어버린다.

물체를 전면으로부터 조명하는 것이 아니라 그림 15.7과 같이 뒤에서부터 확산 조명한다면 물체의 3차원적인 쉐도우그램(shadowgram)을 얻을 수 있다[1]. 글래스 제품과 같이 투명 물체에 이 조명법을 적용하면 재미있는 효과를 기대할 수 있다. 쉐도우그램을 얻을 수 있는 다른 방법은 조명의 방향에 관계없이 움직이기 쉬운 물체를 일부러 기록하는 것이다. 노광 중에 물체가 움직이면 그 부분은 재생되지 않고 검게 되어 다양한 블랙홀과 같은 상이 생긴다.

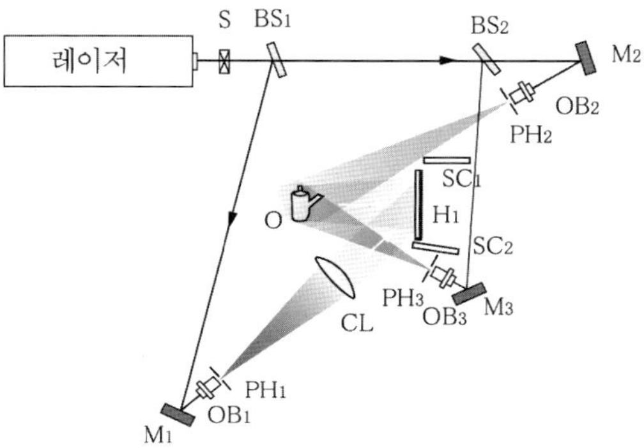

그림 15.6 2 방향에서 물체를 조명하기 위한 배치의 예
S : 셔터, BS_1, BS_2 : 빔 스플리터, $M_1 \sim M_3$: 미러, $OB_1 \sim OB_3$: 대물렌즈, $PH_1 \sim PH_3$: 핀홀, CL : 콜리메이터렌즈, O : 물체, H_1 : 기록재료(건판홀더), SC_1, SC_2 : 스크린

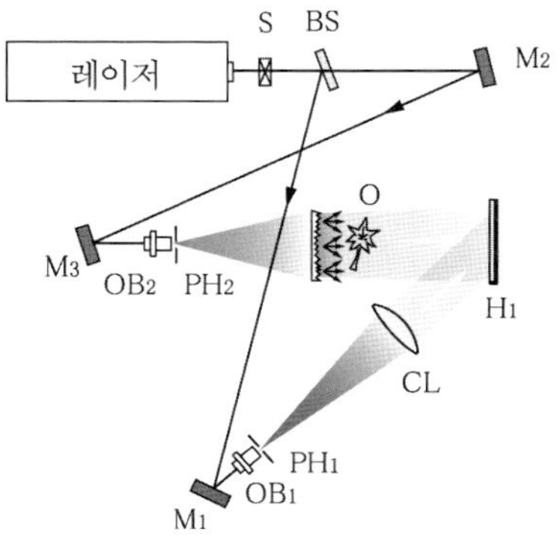

그림 15.7 쉐도우그램을 제작하기 위한 광학계의 예
S : 셔터, BS : 빔 스플리터, $M_1 \sim M_3$: 미러, OB_1, OB_2 : 대물렌즈, PH_1, PH_2 : 핀홀, CL : 콜리메이터렌즈, O : 물체, H_1 : 기록재료(건판홀더)

전면으로부터 물체를 조명만 하는 경우에는 물체 이외의 배경이 아무것도 찍히지 않도록 제안되어 있는 것이 보통이다. 이러한 홀로그램의 재생 영상은 배경이 아무것도 없기 때문에 상이 압박되는 듯 한 인상을 준다. 우리들은 일반적으로 물체와 함께 그 주변의 물

건도 동시에 보고 있다. 그것을 아주 캄캄한 배경에서 물체만이 보이게 된다면 기이한 느낌을 받는다. 대부분의 홀로그램 재생 영상은 이것에 해당한다. 따라서 정면에서의 조명과 배경 조명을 교묘하게 조합한다면 깊숙한 깊이를 느낄 수 있는 상이 표현된다. 의사(psudo) 컬러 방법을 사용하여 배경의 색을 바꾸기만 하여도 상이 생생해 진다.

물체에 따라서 표면에서의 반사가 큰 것이 있다. 예를 들면, 유약이 입혀진 도기 등에 레이저 광을 비추어 보면 상당히 밝게 반사되는 부분이 있다. 이러한 물체의 이미지 홀로그램을 제작하는 경우 밝게 반사되는 부분의 상이 재생되지 않고 어두워지는 경우가 있다. 이것은 그 부분의 물체광이 너무 강해서 간섭무늬의 노광이 과다해져 버리기 때문이다. 이 부분을 재생하려고 하면 물체광 측의 빛의 량을 참조광 측의 빛의 량에 대해 약하게 만들어야 한다. 그 결과 재생 영상 전체가 어두워진다.

이것을 피하기 위한 방법 중 하나로써 앞에서 설명한 확산 조명을 사용하는 방법이 있다. 확산 조명에 의해 밝은 부분이 분산된다. 다른 방법으로써는 물체를 조명하는 빛이나 참조광의 어느 한 쪽의 편광 방향을 회전시켜, 그것들이 서로 일치하지 않도록 하는 것이다. 밝게 반사하는 부분은 거울의 면과 같이 빛을 한 방향으로 반사하기 위해 반사한 후의 빛과 같은 편광 방향을 유지한다. 이와 달리 일단 한 번 안으로 들어가 확산 반사된 빛은 편광 방향이 무너져 있다. 따라서 예를 들어 물체를 조명하는 측에 대한 빛의 편광 방향을 90도 가까이에 회전시켜 놓는다. 이렇게 하면 밝게 반사하는 부분으로부터의 빛은 참조광과는 거의 간섭되지 않게 되어 좋은 결과를 얻을 수 있는 경우가 있다.

편광 방향을 90도 회전시키기 위한 소자로써는 11.3.2 절에서 기술했던 1/2 파장 판이 있다. 이것을 적당한 방향으로 하여 광로 안에 넣는다. 재생된 상이 어떠한 느낌이 되는지는 편광판을 사용하여 짐작할 수 있다. 우선, 건판 홀더의 위치에 편광판을 두어 참조광이 가장 밝게 투과할 수 있도록 편광판을 회전시킨다. 다음에 편광판을 통해 물체를 들여다보며 1/2 파장판을 회전시킨다. 그러면, 물체의 밝게 반사하는 부분의 밝기가 변화할 것이다. 적당한 밝기가 되었을 때 고정시킨다.

15.5 컬러 홀로그램

3원색의 레이저 광으로 컬러 홀로그램을 제작하기 위해서는 적당한 레이저와 함께 기록 재료가 필요하다. 가장 손쉽게 사용할 수 있는 것이 은염유제이다. 그러나 적색 감지용 유제와 녹, 청 감지용의 유제는 구별되어 있다. 따라서 적성분의 홀로그램은 적색 감지용에 기록하고, 녹색 또는 청색 성분의 홀로그램은 녹색, 청색 감지용의 유제에 이중 노광하는 방법으로 기록한다. PFG－03C는 가시역 전역에 감도를 가진 건판이며 상당히 높은 해상력을 가지고 있다. 따라서 반사형 컬러 홀로그램을 1장의 건판으로 기록할 수 있어서 매우 편리하다.

컬러 홀로그램을 기록하기 위한 레이저 광으로써 적색은 헬륨 네온 레이저의 632.8 nm 빛이, 녹색, 청색은 아르곤이온 레이저의 514.5 nm, 488.0 nm의 빛이 일반적으로 잘 사용된다. 그러나 이 조합에서는 깊은 청색과 황색이 재현될 수 없다. 녹색으로써 Nd : YAG 레이저의 532 nm, 청색으로써 아르곤이온 레이저의 457.9 nm 빛을 사용하면 좀 더 넓은 색에 대한 표현이 가능하다. 적색으로써 크립톤 이온 레이저의 647.1 nm 빛을 조합한다면 재현 범위도 넓고 또한 가 간섭 거리도 길기 때문에 큰 물체를 기록하는 것이 가능하다.

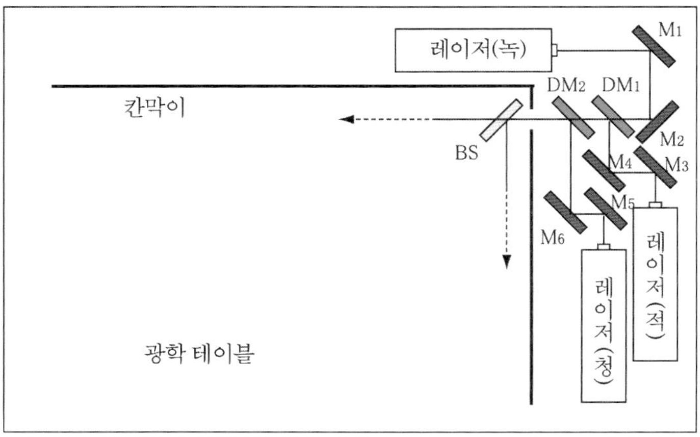

그림 15.8 적, 녹, 청 레이저 빔의 축을 일치시키기 위해 다이클로익(dichroic) 미러를 사용한 광학계의 예
$M_1 \sim M_6$: 광대역유전체 다층 미러, DM_1 : 적색 반사, 녹・청색 투과 다이클로익 렌즈,
DM_2 : 청색 반사, 적・녹색 투과 다이클로익 렌즈, BS : 광대역유전체 다층 빔 스플리터

기록을 하기 위한 광학계는 레인보우 홀로그램, 반사형 홀로그램 모두 기본적으로는 단색 홀로그램의 경우와 같다. 그러나 유전체 다층막의 빔 스플리터를 사용하는 경우는 반사와 투과 빔의 강도비가 파장에 따라서 다르기 때문에 주의를 요한다. 또한, 복수의 레이저를 사용하기 때문에 각각의 빔에 대한 축을 동일하게 조정하는 것이 필요하다. 이때, 각 레이저 빔의 강도를 희생시키지 말아야 한다. 그림 15.8에서와 같이 다이클로익 미러를 사용한 광학계로 구성하면 사정은 좋아진다. 다이클로익 미러는 유전체 다층막으로 구성되어 있다. 따라서 적, 녹, 청의 3 가지의 파장 대역 중 한가지의 파장대역에 해당하는 빛은 100% 가깝게 반사하고 그 외의 파장 빛은 100% 투과할 수 있는 미러 이다. 은염유제의 경우는 3 성분의 홀로그램이 일반적으로 동시에 노광하는 것이 아니라 순차적으로 노광한다. 따라서 보통의 미러를 사용하여 빔을 전환하여도 좋다. 그러나 포토폴리머를 사용하여 반사형 컬로 홀로그램을 제작하는 경우와 같이 3 성분을 동시에 노광할 필요가 있을 때는 그림 15.8의 광학계가 유용하다.

CHAPTER 16 홀로그램을 재생하기 위한 조명 광원과 재생 장치

홀로그램의 재생 영상은 빛을 비추어야 비로소 보인다. 왜곡 없는 상을 보기 위해서는 바른 위치에서 적당한 빛으로 조명할 필요가 있다. 여기서는 백색광 재생 홀로그램을 위한 광원에 대해서 기술한다. 홀로그램의 보급을 위해서는 홀로그램과 광원을 일체화 시킨 콤팩트한 재생 장치가 필요하다. 이를 위한 장치에 대해서도 기술한다.

16.1 재생 조명용 광원

홀로그램을 재생하기 위한 빛으로써 레이저광, 준 단색광(스펙트럼), 백색광이 있다는 것은 2.1.3 항목에서도 설명하였다.

레이저광을 사용한 경우의 특징은 스페클 패턴이 눈에 띄지만 재생 영상의 흐려짐도 없고 깊이가 깊은 3차원 영상을 완전한 형태로 재생할 수 있다는 것이다. 홀로그램에 이마를 대고 가까이 보았을 때의 상의 선명함, 내부의 깊이감은 레이저광을 이용한 재생에서만 얻을 수 있다. 그러나 홀로그램을 제작하기 위해 사용하는 헬륨 네온 레이저, 아르곤이온 레이저 등은 아직 특수한 광원의 부류에 들어있어 일반인이 이러한 레이저를 사용하여 간단하게 홀로그램을 재생한다는 것은 쉽지 않다. 그런 점에서 CD 등에 사용되면서 어느 새인가 집안에 들어와 있는 반도체 레이저는 헬륨 네온 레이저와는 비교 안 될 정도로 소형이며 소 전력이다. 반도체 레이저에 의한 홀로그램 재생은 다시 한 번 검토되어도 좋을 것이라고 생각한다.

수은등[1)]이나 나트륨램프로부터 발생하는 준 단색의 스펙트럼 광에서 재생한 경우도 상당히 선명한 상을 얻을 수 있다. 초고압 수은등의 경우 546.1 nm에 강한 스펙트럼 선이 있다. 그 반값 진폭을 2.4 nm라고 한다면 홀로그램으로부터 5 cm 떨어진 상의 흐려짐은 0.3 mm 가 된다. 이 값은 백색광 재생 홀로그램에 비해 상당히 작으며 선명한 상을 볼 수 있다. 또한 레이저 광 재생의 경우와는 다르게 스페클 패턴은 나타나지 않는다. 그러나 스펙트럼 광원도 백색 광원에 비교할 때 장치가 크고 일반적이지 않다.

홀로그램이 시큐리티 용으로써는 많이 눈에 띠지만 일반적인 홀로그램은 아직도 일반 사람들 사이에 보급되어 있지 않는 것으로 생각된다. 가장 큰 원인으로는 왜곡 없는 선명한 상을 얻기 위해서 적당한 조명 장치를 준비하여야 하며 정확한 거리와 방향에서 홀로그램을 조명해야만 하기 때문이다.

적당한 장치라는 것은 발광부가 작아야 하고 넓혀지는 각이 작고 밝은 것이어야 한다는 것이다. 이 점에서는 태양이 적합한 조명 광원이지만 태양은 기후와 시각에 좌우된다. 전시회 등에서 사용되고 있는 본격적인 조명 장치는 100 V 100 W 정도인 할로겐램프와 효율 좋게 조명할 수 있도록 반사경 및 오목 렌즈를 조합시킨 장치이다. 할로겐램프와 포물면경이 일체화 되어있는 것도 있다. 최근에는 밝은 LED를 간단히 구입할 수 있다. 광원의 사이즈도 작고 직경이 3 ~ 5 mm정도이며 넓이 각도도 좁은 것은 10도 정도의 것도 있다. 소비 전력도 적다. 포물면경과 조합시킨 스포트라이트는 상당히 밝다. 발광 파장대도 각종이 다 있으며 적, 녹, 청 등 단색의 LED는 파장 폭이 몇 십 nm이다. 반사형 홀로그램의 재생 광원으로써 적합하다. 백색 LED는 가벼운 백색 광원이지만 할로겐 등의 백열램프와 다르게 녹색 성분이 적고 컬러 홀로그램용으로써도 적합하지 않다.

이렇듯 목적에 의해 여러 가지 광원이 사용되지만 최적의 조건으로 홀로그램을 보기 위해서는 광원과 홀로그램의 위치 관계에 유의하는 것이 필요하다. 또한 보고 싶을 때 언제든지 최적의 조건에서 재생할 수 는 없다. 따라서 매장에서 홀로그램을 발견하고 흥미를 가지고 구입해 집으로 가져간다고 해도 집에는 적합한 조명 장치가 없다. 대부분 제대로 보기가 힘들어 어디엔가 집어넣고 열어보지 않게 되는 것이다.

16.2 콤팩트한 홀로그램 재생 장치

렌즈가 부착된 필름이 판매되고 있듯이 광원이 달린 홀로그램이 기대되고 있다. 홀로그램과 광원을 세트로 한 콤팩트한 재생 장치가 있다면 언제 어디에서든지 간단히 선명한 재생 영상을 볼 수 있다. 홀로그램의 보급을 위해 이것은 불가결하다.

그림 16.1 반도체레이저를 사용한 콤팩트한 투과형 홀로그램 재생 장치

그림 16.2 LED를 사용한 콤팩트한 반사형 홀로그램 재생 장치

홀로그램과 광원을 세트로 만든 것으로써 5.1.4 절에서 기술한 에지릿(edge－lit) 홀로그램이 있다. 그러나 유리판을 사이에 두고 상당히 큰 각도로 재생하기 때문에 제작이 어렵고 또한 재생 영상도 그다지 밝지 않다. 이것은 홀로그램의 각도 선택성이 좋게 하기 위해서 조명 각도를 정밀하게 조절할 필요가 있기 때문이다. 이 에지릿 홀로그램의 어려움을 해결하여 홀로그램과 광원을 일체화한 장치의 한 가지 예를 그림 16.1에 보여준다. 이것은 반도체 레이저와 투과형 홀로그램을 일체화한 재생 장치이다. 반도체 레이저 발진 파장의 하나인 635 nm의 빛은 헬륨 네온 레이저의 파장에 가깝다. 따라서 헬륨 네온 레이저로 제작된 투과형 홀로그램을 참조광과 거의 같은 각도로 조명한다면 밝은 재생 영상을 얻을 수 있다.

그림 16.2는 LED로 재생하는 반사형 홀로그램 재생 장치의 한 가지 예이다. LED로부터의 빛은 보통과는 다르게 아래 방향에서 홀로그램을 조명한다. 따라서 천장의 형광등 등 외부의 광원으로부터의 빛에 의해 원하지 않는 상이 재생되지 않기 때문에 노이즈가 적은 선명한 재생 영상을 볼 수 있다. 이 장치는 사진 스탠드와 같이 탁상형으로 만든 것이 있는데 콤팩트하기 때문에 탁상형 이외에 벽걸이 등으로 만드는 것도 가능하다.

맺음말

「이번에 연구실에서 레이저를 살 수 있게 되었는데, 레이저를 사용하면 이러이러한 것들을 할 수 있다고 한다. 자네 해보겠나?」라며 지도 교수로부터 소개 받은 것은 1966년, 석사 1년 초여름의 일로 기억하고 있다. 검은색 상자처럼 생긴 물체로부터 나오는 빨간 한 줄기의 얇은 광선, 이것에 의해서 3차원 영상 세계가 펼쳐지는 불가사의함과 매력에 빠졌다. 그리고 그 이후 홀로그래피는 필자에게 있어서 40년이 넘는 시간동안 라이프 워크(life work)가 되었다.

본서에서는 홀로그래피란 무엇인가에 대해서 빛의 본질, 파의 성질을 언급하면서 설명하였다. 또한 홀로그램에는 어떠한 종류가 있는지, 현재 어떠한 분야에서 응용되고 있는지 등에 대해서도 언급하였다.

홀로그래피는 앞으로 어떻게 발전해 나갈 것인가? 기대를 담아 전망해본다. 간섭계측 분야를 살펴보면 과거의 간섭 방법에서는 불가능하였던 피 측정 물체들을 측정할 수 있으며 변형이나 진동의 모습을 영상으로써 확대하여 관측할 수도 있다. 앞으로도 중요한 기술이다. 광학소자에 있어서도 기존의 렌즈, 회절 격자와 같이 개별적인 기능의 소자가 아니라 그들을 한 장의 홀로그램으로 병용해 구성할 수 있다. 이와 같이 다기능성을 살릴 수 있는 전자 디바이스를 포함한 새로운 기록 재료의 개발을 통해 새로운 소자가 만들어질 것이다. 홀로그램을 사용한 헤드업디스플레이(HUD) 장치는 이전부터 항공기에서 탑재되어 사용되고 있으며 최근에는 자동차에서도 그 사용이 증가하고 있다. 앞으로는 내비게이션 시스템에 적용되어 운전석 전방의 유리에 홀로그램으로 필요한 정보가 표현되어 지는 것을 기대할 수 있다. 헤드 마운트 디스플레이(HMD)의 경우는 출근 도중의 전차 안에서 그리고 길거리를 걸어가면서 영상을 즐길 수 있다. 가시광선 이외의 전자파를 이용하게 되면 안개나 연기 등에 의해서 시야를 방해 받더라도 건너편의 경치를 그 위치에 맞추어 표시하는 것도 가능하게 된다.

일본의 지폐에 홀로그램이 부착되고 나서부터는 홀로그래피라고 하기보다는「홀로그램」이라는 이름으로 이 기술이 일반인들에게도 조금씩 알려지게 되었다. 위조 방지 기술은 끊임없이 향상시켜 나가야만 한다. 홀로그램도 전자 빔의 작은 점을 사용하여 더욱 정밀하게 제작된다. 두께가 변화하면 재생상의 색을 바꿀 수 있게 되는 반사형 홀로그램의 특징을 최대한 활용하여 시큐리티의 품질을 더욱 향상시킬 수 있다.

홀로그래픽 메모리는 어떻게 발전하고 있는가? 현재 가정에 보급되고 있는 블루레이 디스크의 수배 이상의 기록 용량을 가지게 되고 동시에 전송 비율(rate)을 높일 수 있을 것이라고 기대되고 있다. 홀로그래픽 메모리의 개발 역사를 보면 1968년경부터 연구 결과가 나오기 시작하여 그 후 육성기와 정체기를 몇 번인가 지나왔다. 현재는 제 3세대라고 불리어 지기 시작한지가 조금 지났지만 기대에 미치지 못하는 결과의 상태가 꽤나 지연되어 세상에 나오지 않는다. 그 최대의 이유 중 하나는 미디어의 기록 재료로써 해결해야 할 과제가 아직 남아있기 때문이기도 하다. 관계 연구자들의 노력으로 하루 빨리 실용화가 되어 사회에 공헌할 수 있기를 기대한다.

컴퓨터와 전자 디바이스의 발전에 따라서 디지털 홀로그래피의 중요성이 증가되고 있다. 현미경에 특화된 장치는 이미 실용화되어 생체나 마이크로 기계 동작 등의 실시간 관찰이 가능하게 되었다. 3차원 영상 계측의 새로운 기술로써 주목받고 있다. CCD에 입력되는 간섭무늬의 3차원 정보가 디지털이기 때문에 데이터 전송이 가능하다. 인터넷을 통한 원격 진단으로의 새로운 길도 열리게 되었다.

최근에는 피코(pico)초, 펨토(femto)초 레이저를 쉽게 사용할 수 있게 되었다. 이러한 초단파 펄스를 사용하여 홀로그램을 기록하면 2개의 광 펄스가 동일한 시각에 겹쳐진 장소에만 간섭무늬가 형성된다. 이 특징을 이용하여 홀로그램을 기록하면 너무 빨라서 절대 볼 수 없는 빛의 전파 모습을 연속적으로, 마치 수면의 파장이 천천히 펼쳐져 가는 것을 보고 있는 듯한 동영상으로 관측할 수 있다. 300 ps의 현상을 기록한 홀로그램을 15초에 걸쳐 관찰하면 시간의 흐름을 토대로 빛의 전파 모습을 500 억 배 느리게 볼 수 있는 것이다. 이러한 동영상을 다른 기술로 기록하는 것이 불가능하며 홀로그래피에 의해서만 얻어지는 것이다. 이것이 실현된다면 지금까지 불가능했던 물리학, 화학, 생물학에 있어서의 초고속 현상 관찰, 해명이나 각종 공학 분야의 초고속 계측 · 평가 등 폭넓은 분야로의 응용을 확장할 수 있는 가능성을 가지고 있다.

홀로그래피의 특징을 최대한으로 살린 3차원 영상 디스플레이 분야는 어떠한 것인가. 미국에서는 영상이 튀어나온 것처럼 보이는 소위 「3D 영화」가 2008년부터 인기여서 디즈니는 앞으로의 애니메이션을 모두 3D(3차원)로 만들 계획이라고 한다. 일본에서도 3D 영화의 상영이 계속되어 관계자들 사이에서는 2009년을 「3D 원년」이라 하고 있다. 이 3D 화의 흐름은 아날로그로부터 디지털화를 준비하고 있는 TV나 블루 레이 디스크 등의 가전 제품에도 파급되어 지고 있어 2010년을 「3D TV 원년」이라고 부르고 있다. 그러나 이 방식은 좌우 2개의 시차 영상을 이용한 과거의 스테레오그램이다. 따라서 3D 영상을 즐기기 위해서는 전용 안경이 필요하며 아직 장시간에 걸친 감상은 피할 필요가 있다.

이와 달리 홀로그래피에 의한 3차원 영상은 초점조절, 폭주, 양안시차 등 입체시의 요인을 모두 충족시키고 있다. 다른 3차원 영상 기술과는 다르게 눈에 나쁘지 않은 이상적인 영상이다. 따라서 3차원 디스플레이의 수단으로써는 가장 우수하지만 그만큼 실용화로의 길에는 험한 부분이 남아있다. 홀로그래피가 목표로 하는 최종의 목적 중 하나는 진정한 3차원 TV의 실현이다. 아직 해결해야만 하는 과제가 남아 있지만 연구개발이 꾸준히 진행되고 있다. 어느 기술 쪽이던 「3D」가 우리의 생활에 가까이 다가오는 것을 대환영하며 궁극의 3D 기술로써의 홀로그래피가 그 존재 가치를 발휘하여 세상에 공헌할 수 있기를 기대하고 싶다.

홀로그램의 기록이 광으로 한정되어져 있는 것은 아니다. 전파, 전자선 등 광 이외의 홀로그래피에 의해서 눈에 보이지 않는 정보를 가시화 할 수 있기 때문에 현대 물리학의 발전에 기여를 하고 있다, 예를 들면, 전파를 사용하면 평소에 볼 수 없는 눈 속에 있는 물체 등의 재생 영상을 얻을 수 있다. X-선 홀로그램에 있어서는 그 유용성 때문에 이전부터 많은 기대를 받고 있었다. 고휘도 방사광의 발달과 연 X-선(Soft X-Ray) 레이저 출현에 의해서 또다시 새로운 발전의 징조를 보이기 시작하고 있기 때문에 앞으로의 발전이 기대된다. 전자선을 사용한 홀로그램에 대해서는 히타치 제작소의 소토무라 팀이 획기적인 연구를 수행하여 양자역학의 근본에 관련된 아로노프-보옴 효과(Aharanov-Bohm effect)의 검증 실험에 큰 역할을 하였다. 또한, 전자 현미경의 분해능 향상, 미소 영역의 전장 · 자장에 관한 정보의 영상화에 따라 재료나 전자 디바이스 연구 개발에 대한 앞으로의 발전을 많이 기대할 수 있다.

이 책에서는 홀로그래피의 기초와 응용에 대해서 해설하였다. 동시에 실제로 홀로그램을 만들어 보고 싶다고 생각하는 사람들을 위해서 필요한 설비나 광학 부품에 대해서 기술하였고 간단한 홀로그램을 만드는 방법을 제시하였다. 홀로그램을 만들어 보는 것은 즐거운 일이다. 자신의 손으로 처음으로 홀로그램을 만들어 그 재생상이 보였을 때의 감격은 잊을 수 없다. 필요한 장비를 갖추는 것이 쉬운 일은 아니지만 기회가 된다면 부디 도전해 봤으면 한다.

필자의 실험실에서도 홀로그래피가 실험 테마 중 하나로 되어있다. 제작 설명서에 따라서 제작한다면 홀로그램이 만들어 지게 되어 있지만 현상 처리가 끝나고 건조한 후 홀로그램에 레이저 광을 비추어 원래의 모습대로 보이게 하였을 때의 반응이 재미있다. 제작을 위해 물체를 노광한 후에도 의도적으로 빼지 않고 그대로 물체를 놓아둔 후, 만들어진 홀로그램에 레이저 광을 비추어 물체가 보이는 것만으로는 학생들이 아무런 반응도 하지 않는다. 그때 물체를 서서히 옮기면 「와우!」하면서 단번에 놀란 표정을 보이며 다시 한 번 홀로그램을 들여다본다. 있을 리가 없는 「물체」가 그곳에 「있기」 때문이다. 이론과 논리는 이해하고 있어도 실제로 그것을 눈앞에서 보게 되면 엉겁결에 감탄하는 것이다. 젊은이들이 최근 이공계에 진학하지 않는다고 한지 오래되었지만 과학 현상에 흥미를 가지게 하고 손을 움직여 실험하는 즐거움을 체험시키기 위해서는 홀로그래피가 딱 맞는 테마가 아닌가 생각한다.

이 책은 홀로그래피의 매력에 빠졌던 젊은이가 그 매력과 재미를 많은 사람들에게 알리고자 하는 마음을 담아 쓴 입문서이다. 독자가 이 책에 의해서 홀로그래피에 관심을 가진다면 더할 수 없는 기쁨이 될 것이다.

참고문헌

머리말

1) D. Gabor : *Nature*, **161** (1948), 777-778.
2) W. L. Bragg : *Nature*, **149** (1962), 470-471.
3) E. N. Leith and J. Upatnieks : *J. Opt. Soc. Am.*, **52** (1962), 1123-1130 ; **53** (1963), 1377-1381 ; **54** (1964), 1295-1301.
4) Yu. N. Denisyuk : *Soviet Physics-Doklady*, **7** (1962), 543-545.
5) 朝倉利光 : 自然 (1965 年 6 月号), 38-50.
6) 田中俊一 : 計測と制御, **5** (1966), 242-258.
7) 小瀬輝次 : 応用物理, **35** (1966), 661-666.

1. 홀로그래피의 원리

1) 応用物理学会光学懇話会編 : 生理光学—眼の光学と視覚— (朝倉書店, 1975), 第 7 章.
2) 畑田豊彦 : 立体視機能から見た三次元映像, 画像ラボ, **1**, No. 12 (1990), 13-16.
3) 大越孝敬 : 三次元画像工学 (朝倉書店, 1991).
4) たとえば, 櫛田孝司 : 光物理学 (共立出版, 1983), 第 3 章.
5) 辻内順平 : 光学概論 II (朝倉書店, 1979), p. 28, p. 107.

2. 기본적인 홀로그램의 종류와 재생 영상의 형성과정

1) たとえば, 櫛田孝司 : 光物理学 (共立出版, 1983), 第 4 章.
2) 鶴田匡夫 : 光の鉛筆 (新技術コミュニケーションズ, 1986), pp. 341-352.
3) 堀越充雄, 甲斐鎌三 : ホログラフィック・ディスプレイ研究会会報, **12**, No. 1 (1992), 9-15.
4) H. Kogelnik : *Bell Sys. Tech. J.*, **48** (1969), 2909-2947.
5) 小野雄三 : 応用物理, **61** (1992), 588-591.
6) M. G. Moharam and T. K. Gaylord : *J. Opt. Soc. Am.*, **72** (1982), 1385-1392.
7) E. B. Champagne : *J. Opt. Soc. Am.*, **57** (1967), 51-55.

3. 체적형 홀로그램의 특성

1) 鶴田匡夫 : 応用光学 I (培風館, 1999), p. 33.
2) H. M. Smith : Principles of Holography (John Wiley & Sons, New York, 1969), pp. 54-81.

3) T. Kubota : *Appl. Opt.*, **27** (1988), 4358-4360.
4) X. An, *et al.* : *Appl. Opt.*, **38** (1999), 386-393.
5) T. Kubota : *Optica Acta*, **25** (1978), 1035-1053.
6) T. Kubota : *Optica Acta*, **26** (1979), 731-743.

4. 백색광재생 홀로그램

1) S. A. Benton : Application of Holography and Optical Data Processing, edited by E. Marom, *et al.* (Pergamon Press, Oxford, 1977), pp. 401-409.
2) S. A. Benton : *J. Opt. Soc. Am.*, **59** (1969), 1545A.
3) G. Lippmann : *Compt. Rend. Acad. Sci. Paris*, **112** (1891), 274-275；中村誠太郎，小沼通二：ノーベル賞講演——物理学第２巻（講談社，1979），pp. 5-14.
4) Y. Taketomi and T. Kubota : *Opt. Lett.*, **22** (1997), 1725-1727.

5. 실용적인 홀로그램

1) 齋藤隆行．辻内順平編著：ホログラフィックディスプレイ（産業図書，1990），pp. 191-207.
2) J. Tsujiuchi, *et al.* : AIP Conference Proceedings No. 65, Optics in Four Dimensions-1980 (1981), pp. 594-603.
3) 鈴木正根，齋藤隆行：ホログラフィック・ディスプレイ研究会会報，**11**，No. 1 (1991), 2-9.
4) 康　徳寛，本田捷夫：光技術コンタクト，**28**，No. 8 (1990), 19-25.
5) A. Shirakura, *et al.* : *Proc. SPIE*, **3294** (1998), 248-255.
6) M. Yamaguchi, *et al.* : *Proc. SPIE*, **2406** (1995), 50-56.
7) Zebra Imaging, http://www.zebraimaging.com/
8) S. A. Benton : *Proc. SPIE*, **761** (1987), 53-61.
9) C. Newswanger, *et al.* : *Proc. SPIE*, **812** (1987), 139-147.
10) K. Okada, *et al.* : *Opt. Com.*, **73** (1989), 347-350.
11) M. Suzuki, *et al.* : *Proc. SPIE*, **523** (1985), 38-41.
12) 池上皓治：ホログラフィック・ディスプレイ研究会会報，**2**，No. 3 (1982), 2-4.
13) J. Upatnieks : *Appl. Opt.*, **31** (1992), 1048-1052.
14) 岸本　康：*O plus E*, No. 45 (1983年8月), 113-117.
15) K. Higuchi, *et al.* : *Proc. SPIE*, **2406** (1995), 20-26.
16) 久保田敏弘，山崎哲司：応用物理，**51** (1982), 604.
17) 武田光夫，谷田貝豊彦：応用物理，**41** (1972), 1039-1046.
18) たとえば，南　茂夫編著：科学計測のための波形データ処理（CQ出版社，1986），第8章.

6. 컬러 홀로그래피

1) たとえば，江森康文ほか編：色—その科学と文化（朝倉書店，1980）.
2) P. Hariharan：Progress in Optics, **20**, ed. E. Wolf（North-Holland，Amsterdam, 1983），pp. 265-324.
3) 鈴木正根ほか：光学，**7**，No. 1（1978），29-31.
4) 黒川和雅ほか：光学，**22**（1993），428-433.
5) T. Kubota.：*Appl. Opt.*，**25**（1986），4141-4145.
6) 久保田敏弘，西村正雄：日本写真学会誌，**53**（1990），291-296.
7) T. Kubota, *et al.*：*Proc. SPIE*，**4296**（2001），126-133.
8) S. A. Benton：*J. Opt. Soc. Am.*，**71**（1981），1568A.
9) S. A. Benton：*Proc. SPIE*，**391**（1983），2-9.
10) T. Kubota：*Proc. SPIE*，**1051**（1989），12-17.

7. 기록 재료와 그 특성 평가

1) H. I. Bjelkhagen：Silver-Halide Recording Materials, 2nd ed.（Springer-Verlag, New York，1995）.
2) 岩崎　仁，大原雅史，久保田敏弘，本田　凡，玉沢一秀：日本写真学会 1998 年度年次大会講演要旨（1998），p. 25.
3) Yu. A. Sazonov, *et al.*：*Proc. SPIE*，**3638**（1999），42-53.
4) S. J. Zacharovas, *et al.*：*Proc. SPIE*，**4149**（2000），73-80.
5) A. Belendez, *et al.*：*Proc. SPIE*，**3638**（1999），106-112.
6) Y. Gentet and P. Gentet：*Proc. SPIE*，**4149**（2000），56-62.
7) J. M. Kim, *et al.*：*Proc. SPIE*，**4659**（2002），378-387.
8) 久下謙一ほか：日本写真学会誌，**69**（2006），276-278.
9) T. A. Shankoff：*Appl. Opt.*，**7**（1968），2101-2105.
10) B. J. Chang：*Opt. Eng.*，**19**（1980），642-648.
11) T. Kubota, *et al.*：*Appl. Opt.*，**15**（1976），556.
12) K. Kurokawa, *et al.*：*Proc. SPIE*，**2577**（1995），106-111.
13) F. Iwata and J. Tsujiuchi：*Appl. Opt.*，**13**（1974），1327-1336.
14) T. Ishikawa, *et al.*：*Proc. SPIE*，**1461**（1991），73-78.
15) 小関健一ほか：第 53 回応用物理学会学術講演会講演予稿集，No. 3（1992），816.
16) 谷川英夫：光技術コンタクト，**41**，No. 11（2003），19-25.
17) R. T. Ingwall, *et al.*：*Proc. SPIE*，**747**（1987），67-73.
18) S. H. Stevenson：*Proc. SPIE*，**3011**（1997），231-241.
19) P. H. Hubel and M. A. Klug：*Proc. SPIE*，**1667**（1992），215-224.
20) L. Dhar, *et al.*：*Opt. Lett.*，**23**（1998），1710-1712.

21) 小林正典ほか：ホログラフィック・ディスプレイ研究会会報, **25**, No. 2 (2005), 14-19.
22) 富田康生：光技術コンタクト, **43**, No. 12 (2005), 10-19.
23) 鈴木正根：光学技術コンタクト, **21**, No. 2 (1983), 17-31.
24) 志村　努：フォトリフラクティブ効果の物理, 光学, **25** (1996), 376-382.
25) F. H. Mok：*Opt. Lett.*, **18** (1993), 915-917.
26) J. F. Heanue, *et al.*：*Opt. Lett.*, **21** (1996), 1615-1617.
27) X. An, *et al.*：*Appl. Opt.*, **38** (1999), 386-393.
28) 橋本信幸：*O plus E*, No. 201 (1996), 103-108.
29) 八木生剛：光学, **25** (1996), 362-367.
30) 左貝潤一：応用物理, **62** (1993), 567-574.
31) K. Meerholz, *et al.*：*Nature*, **371** (1994), 497-499.
32) 横山正明：光学, **26** (1997), 144-145.
33) 平尾明子ほか：*O plus E*, **25** (2003), 408-414.
34) B. Kohler, *et al.*：*Opt. Lett.*, **18** (1993), 2144-2146.
35) 光永正治ほか：応用物理, **64** (1995), 250-254.
36) D. Oesterhelt, *et al.*：*Quqrt. Rev. Biophys.*, **24** (1991), 425-478.

8. 전자 디바이스를 이용한 홀로그래피

1) 佐藤甲癸：日本写真学会誌, **65** (2002), 40-43；ホログラフィック・ディスプレイ研究会会報, **26**, No. 4 (2006), 18-21.
2) P. St.-Hilaire, *et al.*：*Proc. SPIE*, **1212** (1990), 174-182.
3) P. St.-Hilaire：*Opt. Eng.*, **34** (1995), 2900-2911.
4) 吉川　浩：光学, **26** (1997), 308-313.
5) N. Hashimoto and S. Morokawa：*Proc. SPIE*, **1461** (1991), 291-302.
6) 橋本信幸ほか：映像情報メディア学会誌, **53**, No. 3 (1999), 405-410.
7) K. Maeno, *et al.*：*Proc. SPIE*, **2652** (1996), 15-23.
8) 永井利明ほか：3次元画像コンファレンス2006 講演論文集 (2006), p. 93.
9) M. A. Kronrod, *et al.*：*Sov. Phys. Tech. Phys.*, **17** (1972), 333-334.
10) 粟辻安浩ほか：システム/情報/制御, **52** (2008), 407-413.
11) I. Yamaguchi and T. Zhang：*Opt. Lett.*, **22** (1997), 1268-1270.
12) Y. Awatsuji, *et al.*：*Appl. Phys. Lett.*, **85** (2004), 1069-1071.
13) G. Pan and H. Meng：*Appl. Opt.*, **42** (2003), 827-833.
14) P. Picart, *et al.*：*Appl. Opt.*, **44** (2005), 337-343.
15) B. Rappaz, *et al.*：*Opt. Express*, **13** (2005), 9361-9373.
16) Lyncee Tech 社：http://www.lynceetec.com/

9. 초단 펄스 레이저를 이용한 홀로그래피 – 빛의 전파 현상에 대한 가시화

1) N. Abramson : *Appl. Opt.*, **22** (1983), 215-232.
2) N. Abramson : Light in Flight or The Hologram, *SPIE Press* (1996).
3) T. Kubota and Y. Awatsuji : *Opt. Lett.*, **27** (2002), 815-817.
4) T. Kubota, *et al.* : *Optics Express*, **15** (2007), 14348-14354.

10. 홀로그래피의 응용

1) 斉藤弘義：日本機械学会誌, **78** (1975), 826-832.
2) P. Smigielski, 辻内順平訳：ホログラフィーによる計測と検査——工業で使われるホログラフィー（新技術コミュニケーションズ, 1999).
3) 竹本修三：光学, **16** (1987), 282-287.
4) 中島俊典：応用物理, **41** (1972), 560-573.
5) Jovin-Ybon 社：パンフレット "Diffraction Grating Ruled and Holographic"
6) K. Oka, *et al.* : *Proc. SPIE*, **5005** (2003), 8-19.
7) 加藤　誠：光学, **26** (1997), 200-205.
8) 金馬慶明：光学, **26** (1997), 23-24.
9) 武田光夫：応用物理, **56** (1987), 361-367.
10) 岩崎　巧：オプトロニクス, No. 47 (1985 年 11 月), 72-76.
11) 橋本礼二：*O plus E*, No. 117 (1989 年 8 月), 101-105.
12) 久保田敏弘：日本機械学会誌, **95** (1992), 1046-1049.
13) 上田裕昭, 笠井一郎：光技術コンタクト, **41**, No. 11 (2003), 32-39.
14) Y. Ono and N. Nishida : *Appl. Opt.*, **21** (1982), 4542-4548.
15) 武田光夫, 谷田貝豊彦：応用物理, **41** (1972), 1039-1046.
16) 石井行弘：オプトロニクス, No. 86 (1989 年 2 月), 106-112.
17) 辻内順平：ホログラフィー（裳華房, 1997), pp. 256-294.
18) 志村　努：*O plus E*, **25**, No. 4 (2003), 385-390.
19) 小山次郎, 西原　浩：光波電子工学（コロナ社, 1978), pp. 207-208.
20) J. F. Heanue, *et al.* : *Opt. Lett.*, **21** (1996), 1615-1617.
21) H. Horimai, *et al.* : *Appl. Opt.*, **44** (2005), 2575-2579.
22) 岩田藤郎：*O plus E*, No. 117 (1989), 96-100.
23) F. Iwata : *Proc. SPIE*, **4296** (2001), 47-55.
24) 高瀬喜久, 久保田敏弘：光学, **22** (1993), 156-161.
25) 辻内順平編著：ホログラフィックディスプレイ（産業図書, 1990).
26) 久保田敏弘：*O plus E*, No. 166 (1993 年 9 月), 112-118.
27) S. Amadesi, *et al.* : *Appl. Opt.*, **13** (1974), 2009-2013.
28) 三田村畯右：ホログラフィック・ディスプレイ研究会会報, **27**, No. 2 (2007), 31-35.

29) 小寺光男：*O plus E*, No. 126（1990年5月）, 154-158；No. 127（1990年6月）, 128-132；No. 128（1990年7月）, 177-179；No. 130（1990年9月）, 153-157.
30) 田原茂彦：ホログラフィック・ディスプレイ研究会会報, **13**, No. 2（1993）, 10-17.
31) *National Geographic*, **165**, No. 3（1984）.
32) 青木由直：電子通信学会論文集, **68-B**（1985）, 602-608.
33) 外村　彰：応用物理, **63**（1994）, 222-231.
34) 外村　彰：電子線ホログラフィー（オーム社, 1985）.

11. 실험 준비

1) 中村　均：写真工業, **48**, No. 5（1990）, 56-59.
2) 末田哲夫：光学部品の使い方と留意点（オプトロニクス社, 1987）, 第3章.
3) 大竹祐吉：レーザの使い方と留意点（オプトロニクス社, 1993）.
4) 電気学会通信教育会：光と画像の基礎工学（電気学会, 1984）, 第3章.
5) 鶴田匡夫：応用光学 I（培風館, 1990）, p. 36.
6) 日本工業規格, JIS C 6802：2005.

12. 은염유제의 처리법

1) 岩崎　仁. 辻内順平監修：ホログラフィー材料・応用便覧（エヌ・エス・ティー, 2007）, pp. 3-25.
2) 池上皓治. 辻内順平編著：ホログラフィックディスプレイ（産業図書, 1990）, pp. 211-243.
3) P. Hariharan：*J. Optics*（*Paris*）, **11**（1980）, 53-55.

13. 가장 간단한 홀로그램의 제작

1) 久保田敏弘, 石井行弘：応用物理, **40**（1971）, 623-629.

14. 기본적인 홀로그램의 제작

1) 鶴田匡夫：応用光学 II（培風館, 1990）, 第4章.

15. 백색광 재생 홀로그램의 제작

1) G. Saxby：Practical Holography, 2nd ed.（Prentice Hall, New York, 1994）, pp. 156-157.

16. 홀로그램을 재생하기 위한 조명 광원과 재생 장치

1) 堀越充雄, 甲斐鎌三：ホログラフィック・ディスプレイ研究会会報, **12**, No. 1（1992）, 9-15.

해설서

홀로그래피에 관한 입문서, 전문서 소개

홀로그래피를 포함하여 3차원 화상기술을 일반적으로 해설한 서적

[1] 増田千尋：3 次元ディスプレイ（産業図書，1990).
[2] 大越孝敬：三次元画像技術（朝倉書店，1991).
[3] 尾上守夫，池内克史，羽倉弘之編著：3 次元映像ハンドブック（朝倉書店，2006).

홀로그래피 입문 서적

[1] W. E. Kock 著，小瀬輝次，芳野俊彦訳：レーザーとホログラフィー（河出書房新社，1971).
[2] 横田英嗣：美しい光の世界（東海大学出版会，1980).
[3] 龍岡静夫：レーザと画像（共立出版，1984).
[4] 本田捷夫：ホログラフィのはなし（日刊工業新聞社，1987).

홀로그래피 전문 서적

[1] 沼倉俊郎編著：ホログラフィ（コロナ社，1974).
[2] J. C. Vienot, P. S. migielski and H. Royer 著，辻内順平，中村琢磨訳：ホログラフィー入門（共立出版，1975).
[3] 村田和美：ホログラフィー入門（朝倉書店，1976).
[4] 大越孝敬：ホログラフィ（2 版）（コロナ社，1978).
[5] 松下　昭，平井紀光：ホログラフィの基礎と実験（共立出版，1979).
[6] 鈴木正根：実践ホログラフィ技術（オプトロニクス社，1986).
[7] 辻内順平：ホログラフィー（丸善，1993).
[8] P. Smigielski 著，辻内順平訳：ホログラフィーによる計測と検査——工業で使われるホログラフィー（新技術コミュニケーションズ，1999).
[9] P. Hariharan 著，吉川　浩，羽倉弘之訳：ホログラフィの原理（原著：Basic of Holography）（オプトロニクス社，2004).
[10] 久保田敏弘ほか：ホログラム最新技術—感光材料の開発から実装品への応用まで—（情報機構，2006).
[11] 辻内順平監修：ホログラフィー材料・応用便覧（エヌ・エス・ティー，2007).

홀로그래피가 일부 포함된 서적

[1] 応用物理学会編, 小瀬輝次, 斉藤弘義, 田中俊一, 辻内順平, 波岡　武編：光工学ハンドブック（朝倉書店, 1985).

[2] 応用物理学会編, 辻内順平, 一岡芳樹, 峯本　工：光情報処理（オーム社, 1989).

[3] 辻内順平編集顧問, 黒田和男編集代表：最新光学技術ハンドブック（朝倉書店, 2002).

광 이외의 홀로그래피에 관한 서적

[1] 永井啓之亮：超音波ホログラフィ（日刊工業新聞社, 1989).

[2] 青木由直：波動信号処理（森北出版, 1986).

[3] 外村　彰：電子線ホログラフィー（オーム社, 1985).

[4] 外村　彰：電子波で見る世界（丸善, 1985).

홀로그래피 관련 영문 서적

홀로그래피와 홀로그램 제작 입문서적

[1] P. Heckman : The Magic of Holography (Atheneum, New York, 1986).

[2] T. H. Jeong : Laser Holography (Tomas Alva Edison Foundation, Southfield, 1987).

[3] G. Saxby : Practical Holography, 2nd ed. (Prentice Hall, New York, 1994).

[4] F. Unterseher, J. Hansen and B. Schlesinger : Holography Handbook (Ross Books, Berkeley, 1992).

[5] F. Unterseher, J. Hansen and B. Schlesinger : Holography Handbook-Making Holograms the Easy Way (Ross Books, Pennsylvania, 1996).

영어 전문 서적

[1] R. J. Collier, C. B. Burckhardt and L. H. Lin : Optical Holography (Academic Press, New York, 1971).

[2] Yu. N. Denisyuk : Fundamentals of Holography (Mir Publishers, Moscow, 1984).

[3] P. Harharan : Optical Holography (Cambridge University Press, Cambridge, 1984).

[4] N. Abramson : Light in Flight on the Holograms (SPIE, Bellingham, 1996).

기록 재료에 관한 전문 서적

[1] H. M. Smith : Holographic Recording Materials (Springer-Verlag, New York, 1977).

[2] H. I. Bjelkhagen : Silver-Halide Recording Materials, 2nd ed. (Springer-Verlag, New York, 1995).

홈페이지

[1] ホログラフィック・ディスプレイ研究会 http://www.hodic.org/

홀로그래피용 실험기기 및 기록재료 취급 회사

홀로그램을 제작하기 위해서는 광학부품, 레이저, 기록 재료 등 최소한으로 필요한 것들이 있다. 실험기기 및 기록 재료를 취급하는 대표적인 회사와 홈페이지를 소개한다.

실험기기

1. 제진대, 광학테이블
   - 中央精機(株)　http://www.chuo.co.jp/
   - (株)昭和サイエンス　http://www.ssvi.co.jp/
   - 明立精機(株)　http://www.meiritz.jp/
   - ニューポート社　http://www.newport-japan.jp/
   - エドモンド・サイエンティフィック・ジャパン(株)　http://www.edmundoptics.com/JP/

2. 광학부품
   - 中央精機(株)　http://www.chuo.co.jp/
   - シグマ光機(株)　http://www.sigma-koki.com/
   - エドモンド・サイエンティフィック・ジャパン(株)　http://www.edmundoptics.com/JP/
   - (株)光洋　http://www.shop.koyo-opt.co.jp
   - ニューポート社　http://www.newport-japan.jp/
   - メレスグリオ(株)　http://www.kagaku.com/mgkk/
   - (株)オーテックス　http://www.net-otec.com/

3. 레이저
   - コヒレント・ジャパン(株)　http://www.coherent.co.jp/
   - メレスグリオ(株)　http://www.kagaku.com/mgkk/　http://www.cvimgkk.com/
   - 中央精機(株)　http://www.chuo.co.jp/

4. 재생용 조명 광원

   ハロゲン電球スポットライト
   - 日本応用光学(株)　http://www.beamax.co.jp/

   発光ダイオード
   - 日亜化学(株)　http://www.nichia.co.jp/
   - 豊田合成(株)　http://www.toyoda-gosei.co.jp/

기록재료

1. 은염유제

コニカミノルタホルディング(株)製乾板 P5600

- 西進商事(株) http://www.seishin-syoji.co.jp/
  Slavich 乾板, BB 乾板, 現像処理液
- Integraf L.L.C. http://www.holokits.com/
- 中央精機(株) http://www.chuo.co.jp/
  Ultimate 乾板, 現像処理液
- (有)アルファバグ http://alpha-bug.com/
  BB 乾板
- Colourholographic Ltd. http://www.colourholographic.com/

2. 포토폴리머

- 日本ペイント(株) http://www.nipponpaint.co.jp/

3. 서모 플라스틱 필름

- 中央精機(株) http://www.chuo.co.jp/

INDEX

3차원 영상과 인간과학

저자 : 모토끼토시오, 야노수미오
역자 : 이승현, 감기택, 이형철
가격 : 17,000원
ISBN-13 : 9788992887144
출판사 : 진샘미디어
출판년 : 2010
페이지 : 286 pages

홀로그래피 기술과 응용

저자 : 이승현, 박주섭, 옥광호,
강훈종, 김태근, 김성규,
정광모, 송현호, 이상민
가격 : 17,000원
ISBN-13 : 9788992887373
출판사 : 진샘미디어
출판년 : 2011
페이지 : 210 pages

3D 영상의 이해

저자 : 이승현
가격 : 28,000원
ISBN-13 : 9788992887113
출판사 : 진샘미디어
출판년 : 2010
페이지 : 398 pages

〈2010년 문화관광부 우수학술도서〉

3D 입체영화 제작기술

저자 : Mendiburu
역자 : 이승현
가격 : 18,000원
ISBN-13 : 9788992887137
출판사 : 진샘미디어
출판년 : 2010
페이지 : 272 pages

3DTV 3D 시네마

저자 : Mendiburu,Pupulin,Schklair
역자 : 이승현
가격 : 19,000원
ISBN-13 :9788992887465
출판사 : 진샘미디어
출판년 :2011
페이지 : 302 pages

홀로그래피 입문 원리와 실제

저자 : 쿠보타 토시 히로시 저
역자 : 이승현
가격 : 18,000원
ISBN-13 : 9788992887700
출판사 : 진샘미디어
출판년 : 2012
페이지 : 268 pages

JINSAEM 진샘미디어
서울특별시 은평구 역촌동 58-9 부호아파트 102동 상가 5호
Tel.: 02-353-4421 Fax.: 02-353-4431
www.jinsaem.co.kr

저자소개

• **이승현**
광운대학교 교수
shlee@kw.ac.kr

홀로그래피 입문 원리와 실제

발 행 일 • 2012년 8월 10일

저 자 • 구보타 토시히로
역 자 • 이승현
발 행 자 • 최봉조
발 행 처 • 진샘미디어
주 소 • 서울시 은평구 역촌동 58-9
부호아파트 102동 상가 5호
전 화 • 02)353-4421
F A X • 02)353-4431

Home-page • www.jinsaem.co.kr
신고번호 • 제311-2005-000025호

I S B N • 978-89-92887-70-0 (93560)

정가 18,000원